PRINCETON LECTURES IN ANALYSIS

プリンストン解析学講義
I

FOURIER ANALYSIS
AN INTRODUCTION

フーリエ解析入門

ELIAS M.STEIN／RAMI SHAKARCHI
エリアス・M.スタイン
ラミ・シャカルチ
［著］……………………………

新井仁之
杉本　充
髙木啓行
千原浩之
［訳］……………………………

日本評論社

JCOPY ＜(社)出版者著作権管理機構 委託出版物＞

本書の無断複写は著作権法上での例外を除き禁じられています．
複写される場合は，そのつど事前に，
　(社) 出版者著作権管理機構
　TEL：03-5244-5088, FAX：03-5244-5089, E-mail：info@jcopy.or.jp
の許諾を得てください．
また，本書を代行業者等の第三者に依頼してスキャニング等の行為によりデジタル化することは，
個人の家庭内の利用であっても，一切認められておりません．

FOURIER ANALYSIS
by Elias M. Stein and Rami Shakarchi
Copyright © 2003 by Princeton University Press
Japanese translation published by arrangement with Princeton University Press
through The English Agency (Japan) Ltd.
All rights reserved.

No part of this book may be reproduced or transmitted in any form or by any means,
electronic or mechanical, including photocopying, recording
or by any information storage and retrieval system,
without permission in writing from the Publisher.

日本語版への序文

　本書ならびに本シリーズの他の巻を新井仁之氏，千原浩之氏，杉本充氏，髙木啓行氏が日本語に翻訳するという計画を知ってたいへんうれしく思っています．私たちは，数学を学んでいる世界中のなるべく多くの学生が本シリーズの本を手にしてくれればと思い執筆してきましたので，この翻訳の話は特に喜ばしい限りです．私たちは本シリーズがこのような形でも，日本の解析学の長く豊かな伝統に多少なりとも貢献できることを願っています．この場を借りて，この翻訳のプロジェクトに関係した方々に感謝いたします．

2006 年 10 月

エリアス・M. スタイン
ラミ・シャカルチ

まえがき

2000年の初春から，四つの一学期間のコースがプリンストン大学で教えられた．その目的は，一貫した方法で，解析学の中核となる部分を講義することであった．目標はさまざまなテーマをわかりやすく有機的にまとめ，解析学で育まれた考え方が，数学や科学の諸分野に幅広い応用の可能性をもっていることを描き出すことであった．ここに提供する一連の本は，そのとき行われた講義に手を入れたものである．

私たちが取り上げた分野のうち，一つ一つの部分を個々に扱った優れた教科書はたくさんある．しかしこの講義録は，それらとは異なったものを目指している．具体的に言えば，解析学のいろいろな分野を切り離して提示するのではなく，むしろそれらが相互に固くつながりあっている姿を見せることを意図している．私たちは，読者がそういった相互の関連性やそれによって生まれる相乗作用を見ることにより，個々のテーマを従来より深く多角的に理解しようとするモチベーションをもてると考えている．こういった効果を念頭において，この講義録ではそれぞれの分野を方向付けるような重要なアイデアや定理に焦点をあてた（よりシステマティックなアプローチはいくらか犠牲にした）．また，あるテーマが論理的にどのように発展してきたかという歴史的な経緯もだいぶ考慮に入れた．

この講義録を4巻にまとめたが，各巻は一学期に取り上げられる内容を反映している．内容は大きくわけて次のようなものである．

I. フーリエ級数とフーリエ積分
II. 複素解析
III. 測度論，ルベーグ積分，ヒルベルト空間
IV. 関数解析学，超関数論，確率論の基礎などに関する発展的な話題から精選したもの．

ただし，このリストではテーマ間の相互関係や，他分野への応用が記されておらず，完全な全体像を表していない．そのような横断的な部分の例をいくつか挙げておきたい．第 I 巻で学ぶ (有限) フーリエ級数の基礎はディリクレ指標という概念につながり，そこから等差数列の中の素数の無限性が導出される．また X 線変換やラドン変換は第 I 巻で扱われる問題の一つであるが，2 次元と 3 次元のベシコヴィッチ類似集合の研究において重要な役割を果たすものとして第 III 巻に再び登場する．ファトゥーの定理は，単位円板上の有界正則関数の境界値の存在を保証するものであるが，その証明は最初の三つの各巻で発展させたアイデアに基づいて行われる．テータ関数は第 I 巻で熱方程式の解の中に最初に出てくるが，第 II 巻では，ある整数が二つあるいは四つの平方数の和で表せる方法を見出すことに用いられる．またゼータ関数の解析接続にも用いられる．

　この 4 巻の本とそのもとになったコースについて，もう少し述べておきたい．コースは一学期 48 時間というかなり集中的なペースで行われた．毎週の問題はコースにとって不可欠なものであり，そのため練習と問題は本書でも講義のときと同じように重要な役割をはたしている．各章には「練習」があるが，それらは本文と直接関係しているもので，あるものは簡単だが，多少の努力を要すると思われる問題もある．しかし，ヒントもたくさんあるので，ほとんどの練習は挑戦しやすいものとなっているだろう．より複雑で骨の折れる「問題」もある．最高難度のもの，あるいは本書の範囲を超えているものには，アステリスクのマークをつけておいた．
　異なった巻の間にもかなり相互に関連した部分があるが，最初の三つの各巻については最小の予備知識で読めるように，必要とあれば重複した記述もいとわなかった．最小の予備知識というのは，極限，級数，可微分関数，リーマン積分などの解析学の初等的なトピックや線形代数で学ぶ事柄である．このようにしたことで，このシリーズは数学，物理，工学，そして経済学などさまざまな分野の学部生，大学院生にも近づきやすいものになっている．

　この事業を援助してくれたすべての人に感謝したい．とりわけ，この四つのコースに参加してくれた学生諸君には特に感謝したい．彼らの絶え間ない興味，熱意，そして献身が励みとなり，このプロジェクトは可能になった．またエイドリアン・バナーとジョセ・ルイス・ロドリゴにも感謝したい．二人にはこのコースを運営

するに当たり特に助力してもらい，学生たちがそれぞれの授業から最大限のものを獲得するように努力してくれた．それからエイドリアン・バナーはテキストに対しても貴重な提案をしてくれた．

以下にあげる人々にも特別な謝意を記しておきたい：チャールズ・フェファーマンは第一週を教えた(これはプロジェクト全体にとって大成功の出発だった！)．ポール・ヘーゲルスタインは原稿の一部を読むことに加えて，コースの一つを数週間教えた．そしてそれ以降，このシリーズの第二ラウンドの教育も引き継いだ．ダニエル・レヴィンは校正をする際に多大な助力をしてくれた．最後になってしまったが，ジェリー・ペヒトには，彼女の組版の完璧な技能，そして OHP シート，ノート，原稿など講義のすべての面で準備に費やしてくれた時間とエネルギーに対して感謝したい．

プリンストン大学の 250 周年記念基金とナチュラル・サイエンス・ファンデーションの VIGRE プログラム[1])の援助に対しても感謝したい．

エリアス・M. スタイン
ラミ・シャカルチ

プリンストン，ニュージャージー
2002 年 8 月

---

1) 訳注：VIGRE は Grants for Vertical Integration of Research and Education in the Mathematical Sciences(数理科学における研究と教育の垂直的統合のための基金) の略．VIGRE は 'Vigor' と発音する．

第I巻への序

　解析学の全体像を述べようとするならば，まずはじめに次の問いに取り組まなければならない．どこからはじめればよいか？　最初に取り上げるべきテーマは何か？　関連する概念と基本的な技法をどのような順序で展開すべきか？

　この問いに対する私たちの答えは，フーリエ解析が解析学の中心に位置しているという視点に立っている．実際，フーリエ解析は解析学の発展の中で歴史的に重要な役割を果たしてきたし，またそのアイデアは今日の解析学に広く浸透している．これらの理由から私たちは，この最初の巻にフーリエ級数の基本的な事柄の解説，併せてフーリエ変換，有限フーリエ解析の初歩的な解説を充てることにした．このように始めることにより，解析学の他の諸科学への応用を，偏微分方程式や数論のような話題との繋がりと併せてわかりやすく学ぶことができる．後の巻において，これらの関連の多くはより体系的な観点から取り上げられ，複素解析，実解析，ヒルベルト空間論，そしてその他の分野の間の連携がさらに探られることになる．

　フーリエ解析は本来難しい部分をもっているが，わかりやすくという精神から，初心者がそういった部分に必要以上に煩わされないよう心がけた．精妙な部分やテクニカルに複雑な部分は，基本的な考え方を習得した後で，適切な正しい理解をすることができるのである．この点から，本巻では扱う内容を次のように選んだ．

- フーリエ級数．学習初期の段階で測度論やルベーグ積分を導入することは適当ではない．この理由により，最初の四つの章ではフーリエ級数をリーマン可積分関数の枠組みの中で扱った．このような制限をしても，理論の実質的な部分は，収束や総和可能性の詳しい解説も含めて展開することができる．また数学における他の問題とのさまざまな繋がりも解説することができる．
- フーリエ変換．同様の理由で，一般的な設定のもとで理論を捉える代わりに，第5章と第6章の大部分はテスト関数の枠組みに制限した．この制限にもかかわらず，$\mathbb{R}^d$上のフーリエ解析や関連した他の分野，たとえば波動方程式と

かラドン変換などについても，基本的で興味深い事柄を学ぶことができる．
- 有限フーリエ解析．これは特に入門的なテーマである．なぜならば，極限とか積分は表面に現れないからである．しかしながら，このテーマには多くの著しい応用がある．たとえば等差数列の中にある素数の無限性の証明への応用などである．

この第 I 巻が入門的なものであることを考慮に入れて，予備知識は最小限に留めた．ただし，リーマン積分に関する知識は仮定しているので，本書に必要な積分に関する結果の多くを補足にまとめておいた．

このアプローチにより私たちが自らに課した目標が達成できることを願っている．その目標とは，興味を持てた読者がこのすばらしいテーマについてより多くのことを学び，そしてフーリエ解析が数学や科学にどのような決定的な影響を与えているかを見出せるようにすることである．

訳者まえがき

　本書は「プリンストン解析学講義」全4巻の中の第I巻『フーリエ解析入門』の翻訳である．この講義録はプリンストン大学で2000年の春から行われた解析学の講義をもとにしてスタイン教授とシャカルチ博士により執筆されたものである．原著では本書にあたる第I巻が第II巻『複素解析』とともに2003年に刊行され，第III巻『実解析』は2005年に出版された．第IV巻は現時点では未刊である．講義の趣意，それから講義録については本書の「まえがき」に詳しく書かれているので，そちらを参照してほしい．

　スタイン教授は調和解析学の碩学であり，古典的な調和解析学をはじめ表現論，多変数複素解析，偏微分方程式論，確率過程の解析学への応用など解析学の幅広い分野で深い業績を残されている．また，これまでに数多くの著書も著し，研究と後進の指導に当たっておられる．一方，シャカルチ博士は2000年に学位をプリンストン大学で取得した若手研究者である．この2人の合作である本講義録はたいへんな意欲作であり，豊富な内容がわかりやすく記述されている．本シリーズを読了すれば，読者は解析学の理論と応用の基礎を十分習得することができるであろう．

　本書の翻訳は前書き，序文，1章，7章，8章を新井仁之，2章と付録を髙木啓行，3章，4章を杉本充，5章，6章を千原浩之が担当した．

2006年秋

訳者を代表して
新井仁之

目次

日本語版への序文 ... i

まえがき ... iii

第I巻への序 ... vii

訳者まえがき ... ix

第1章　フーリエ解析の起源　1

   1　振動弦 ... 2
      1.1　波動方程式の導出 ... 6
      1.2　波動方程式の解 ... 8
      1.3　例：摘み上げられた弦 ... 17
   2　熱方程式 ... 18
      2.1　熱方程式の導出 ... 18
      2.2　円板における定常状態の熱方程式 ... 20
   3　練習 ... 22
   4　問題 ... 27

第2章　フーリエ級数の基本性質　29

   1　例と問題提起 ... 30
      1.1　フーリエ級数の定義と例 ... 34
   2　フーリエ級数の一意性 ... 39
   3　畳み込み ... 44

4	良い核		48
5	フーリエ級数のチェザロとアーベルの総和可能性		51
	5.1	チェザロ平均と総和法	52
	5.2	フェイェールの定理	53
	5.3	アーベル平均と総和法	54
	5.4	ポアソン核と単位円板上のディリクレ問題	55
6	練習		59
7	問題		66

第3章 フーリエ級数の収束 — 68

1	フーリエ級数の平均二乗収束		69
	1.1	ベクトル空間と内積	69
	1.2	平均二乗収束の証明	76
2	各点収束に戻って		81
	2.1	局所的な結果	81
	2.2	フーリエ級数が発散する連続関数	82
3	練習		87
4	問題		93

第4章 フーリエ級数のいくつかの応用 — 99

1	等周不等式	100
2	ワイルの一様分布定理	105
3	連続であるがいたるところ微分不可能な関数	112
4	円周上の熱方程式	118
5	練習	120
6	問題	125

第5章 $\mathbb{R}$ 上のフーリエ変換 — 129

1	フーリエ変換の初等理論		131
	1.1	実数直線上の関数の積分	131
	1.2	フーリエ変換の定義	134
	1.3	シュワルツ空間	135
	1.4	$\mathcal{S}$ のフーリエ変換	136

		1.5	フーリエ逆変換 ･････････････････････････････････････	140
		1.6	プランシュレルの公式 ･･････････････････････････････	142
		1.7	緩やかに減少する関数への拡張 ･･････････････････････	144
		1.8	ワイエルシュトラスの近似定理 ･･････････････････････	145
	2	いくつかの偏微分方程式への応用 ･････････････････････････		146
		2.1	実数直線上の時間依存熱方程式 ･･････････････････････	146
		2.2	上半平面における定常熱方程式 ･･････････････････････	150
	3	ポアソンの和公式 ･････････････････････････････････････		154
		3.1	テータ関数とゼータ関数 ････････････････････････････	156
		3.2	熱核 ･･	157
		3.3	ポアソン核 ･･	158
	4	ハイゼンベルグの不確定性原理 ･･･････････････････････････		159
	5	練習 ･･		162
	6	問題 ･･		170

第6章 $\mathbb{R}^d$ 上のフーリエ変換　　176

	1	準備 ･･		177
		1.1	対称性 ･･	178
		1.2	$\mathbb{R}^d$ 上の積分 ･････････････････････････････････････	179
	2	フーリエ変換の初等理論 ････････････････････････････････		182
	3	$\mathbb{R}^d \times \mathbb{R}$ における波動方程式 ･･････････････････････････		185
		3.1	フーリエ変換による解 ･･････････････････････････････	186
		3.2	$\mathbb{R}^3 \times \mathbb{R}$ における波動方程式 ･････････････････････	190
		3.3	$\mathbb{R}^2 \times \mathbb{R}$ における波動方程式：次元の低下 ･･････････	195
	4	球対称性とベッセル関数 ････････････････････････････････		198
	5	ラドン変換といくつかの応用 ････････････････････････････		199
		5.1	$\mathbb{R}^2$ における X 線変換 ･･････････････････････････	200
		5.2	$\mathbb{R}^3$ におけるラドン変換 ････････････････････････	202
		5.3	平面波についての注意 ･･････････････････････････････	208
	6	練習 ･･		208
	7	問題 ･･		213

第 7 章　有限フーリエ解析　　218

1. $\mathbb{Z}(N)$ 上のフーリエ解析 …… 219
    - 1.1 群 $\mathbb{Z}(N)$ …… 219
    - 1.2 $\mathbb{Z}(N)$ 上のフーリエ反転定理とプランシュレルの等式 …… 222
    - 1.3 高速フーリエ変換 …… 224
2. 有限アーベル群上のフーリエ解析 …… 226
    - 2.1 アーベル群 …… 226
    - 2.2 指標 …… 230
    - 2.3 直交関係 …… 232
    - 2.4 指標全体について …… 233
    - 2.5 フーリエ反転公式とプランシュレルの公式 …… 235
3. 練習 …… 237
4. 問題 …… 240

第 8 章　ディリクレの定理　　242

1. 数論の基礎を若干 …… 242
    - 1.1 算術の基本定理 …… 243
    - 1.2 素数の無限性 …… 246
2. ディリクレの定理 …… 253
    - 2.1 フーリエ解析，ディリクレ指標そして定理の還元 …… 255
    - 2.2 ディリクレ L-関数 …… 257
3. 定理の証明 …… 260
    - 3.1 対数 …… 260
    - 3.2 L-関数 …… 262
    - 3.3 L-関数の非零性 …… 266
4. 練習 …… 276
5. 問題 …… 280

付録：　積分　　282

1. リーマン積分 …… 282
    - 1.1 積分の基本性質 …… 284
    - 1.2 零集合と可積分関数の不連続点 …… 288
2. 重積分 …… 291

	2.1	$\mathbb{R}^d$ 上のリーマン積分	291
	2.2	累次積分	293
	2.3	変数変換公式	294
	2.4	球面座標	294
3		$\mathbb{R}^d$ 上の広義積分	296
	3.1	緩やかに減少する関数の積分	296
	3.2	累次積分	297
	3.3	球面座標	299

注と文献 　　　301

参考文献 　　　304

記号の説明 　　　307

索引 　　　309

第1章 フーリエ解析の起源

> ダランベール氏とオイラー氏の研究についてですが，もし彼らがこの級数展開を知っていたならば，このような不十分な扱いはしなかったでしょう．彼らは二人とも任意のしかも不連続な関数は決してこの種の級数で表されることはないと確信していました．それに定数関数ですら，複数のコサインの弧からなる和に分解した人はいなかったように思われます．これは私が熱の理論において最初に解決しなければならなかった問題なのです．
>
> —— J. フーリエの手紙より，1808-9

はじめは振動弦の問題が，そして後には熱の流れの研究がフーリエ解析学を発展に導いた．これらの異なった物理現象を支配する法則は，それぞれ波動方程式と熱方程式という偏微分方程式で書き表せるが，そのどちらもがフーリエ級数を用いて解かれたのである．

ここでは手始めに，フーリエ級数を使って解くというアイデアがどのように発展してきたのかを詳しく述べておきたい．まず振動弦の問題について，次の三つのステップに分けて考えていくことにする．最初のステップでは，いくつかの物理的 (実験的) な概念が，この研究にとって重要な数学的アイデアのモチベーションとなっていることを述べる．具体的には次のようなことである：

$\cos t$, $\sin t$, e^{it} などの関数の果たす役割は単振動から連想される．

変数分離の方法が使えることは，定常波に関する諸現象から導かれる．

線形性に関連した概念は音の重ね合わせと関連性がある．

次のステップとして，振動する弦の運動を記述する偏微分方程式を導出する．最後のステップとして，これまで見てきた問題の (数学的に表現された) 物理的な特

性を用いてその方程式を解く．最後の節では同様のアプローチを熱拡散の問題の研究に用いる．

本章がイントロダクションであること，それに扱う主題の性格を考えて，ここでの説明では数学的に完全な論証を加えられなかった．むしろもっともらしい議論によって話を進め，後の章でさらに厳密な解析をするモチベーションを与えることに努めた．本題の定理をすぐにでも学び始めたいという読者は，本章は飛ばして直接次章に入ってもかまわない．

1. 振動弦

問題は両端点を固定しておいて自由に振動させた弦の運動の研究をすることである．念頭にあるのは，楽器の弦のような物理的なシステムである．すでに断ってあるように，はじめに数学的な考察の基となる現実の物理現象を簡単に述べておこう．それらは

- 単振動
- 定常波と進行波
- ハーモニクス (倍音) と音の重ね合わせ

である．これらの現象の背後にある実験的事実を理解していれば，本書で述べる振動弦に対する数学的なアプローチがどのような動機から来るものかがわかる．

単振動

単振動は最も基本的な振動系 (それは単調和振動子と呼ばれている) の挙動を表したものである．したがって単振動から振動系の研究を始める．動かない壁に水平に固定されたバネと，それにつながれた物体 $\{m\}$ を考えてみよう．ただしこの系は摩擦のない面上に置かれているものとする．

図1に描いてあるように，座標はその原点が静止状態 (つまりバネが伸びた状態でもなく縮んだ状態でもないとき) の物体の中心となるように定める．物体を最初の平衡状態の位置から動かしてから放すと，物体は**単振動**を始める．この物体の運動を支配する微分方程式を見出せば，単振動は数学的に記述できることになる．

$y(t)$ は時刻 t における物体の変位を表すことにする．バネは理想的なもので，フックの法則が成り立っているとする．すなわち，バネによって物体に施される

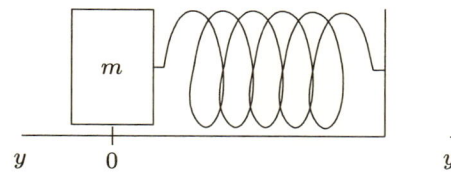

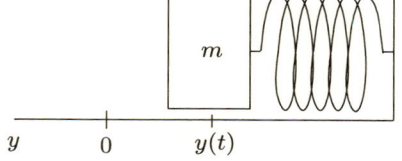

図 1　単調和振動子.

復元力 F は $F = -ky(t)$ であるとする．ここで $k > 0$ はバネ定数と呼ばれる与えられた物理量である．ニュートンの法則 (力 = 質量 × 加速度) を適用すると，
$$-ky(t) = my''(t)$$
が得られる．ただし y'' という記号で y の t に関する 2 階導関数を表すものとする．$c = \sqrt{k/m}$ とおくと，この 2 階常微分方程式は

(1) $$y''(t) + c^2 y(t) = 0$$

となる．方程式 (1) の一般解は，a, b を任意定数として
$$y(t) = a \cos ct + b \sin ct$$
により与えられる．明らかに，この形の関数はすべて方程式 (1) の解になっている．そしてこの形の解のみがこの微分方程式の 2 回微分可能な解になっている．その証明の概略は練習 6 で述べる．

上述の $y(t)$ を表す式のなかで，c は与えられた定数であるが，a, b はどのような実数でもかまわない．この方程式の特別な解を決める場合，二つの未知定数 a, b を考慮に入れた二つの初期条件を課さねばならない．たとえば物体の最初の位置 $y(0)$ と初期速度 $y'(0)$ が与えられれば，物理的な問題の解は一意的となり，
$$y(t) = y(0) \cos ct + \frac{y'(0)}{c} \sin ct$$
により与えられる．容易にわかることであるが，ある定数 $A > 0$ と $\varphi \in \mathbb{R}$ で，
$$a \cos ct + b \sin ct = A \cos(ct - \varphi)$$
をみたすものが存在する．上に述べた物理的な解釈に基づいて，$A = \sqrt{a^2 + b^2}$ をこの運動の「振幅」，c を「固有振動数」，φ を「位相」(これは 2π の整数倍の違いを除いて一意的に定まる)，そして $2\pi/c$ をこの運動の「周期」と呼ぶ．

関数 $A \cos(ct - \varphi)$ の典型的なグラフは，図 2 に描かれているように，$\cos t$ の通常のグラフを平行移動したり，伸張あるいは縮小させた波形パターンとなって

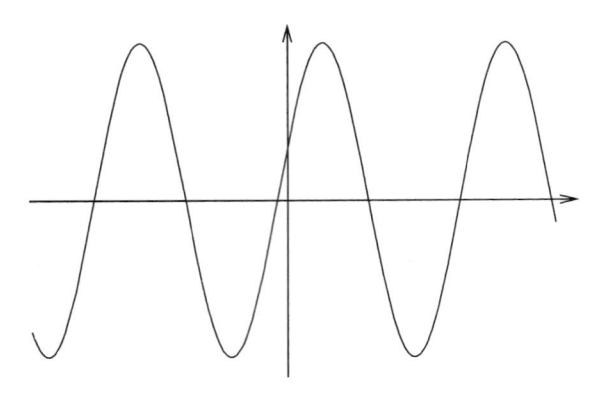

図2　$A\cos(ct-\varphi)$ のグラフ．

いる．

　単振動について，これまで見てきたことに関連して二つの考察を述べる．一つ目は，最も単純な振動系である単振動の数学的な表現は最も基本的な三角関数 $\cos t$ と $\sin t$ であることである．なお後の話で重要になってくるので，三角関数と複素数の関係を示すオイラーの公式 $e^{it} = \cos t + i\sin t$ を思い出しておいてほしい．二つ目は，単振動は二つの条件が決まれば時間の関数として形が定まることである．二つの条件というのは，一つは (正確に言えば，たとえば時刻 $t=0$ における) 位置を決めることであり，もう一つが速度を決めることである．この性質はより一般の振動系に対しても共通したものである．これについては後で述べることになるだろう．

定常波と進行波

　つまるところ振動弦は1次元の波動とみなすことができる．ここで簡単なグラフで表せる2種類の波動をあげておきたい．
- 一つ目のタイプは**定常波**である．これは図3に描かれているような時間 t とともに変化する関数 $y = u(x,t)$ のグラフで表される波のような運動である．つまり時刻 $t=0$ におけるある初期的な形状 $y = \varphi(x)$ があって，その振幅が時間に依存した因子 $\psi(t)$ によって

$$u(x,t) = \varphi(x)\psi(t)$$

と増幅されているようなものである．定常波のこの特性から「変数分離法」と

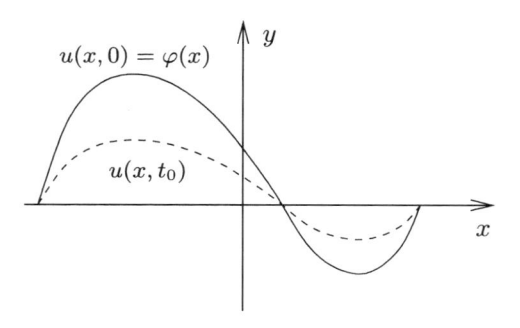

図3　異なる時刻 $t=0$ と $t=t_0$ における定常波.

いう数学的な考え方が浮かび上がってくるのだが，それについては後で述べることになるだろう．

- 二つ目のタイプの波動は自然界でよく見かける**進行波**である．これは次のように数学的に非常に単純に記述される．$u(x, t)$ の $t=0$ における初期的な形状が $F(x)$ であるとする．進行波とは，時間 t が進むにつれて，この形状がそのまま ct だけ右側にずれていくものである．つまり

$$u(x, t) = F(x - ct)$$

をみたすものである．図で表せば，図4のように描くことができる．t における波の**速度**が c であることから，定数 c はこの進行波の速度を表している．関数 $F(x-ct)$ は右側に動く1次元の進行波である．同様に $u(x, t) = F(x+ct)$ は左側に動く1次元の進行波である．

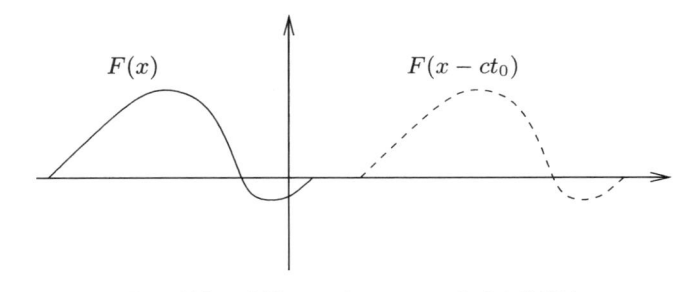

図4　異なる時刻 $t=0$ と $t=t_0$ における進行波.

ハーモニクスと音の重ね合わせ

最後に述べておきたい物理的な考察は，(今は詳しく立ち入らないが)音楽家たちは昔からよく知っていたことである．それはハーモニクスあるいは倍音があるということである．純音は倍音のコンビネーションを生むが，それは楽器のもつ音質(あるいは音色)の要因となっている．詳細は後にまわすが，音のコンビネーションあるいは音の重ね合わせという考え方は，線形性という基本的な概念として数学的に定式化される．

さて，ここでの主要な問題，すなわち振動弦の運動を数学的にどのように記述するかというテーマに話を戻そう．まずはじめに，弦の運動を支配する偏微分方程式である波動方程式を導き出しておきたい．

1.1 波動方程式の導出

(x, y) 平面におかれた均質な弦を想像してほしい．これを x 軸に沿って $x = 0$ と $x = L$ の間に広げる．この弦が振動をはじめたとすると，その変位 $y = u(x, t)$ は x と t の関数と考えることができる．目標はこの関数を決定する微分方程式がどのようなものであるかを求めることである．

そのため，この弦を十分細かく N 個の部分に分割して，そのパーツ一つ一つを 1 個の粒子とみなす．さらに n 番目の粒子の x 座標が $x_n = nL/N$ となるように x 軸に沿って粒子が一様に分布していると考える．このようにして，振動する弦を N 個の粒子からなる複雑な物理系とみなす．ただし各粒子は垂直方向にのみ振動するものとする．といっても，この場合は先に考察した単振動とは異なり，各粒子の振動は弦の張力によって近接の粒子と連動している．

次に $y_n(t) = u(x_n, t)$ とおき，$x_{n+1} - x_n = h$ と表す．$h = L/N$ である．もしも弦が一定の密度 $\rho > 0$ をもつと仮定すれば，各粒子は質量 ρh をもっていると考えるのが妥当である．ニュートンの法則によって，n 番目の粒子に働く力は $\rho h y_n''(t)$ に等しい．さてここでこの力が近接の二つの粒子，つまり x 座標が x_{n-1} と x_{n+1} の粒子からの影響によるものであるとしよう (図 5 参照)．さらに n 番目の粒子の右側からくる力 (あるいは張力) は $(y_{n+1} - y_n)/h$ に比例していると仮定する．ただし h は x_{n+1} と x_n の間の距離である．それゆえ張力は

$$\left(\frac{\tau}{h}\right)(y_{n+1} - y_n)$$

である．ここで $\tau > 0$ は弦の張力係数を表す定数である．これと同様の力が左か

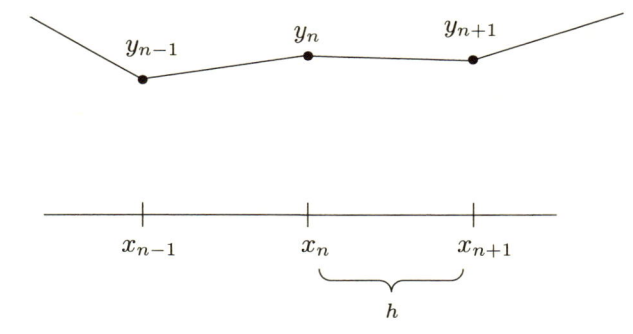

図5 質点の離散系としての振動弦.

らも働き，それは
$$\left(\frac{\tau}{h}\right)(y_{n-1}-y_n)$$
である．これらを併せて，振動子 $y_n(t)$ の知りたかった関係

(2) $$\rho h y_n''(t) = \frac{\tau}{h}\left\{y_{n+1}(t)+y_{n-1}(t)-2y_n(t)\right\}$$

がわかる．また記号の定義から
$$y_{n+1}(t)+y_{n-1}(t)-2y_n(t) = u(x_n+h,t)+u(x_n-h,t)-2u(x_n,t)$$
となっている．ところで，どのような関数 $F(x)$ も適切な条件 (つまりここでは 2 回連続微分可能ということだが) をみたしていれば
$$\frac{F(x+h)+F(x-h)-2F(x)}{h^2} \to F''(x), \quad h\to 0$$
が成り立っている．したがって，(2) 式の両辺を h で割って，h を 0 に近づければ (すなわち N を無限大にすれば)
$$\rho\frac{\partial^2 u}{\partial t^2} = \tau\frac{\partial^2 u}{\partial x^2}$$
あるいは
$$\frac{1}{c^2}\frac{\partial^2 u}{\partial t^2} = \frac{\partial^2 u}{\partial x^2},\ c=\sqrt{\tau/\rho}$$
が得られる．この関係式は **1 次元波動方程式**，あるいは単に**波動方程式**として知られているものである．理由は後で明らかになるが，$c>0$ はこの運動の**速度**と呼ばれている．

この方程式を数学的により単純な形にできることを注意しておこう．これは**スケーリング**と呼ばれる操作，あるいは物理用語では「単位の変更」と関連している

ものである．a を何らかの考察から出てくる適切な正定数とし，座標 x を $x = aX$ と考える．このとき新しい座標 X では，区間 $0 \leq x \leq L$ は $0 \leq X \leq L/a$ となる．同様にして時間を表す座標 t も別の正定数 b により $t = bT$ とする．$U(X, T) = u(x, t)$ とおくと，

$$\frac{\partial U}{\partial X} = a\frac{\partial u}{\partial x}, \qquad \frac{\partial^2 U}{\partial X^2} = a^2 \frac{\partial^2 u}{\partial x^2}$$

であり，また t に関する導関数についても同様の式が得られる．したがって，a, b を適当に選べば，1次元波動方程式を

$$\frac{\partial^2 U}{\partial T^2} = \frac{\partial^2 U}{\partial X^2}$$

に変換することができる．この置き換えにより速度を表す定数 c を 1 にすることができる．さらに考えている区間 $0 \leq x \leq L$ を $0 \leq X \leq \pi$ に変えることもできる．(L の変更先として π を選んでおくといろいろ便利であることが，これからわかるはずである．) これらの変換は $a = L/\pi, b = L/(c\pi)$ とおけばできる．もちろんこの新しい方程式を解ければ，変数の逆変換をしてもともとの方程式も解ける．それゆえ区間 $[0, \pi]$ 上の波動方程式を $c = 1$ の場合に考えても一般性は失われない．

1.2 波動方程式の解

振動弦の方程式を導出できたので，ここではそれを解く次の二つの方法を説明する：

- 進行波を用いる方法
- 定常波の重ね合わせを用いる方法

一番目のアプローチは非常に単純かつエレガントだが，方程式を解くという問題に充分な洞察を直接加えていない．一方，二番目の方法ではそれがなされていて，しかももっといろいろな方程式に適用することもできる．二番目の方法は，はじめは初期時刻での弦の形と速度がそもそも定常波の重ね合わせとして与えられるような単純な場合にのみ使えるものと考えられていた．しかしフーリエのアイデアにより，どのような初期条件に対しても結局使えることが明らかになった．

進行波

問題を単純にするため，すでに述べたような理由から，$c = 1$ と $L = \pi$ を仮定

してもよいので，解きたい方程式は

$$\frac{\partial^2 u}{\partial t^2} = \frac{\partial^2 u}{\partial x^2}, \qquad 0 \leq x \leq \pi, \, t \geq 0$$

となる．進行波を用いる方法における重要な考え方は次のものである：F を任意の 2 回微分可能な関数とすると，$u(x, t) = F(x+t)$ と $u(x, t) = F(x-t)$ は波動方程式の解になっている．これを証明することは微分法の簡単な練習である．関数 $u(x, t) = F(x-t)$ のグラフは，$t = 0$ のときは F のグラフであり，$t = 1$ のときは F のグラフを右に 1 だけ平行移動したものであることに注意してほしい．このことから，$F(x-t)$ は速さ 1 で右側に進んでいる波を表していることがわかる．同様にして $u(x, t) = F(x+t)$ は速さ 1 で左側に進んでいる波である．この運動は図 6 のように描ける．

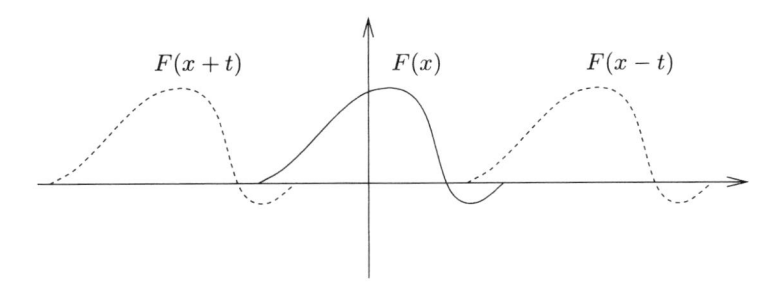

図 6 両方向に進んでいる波．

音とその組み合わせについての議論から，波動方程式は**線形**であると考えることができる．つまり $u(x, t)$ と $v(x, t)$ が特殊解ならば，任意の定数 α, β に対して，$\alpha u(x, t) + \beta v(x, t)$ も特殊解になっている．それゆえ，反対方向に進む二つの波を重ね合わせることができ，F と G が 2 回微分可能な関数であれば，

$$u(x, t) = F(x+t) + G(x-t)$$

が波動方程式の解であることがわかる．じつはすべての解がこの形をしていることを次に示す．

しばらく $0 \leq x \leq \pi, t \geq 0$ という仮定をせずに，u はすべての実数 x, t について波動方程式の解であるとする．ここで新しい変数 $\xi = x+t, \eta = x-t$ を考え，$v(\xi, \eta) = u(x, t)$ と定める．変数変換の公式から，v が

$$\frac{\partial^2 v}{\partial \xi \partial \eta} = 0$$

をみたすことを示せる．この関係式を 2 回積分すれば，ある関数 F, G に対して $v(\xi, \eta) = F(\xi) + G(\eta)$ と表され，

$$u(x, t) = F(x+t) + G(x-t)$$

が導かれる．

さて，この結果をもともとの問題，すなわち弦の物理的な運動と関連させておく．ここでは，$0 \leq x \leq \pi$ であり，弦の最初の形は $u(x, 0) = f(x)$，そして弦は両端が固定されているとする．すなわち，任意の $t \geq 0$ に対して $u(0, t) = u(\pi, t) = 0$ であるという制限を課しておく．上記の単純な考察を適用するため，最初に f を $[-\pi, \pi]$ 上に奇関数[1]として拡張し，それを周期 2π の周期関数[2]となるように $\mathbb{R}$ 全体に拡張する．問題の解 $u(x, t)$ も x について同様にして拡張する．最後に $t < 0$ に対して，$u(x, t) = u(x, -t)$ とおく．この拡張された u は $\mathbb{R}$ 全体における波動方程式の解であり，$u(x, 0) = f(x)$ をすべての $x \in \mathbb{R}$ に対してみたしている．したがって $u(x, t) = F(x+t) + G(x-t)$ であり，$t = 0$ とすると，

$$F(x) + G(x) = f(x)$$

が得られる．この等式をみたす F, G の選び方はいろいろあり，これを一意的に定めるには u に関するほかの初期条件を（単振動の場合の二つの初期条件と同じように）課さなければならない．すなわち，初期条件として弦の初期速度 $g(x)$ を与えておき，

$$\frac{\partial u}{\partial t}(x, 0) = g(x)$$

とする．ただしここで，もちろん $g(0) = g(\pi) = 0$ である．この g を再び前述の場合と同様，まず $[-\pi, \pi]$ 上に奇関数として拡張し，それから $\mathbb{R}$ 上の周期 2π の周期関数として拡張する．そうすると位置と速度に関する二つの初期条件は，次の方程式系で記述されることになる：

$$\begin{cases} F(x) + G(x) = f(x), \\ F'(x) - G'(x) = g(x). \end{cases}$$

最初の等式を微分し，二番目の等式に加えると

---

[1]　ある集合 U 上に定義された関数 f が**奇関数**であるとは，$x \in U$ ならば $-x \in U$ であり，$f(-x) = -f(x)$ をみたすことである．$f(-x) = f(x)$ をみたすときは**偶関数**という．

[2]　$\mathbb{R}$ 上の関数 f が周期 ω の周期関数であるとは，すべての x に対して $f(x+\omega) = f(x)$ となることである．

$$2F'(x) = f'(x) + g(x)$$

が得られる．同様にして

$$2G'(x) = f'(x) - g(x)$$

である．それゆえ，ある定数 C_1, C_2 が存在し，

$$F(x) = \frac{1}{2}\left[f(x) + \int_0^x g(y)dy\right] + C_1,$$

$$G(x) = \frac{1}{2}\left[f(x) - \int_0^x g(y)dy\right] + C_2$$

が成り立つ．$F(x) + G(x) = f(x)$ であるから，$C_1 + C_2 = 0$ となり，それゆえ，与えられた初期条件をみたす波動方程式の最終的な解は

$$u(x,t) = \frac{1}{2}\left[f(x+t) + f(x-t)\right] + \frac{1}{2}\int_{x-t}^{x+t} g(y)dy$$

の形となる．この形の解は**ダランベールの公式**として知られている．f と g の拡張の仕方から，弦がいつも固定された端点をもっていること，すなわちすべての t に対して $u(0,t) = u(\pi,t) = 0$ が保障されていることがわかる．

最後に一つ注意をしておきたい．以上で行った $t \geq 0$ から $t \in \mathbb{R}$ への移行，それから $t \geq 0$ への引き戻しは波動方程式が時間反転可能という性質をもっていることを示している．別のことばで言えば，波動方程式の $t \geq 0$ に対する解 u から，単に $u^-(x,t) = u(x,-t)$ とおくことにより，負の時間 $t < 0$ に対する解 u^- が得られるということであり，また波動方程式が $t \longmapsto -t$ なる変換で不変であるということである．この状況は熱方程式においては全く異なってくる．

定常波の重ね合わせ

波動方程式の二番目の解法に話を移そう．この解法は前に行った物理的な考察から得られる二つの結論に基づいている．定常波に関する考察から，定常波の解であれば $\varphi(x)\psi(t)$ の形の波動方程式の解を見出せばよいことがわかる．この方法は波動方程式とは別の方程式 (たとえば熱方程式) にも適用できるもので，**変数分離法**と呼ばれている．この方法で構成される解は純音と呼ばれている．波動方程式には線形性があるので，この純音をより複雑な音に組み合わせることができるであろうと思われる．さらにこの考えを推し進めると，波動方程式の一般的な解が純音という特別な解の和によって表せることも最終的には期待できる．

さて，波動方程式の片方の項が x に関する微分であり，もう片方の項が t に関

する微分であることに注意してほしい．このことは，$u(x, t) = \varphi(x)\psi(t)$ の形の方程式の解 (つまり「変数分離法」) を考えることのもう一つの根拠になっている．つまり，難しい偏微分方程式をより簡単な常微分方程式系に帰着できる可能性が出てくるのである．波動方程式の場合，上に述べた形の解 u から

$$\varphi(x)\psi''(t) = \varphi''(x)\psi(t)$$

が得られる．したがって，

$$\frac{\psi''(t)}{\psi(t)} = \frac{\varphi''(x)}{\varphi(x)}.$$

ここで鍵となることは，左辺は t にのみ依存し，右辺は x にのみ依存していることである．このようなことが起こるのは，両辺が定数の場合に限る．その定数を λ とする．したがって波動方程式は次の方程式系

(3) $$\begin{cases} \psi''(t) - \lambda \psi(t) = 0, \\ \varphi''(x) - \lambda \varphi(x) = 0 \end{cases}$$

に帰着される．この方程式系のうち一番目の方程式に着目しよう．すると，この方程式が単振動の話で得られた方程式に他ならないことに気づかれるであろう．$\lambda \geq 0$ の場合，ψ は時間とともに単振動はしないので，$\lambda < 0$ の場合のみ考察すればよいことに注意する．そのため，$\lambda = -m^2$ とおくことができる．このとき方程式の解は

$$\psi(t) = A \cos mt + B \sin mt$$

により与えられる．同様にして，(3) の二番目の方程式の解は

$$\varphi(x) = \widetilde{A} \cos mx + \widetilde{B} \sin mx$$

であることがわかる．ここで考えている弦が $x = 0$ と $x = \pi$ の位置で固定されていることを考慮に入れる．このことは $\varphi(0) = \varphi(\pi) = 0$ と言い換えることができるが，これから $\widetilde{A} = 0$ となること，さらにもし $\widetilde{B} \neq 0$ であれば m が整数でなければならないことがわかる．$m = 0$ の場合は，解は恒等的に 0 である．$\sin y$ は奇関数であり，$\cos y$ は偶関数であるから，$m \leq -1$ の場合は，定数を付け替えれば $m \geq 1$ の場合に帰着できる．結局，大まかな議論ではあるが，各 $m \geq 1$ に対して，**定常波**とみなせる関数

$$u_m(x, t) = (A_m \cos mt + B_m \sin mt) \sin mx$$

が波動方程式の解であるという結論に達する．なお上記の議論の中で，φ と ψ に

よる割り算をしているところがあるが，φ も ψ も 0 になることがあるので，定常波 u_m が確かに方程式の解になっていることは，計算して確認しておかなければならない．その直接的な計算は読者に委ねる．

波動方程式の解析をさらに進める前に，定常波についてもう少し詳しく述べておく．この定常波という用語は，$u_m(x, t)$ のグラフの見かけに由来をもっている．まず $m = 1$ とし，$u(x, t) = \cos t \sin x$ とする．図 7(a) はいくつかの t に対する u のグラフを描いている．

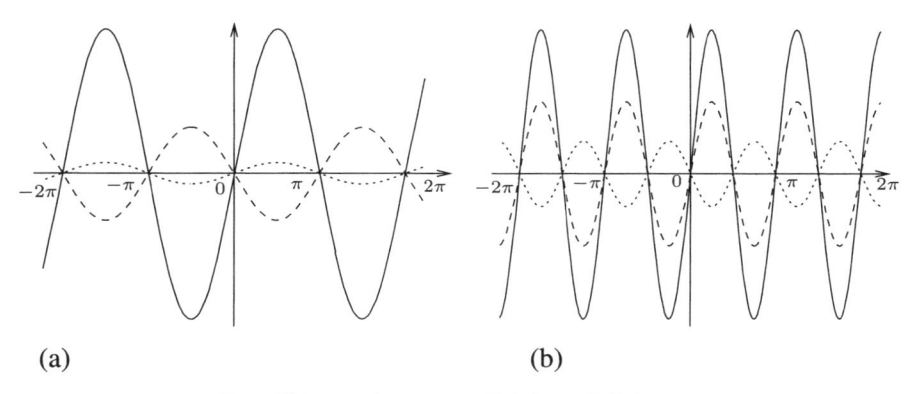

(a)   (b)

図 7 異なった瞬間における基本音 (a) と倍音 (b)．

$m = 1$ の場合は振動弦の**基本音**または**第 1 ハーモニクス**に対応している．

さて，$m = 2$ とし，$u(x, t) = \cos 2t \sin 2x$ を考えてみる．これは**第 1 倍音**あるいは**第 2 ハーモニクス**に対応している．この運動は図 7(b) に描かれている．すべての t に対して $u(\pi/2, t) = 0$ であることに注意してほしい．時間が変わっても動かないような点は節と呼ばれている．一方，振幅が最大になるような点は波腹と名づけられている．

m がより大きい数のときは，より高い倍音あるいは高いハーモニクスが得られる．m が増大すれば，周波数も増大し，周期 $2\pi/m$ は減少することに注意する．したがって，基本音は倍音よりも低い周波数になっている．

さて，もともとの問題に話を戻そう．波動方程式は線形であることを思い出してほしい．つまり，u と v が波動方程式の解ならば，任意の定数 α, β に対して $\alpha u + \beta v$ も解になっているのである．このことから，定常波 u_m の線形結合によ

りさらに多くの解が作れる．この手法は**重ね合わせ**と呼ばれるものであるが，これにより波動方程式の解は

(4) $$u(x,t) = \sum_{m=1}^{\infty} (A_m \cos mt + B_m \sin mt) \sin mx$$

により与えられるという最終的な推測が導かれる．ここで和は無限和であるから，収束の問題が生じるが，ここまでの議論のほとんどは形式的なものなので，今はこの点については気にしないことにしたい．

上のように表せるタイプの関数が，波動方程式のすべての解を与えたとしよう．このとき，弦の $t=0$ における最初の形は，$f(0)=f(\pi)=0$ をみたす $[0,\pi]$ 上の関数 f のグラフとして与えられるので，$u(x,0)=f(x)$ であり，したがって

$$\sum_{m=1}^{\infty} A_m \sin mx = f(x)$$

でなければならない．弦の最初の形は，適切な任意の関数 f であってかまわないため，次の基本的な問いが問われることになる：

$[0,\pi]$ 上の与えられた関数 f (ただし $f(0)=f(\pi)=0$) に対して，

(5) $$f(x) = \sum_{m=1}^{\infty} A_m \sin mx$$

をみたすような定数 A_m を見出すことはできるのか？

この問いの記述にはあいまいで厳密でないところもあるが，次の二つの章で得られる成果を踏まえて，問いは厳密に記述され，さらに解くことが試みられることになる．じつはこの問いがフーリエ解析の研究を促がした基本的な問題であった．

簡単な考察により，(5) が成り立つような A_m を与える公式が推測できる．実際，(5) の両辺に $\sin nx$ をかけて，$[0,\pi]$ 上で積分する．すると形式的な計算で次式が得られる．

$$\int_0^\pi f(x) \sin nx \, dx = \int_0^\pi \left(\sum_{m=1}^{\infty} A_m \sin mx \right) \sin nx \, dx$$
$$= \sum_{m=1}^{\infty} A_m \int_0^\pi \sin mx \sin nx \, dx = A_n \cdot \frac{\pi}{2}.$$

ただし，この式を導くため

$$\int_0^\pi \sin mx \sin nx \, dx = \begin{cases} 0, & m \neq n, \\ \pi/2, & m = n \end{cases}$$

なる事実を用いた．それゆえ

(6) $$A_n = \frac{2}{\pi} \int_0^\pi f(x) \sin nx \, dx$$

となることが推論される．これを f の第 n フーリエ・サイン係数という．この公式と他の類似の公式については後でまた述べる．

$[0, \pi]$ 上のフーリエ・サイン級数に関するこの問いは，区間 $[-\pi, \pi]$ 上のより一般的な問いに直すことができる．もし $[0, \pi]$ 上の f がフーリエ・サイン級数で表されるとすると，この級数展開は，f を奇関数として拡張することにより，$[-\pi, \pi]$ 上でも成り立つ．同様にして，$[-\pi, \pi]$ 上の偶関数 $g(x)$ はコサイン級数

$$g(x) = \sum_{m=1}^\infty A'_m \cos mx$$

と表すことができるかどうかも問題となる．さらに一般的には，$[-\pi, \pi]$ 上の任意の関数 F は，奇関数 f と偶関数 g により $f + g$ と表される[3]ので，F が

$$F(x) = \sum_{m=1}^\infty A_m \sin mx + \sum_{m=0}^\infty A'_m \cos mx$$

と書けるかどうかも問うことができる．この式にオイラーの公式 $e^{ix} = \cos x + i \sin x$ を適用すれば，F が

$$F(x) = \sum_{m=-\infty}^\infty a_m e^{imx}$$

なる形になることも期待できるであろう．(6) の導びき方を参考にして，

$$\frac{1}{2\pi} \int_{-\pi}^\pi e^{imx} e^{-inx} dx = \begin{cases} 0, & n \neq m \\ 1, & n = m \end{cases}$$

なる公式を用いれば，

$$a_n = \frac{1}{2\pi} \int_{-\pi}^\pi F(x) e^{-inx} dx$$

となることも推測できる．この量 a_n を F の**第 n フーリエ係数**という．

ここで，これまでの考察から生じた問題をもう一度定式化しておく：

　問：$[-\pi, \pi]$ 上で定義された任意の適切な関数 F は，上記のフーリエ係数により

---

[3] たとえば $f(x) = [F(x) - F(-x)]/2$, $g(x) = [F(x) + F(-x)]/2$ とおく．

(7)
$$F(x) = \sum_{m=-\infty}^{\infty} a_m e^{imx}$$

と表せるか？

これから先，ほとんどの場合，複素指数関数を用いたこの問題の定式化のほうを扱うことになる．

ヨセフ・フーリエ (1768–1830) は，はじめ「任意の」関数 F は (7) のような級数で与えられると信じていた．言い換えれば，フーリエのもっていたアイデアはどのような関数も最も単純な三角関数 $\sin mx$ と $\cos mx$ の線形結合 (無限和の場合も込めて) になっているということになる．ただし，ここで m は整数全体の範囲にわたっている[4]．この考え方はフーリエよりも前に行われた研究の中に暗に含まれていたのだが，フーリエは先行する研究者には必要なものが欠けていたという確信をもっていた．そしてフーリエは自分のアイデアを熱の拡散に関する問題に用いた．これが，「フーリエ解析」のはじまりとなった．この分野は，最初はある種の物理的な問題を解くことから発展したが，後で述べるように，数学やそれ以外のさまざまな分野に多くの応用をもつことが示された．

波動方程式に話を戻そう．問題を正確に定式化するためには，すでに行った単振動や進行波に関する考察からわかるように，二つの初期条件を課さなければならない．その条件とは弦の最初の形と速度を決めておくことである．すなわち u は波動方程式と，はじめに与えられた関数 f, g に対する二つの条件

$$u(x, 0) = f(x), \quad \frac{\partial u}{\partial t}(x, 0) = g(x)$$

をみたしていることが要求される．このことは，(4) において，f と g が

$$f(x) = \sum_{m=1}^{\infty} A_m \sin mx, \quad g(x) = \sum_{m=1}^{\infty} m B_m \sin mx$$

と表されることが条件として課せられるのと同値である．

---

[4] ある種の一般的な関数がフーリエ級数により表されるという最初の証明は，後にディリクレによって与えられた．第 4 章，問題 6 参照．

1.3 例：摘み上げられた弦

これまでの議論を特殊な問題であるが，摘み上げられた弦の場合に適用してみよう．簡単のため単位を変更して，弦は $[0, \pi]$ で張られていて，$c = 1$ に対する波動方程式をみたすものとする．そして弦の最初の状態として，弦は $0 < p < \pi$ をみたすある点 p の位置で高さが h となるように摘み上げられているとする．すなわち，弦は最初

$$f(x) = \begin{cases} \dfrac{xh}{p}, & 0 \le x \le p, \\ \dfrac{h(\pi - x)}{\pi - p}, & p \le x \le \pi \end{cases}$$

により与えられる三角形の形をしているものとする．図 8 がそのグラフである．

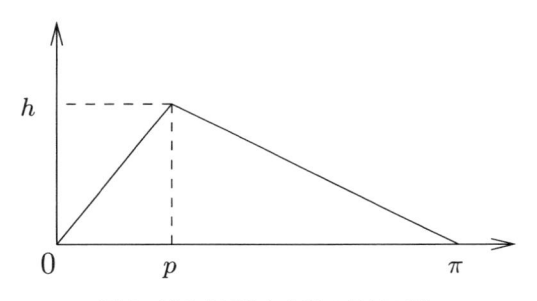

図 8 摘み上げられた弦の最初の形．

それから初期速度 $g(x)$ は恒等的に 0 となるように選んでおく．このとき，f のフーリエ係数を計算することができ (練習 9)，もしも前出の問題 (5) が正しいと仮定すれば，

$$f(x) = \sum_{m=1}^{\infty} A_m \sin mx, \quad A_m = \frac{2h}{m^2} \frac{\sin mp}{p(\pi - p)}$$

を得る．それゆえ解は

(8) $$u(x, t) = \sum_{m=1}^{\infty} A_m \cos mt \sin mx$$

となる．ここでこの級数は絶対収束していることに注意してほしい．なお，この解は進行波を用いて表すこともできる．実際，

(9) $$u(x, t) = \frac{f(x + t) + f(x - t)}{2}$$

である．ここで $f(x)$ は次のようにしてすべての実数 x に対して定義される：ま

ず f を奇関数となるように $[-\pi, \pi]$ に拡張し，それからすべての整数 k に対して $f(x + 2\pi k) = f(x)$ となるように f を周期 2π の周期関数に拡張する．

(8) から (9) を導くには，三角関数に関する等式
$$\cos v \sin u = \frac{1}{2}[\sin(u+v) + \sin(u-v)]$$
を用いればよい．

最後に，じつはこの問題に対する解には不十分な面があることを注意しておきたい．もっともそれは考えてみれば当たり前のことである．摘み上げられた弦を表す初期データ $f(x)$ は 2 回微分可能ではなく，u（これは (9) で与えられている）も 2 回微分可能ではない．それゆえ u は正確には波動方程式の解ではない．$u(x, t)$ は摘み上げられたあとで手放された弦の運動を表しているのだが，解こうとしている偏微分方程式をみたしていないのである！ しかし，もしも u が方程式の解であるということに適切な拡大解釈を与えて，それが数学的に意味をなすものであれば，事態はうまく収拾できるだろう．このことを理解するには，弱解と超関数の理論の研究に関連した考え方が必要になる．それらは第 III 巻と第 IV 巻で考察する．

2. 熱方程式

さて，今度は熱方程式を波動方程式と同じ枠組みで論ずることにする．まず時間に依存した熱方程式を導出し，それから円上の定常状態における熱方程式を調べる．この方程式を解くこともやはり (7) に関する問題に帰着される．

2.1 熱方程式の導出

無限に広がる金属板を考え，これを平面 $\mathbb{R}^2$ とみなす．そして時刻 $t = 0$ における熱の初期分布が与えられているものとする．時刻 t での点 (x, y) における温度を $u(x, y, t)$ で表す．

図 9 に示すように，(x_0, y_0) を中心とし，座標軸に平行な長さ h の辺をもつ小さな正方形 S を考える．時刻 t での S における熱の総量は
$$H(t) = \sigma \iint_S u(x, y, t)\, dx\, dy$$
により与えられる．ここで $\sigma > 0$ は考えている物質の比熱を表す定数である．し

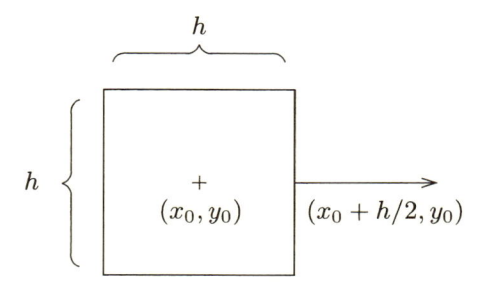

図 9 小さな正方形を通る熱流.

たがって S に流れ込む熱流は
$$\frac{\partial H}{\partial t} = \sigma \iint_S \frac{\partial u}{\partial t} \, dx \, dy$$
であり，これは近似的には
$$\sigma h^2 \frac{\partial u}{\partial t}(x_0, y_0, t)$$
と等しい．なぜならば S の面積は h^2 だからである．ここでニュートンの冷却法則を適用する．これは熱が高温から低音に流れる量はその温度の差，すなわち勾配に比例しているというものである．

したがって，正方形の右側の縦の辺を通る熱流は
$$-\kappa h \frac{\partial u}{\partial x}\left(x_0 + \frac{h}{2}, y_0, t\right)$$
である．ここで $\kappa > 0$ は物質の熱伝導率である．同様の議論が他の辺に対してもでき，正方形 S を通る熱量の総量は
$$\kappa h \left[\frac{\partial u}{\partial x}\left(x_0 + \frac{h}{2}, y_0, t\right) - \frac{\partial u}{\partial x}\left(x_0 - \frac{h}{2}, y_0, t\right) \right.$$
$$\left. + \frac{\partial u}{\partial y}\left(x_0, y_0 + \frac{h}{2}, t\right) - \frac{\partial u}{\partial y}\left(x_0, y_0 - \frac{h}{2}, t\right) \right]$$
により与えられる．平均値の定理を適用し，h を 0 にして極限をとれば
$$\frac{\sigma}{\kappa} \frac{\partial u}{\partial t} = \frac{\partial^2 u}{\partial x^2} + \frac{\partial^2 u}{\partial y^2}$$
を得る．これが**時間に依存した熱方程式**と呼ばれるもので，しばしば略して熱方程式ともいわれる．

2.2 円板における定常状態の熱方程式

長時間が経過すると,もはや熱のやり取りはなくなり,システムは熱平衡状態に達し,$\partial u/\partial t = 0$ となる.この場合,時間に依存した熱方程式は**定常状態の熱方程式**

$$\text{(10)} \qquad \frac{\partial^2 u}{\partial x^2} + \frac{\partial^2 u}{\partial y^2} = 0$$

となる.作用素 $\partial^2/\partial x^2 + \partial^2/\partial y^2$ は数学と物理学では非常に重要なもので,しばしば $\triangle$ と略され,ラプラス作用素あるいは**ラプラシアン**と名前が与えれらている.これを用いれば,定常状態の熱方程式は

$$\triangle u = 0$$

と書ける.この方程式の解は**調和関数**と呼ばれている.

平面上の単位円板

$$D = \{(x, y) \in \mathbb{R}^2 : x^2 + y^2 < 1\}$$

を考える.その境界は円周 C である.極座標 $(r, \theta), 0 \leq r, 0 \leq \theta < 2\pi$ では

$$D = \{(r, \theta) : 0 \leq r < 1\}, \quad C = \{(r, \theta) : r = 1\}$$

と表される.(単位円板上のラプラシアンに対する) **ディリクレ問題**とは,単位円板上の定常状態の熱方程式を,C 上で $u = f$ となるように境界条件を課して解くことである.この問題を解くことは,まず円周上に熱の分布を定めてから,長時間待ち,その後,円内の熱の分布を調べることに対応している.

方程式 (10) を解くだけならば,変数分離の方法が効果的なのだが,単位円板上のディリクレ問題の場合,直交座標では境界条件を単純に表せないため困難が生じる.しかしこの境界条件は極座標 (r, θ) では $u(1, \theta) = f(\theta)$ のようにうまく表せる.そこでこの方向で議論を進めるため,ラプラシアンも極座標に書き直しておこう.連鎖律から

$$\triangle u = \frac{\partial^2 u}{\partial r^2} + \frac{1}{r}\frac{\partial u}{\partial r} + \frac{1}{r^2}\frac{\partial^2 u}{\partial \theta^2}$$

が与えられる (練習 10).いまこの両辺に r^2 をかけると,$\triangle u = 0$ であるから,

$$r^2 \frac{\partial^2 u}{\partial r^2} + r\frac{\partial u}{\partial r} = -\frac{\partial^2 u}{\partial \theta^2}$$

を得る.変数を分離して,$u(r, \theta) = F(r)G(\theta)$ の形の解を探そうとすると,

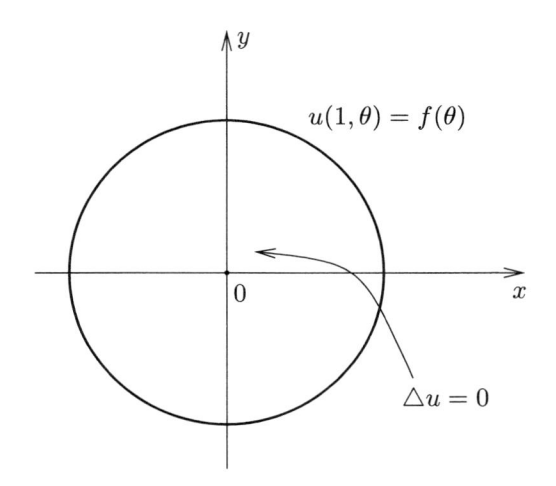

図10 円板に対するディリクレ問題.

$$\frac{r^2 F''(r) + rF'(r)}{F(r)} = -\frac{G''(\theta)}{G(\theta)}$$

となることがわかる．この両辺は異なった変数に依存しているので，両辺ともに定数でなければならない．たとえばその定数を λ とおく．結局，次の方程式系が得られる．

$$\begin{cases} G''(\theta) + \lambda G(\theta) = 0, \\ r^2 F''(r) + rF'(r) - \lambda F(r) = 0. \end{cases}$$

G は周期 2π の周期関数でなければならないので，$\lambda \geq 0$ であり，また (すでに見たように) m を整数として $\lambda = m^2$ となっている．したがって

$$G(\theta) = \widetilde{A}\cos m\theta + \widetilde{B}\sin m\theta$$

である．これはオイラーの公式 $e^{ix} = \cos x + i\sin x$ により複素指数関数を用いて

$$G(\theta) = Ae^{im\theta} + Be^{-im\theta}$$

と書き直すことができる．$\lambda = m^2, m \neq 0$ のとき，F の方程式の単純な解は $F(r) = r^m$ と $F(r) = r^{-m}$ である (これらの解について詳しいことは練習11を参照)．$m = 0$ の場合は $F(r) = 1$ と $F(r) = \log r$ が二つの解になっている．$m > 0$ のとき，r^{-m} は r を 0 に近づけたとき無限大に増大するので，$F(r)G(\theta)$ は原点で非有界になってしまう．同様のことが $m = 0$ では $F(r) = \log r$ に対して起こる．これらの解はわれわれの物理的考察とは反するので棄却する．それゆ

え次の特殊解が残される：

$$u_m(r, \theta) = r^{|m|} e^{im\theta}, \qquad m \in \mathbb{Z}.$$

ここで (10) が <u>線形</u> であるという重要な点を考慮すると，振動弦の場合と同様に，上の特殊解を重ね合わせると，推定的ではあるが一般的な解

$$u(r, \theta) = \sum_{m=-\infty}^{\infty} a_m r^{|m|} e^{im\theta}$$

が得られる．もし定常状態の熱方程式のすべての解がこの形で与えられるならば，適切な関数 f に対しては，

$$u(1, \theta) = \sum_{m=-\infty}^{\infty} a_m e^{im\theta} = f(\theta)$$

をみたしていなければならない．結局これに関して再び次のことが問題になる．$f(0) = f(2\pi)$ をみたすような $[0, 2\pi]$ 上の関数 f が適切に与えられたとき，

$$f(\theta) = \sum_{m=-\infty}^{\infty} a_m e^{im\theta}$$

をみたす係数 a_m を見出すことができるか？

歴史的な注意：ダランベールは (1747 年に) 進行波の方法を用いて，はじめて振動弦の方程式を解いた．この解は 1 年後にオイラーにより精巧なものとされた．1753 年に D. ベルヌーイは，あらゆる点から見てフーリエ級数といえる (4) による解を提唱した．しかし，オイラーはその一般性を全面的に納得してはいなかった．というのも，ベルヌーイの議論は「任意の」関数がフーリエ級数に展開できる場合にのみ成り立つものだったからである．ダランベールや他の数学者も疑いをもっていた．この見方はフーリエの (1807 年の) 熱方程式の研究によって一変された．彼がいだいていた信念とそれに基づく研究に触発されて，人々は，一般の関数がフーリエ級数展開できることの完全な証明を目指すようになったのである．

3. 練習

1. 複素数 $z = x + iy, x, y \in \mathbb{R}$ に対して，

$$|z| = (x^2 + y^2)^{1/2}$$

と定義し，これを z の **絶対値** という．

(a) $|z|$ の幾何的な意味は何か？
   (b) $|z| = 0$ ならば $z = 0$ であることを示せ．
   (c) $\lambda \in \mathbb{R}$ であれば，$|\lambda z| = |\lambda||z|$ を示せ．ただし $|\lambda|$ は実数に対する通常の絶対値を表す．
   (d) z_1, z_2 を複素数とするとき
$$|z_1 z_2| = |z_1||z_2| \quad \text{および} \quad |z_1 + z_2| \le |z_1| + |z_2|$$
を証明せよ．
   (e) $z \ne 0$ のとき $|1/z| = 1/|z|$ を示せ．

2. $z = x + iy$, $x, y \in \mathbb{R}$ が複素数のとき，z の**複素共役**を
$$\overline{z} = x - iy$$
により定義する．
   (a) $\overline{z}$ の幾何的な意味は何か？
   (b) $|z|^2 = z\overline{z}$ を示せ．
   (c) z が単位円周上にあるとき，$1/z = \overline{z}$ を証明せよ．

3. 複素数列 $\{w_n\}_{n=1}^{\infty}$ が収束するとは，ある $w \in \mathbb{C}$ が存在し，
$$\lim_{n \to \infty} |w_n - w| = 0$$
をみたすことであり，w をこの数列の極限という．
   (a) 複素数列が収束するとき，その極限は一意的に定まることを示せ．

複素数列 $\{w_n\}_{n=1}^{\infty}$ が**コーシー列**であるとは，任意の $\varepsilon > 0$ に対して，ある正の整数 N で
$$n, m > N \text{ ならば } |w_n - w_m| < \varepsilon$$
をみたすようなものが存在することである．
   (b) 複素数列が収束するのは，それがコーシー列のとき，かつそのときに限ることを証明せよ．［ヒント：同様の定理が実数列に対してある．それがどのようにすれば複素数列の場合にも適用できるのかを考えてみよ．］

複素数の級数 $\sum_{n=1}^{\infty} z_n$ が収束するとは，その部分和
$$S_N = \sum_{n=1}^{N} z_n$$
が収束することである．$\{a_n\}_{n=1}^{\infty}$ を非負の実数列で $\sum_{n=1}^{\infty} a_n$ が収束するものとする．
   (c) $\{z_n\}_{n=1}^{\infty}$ が複素数列で，すべての n に対して $|z_n| \le a_n$ をみたしているとする．

このとき $\sum_{n=1}^{\infty} z_n$ が収束することを示せ．[ヒント：コーシーの判定法を用いよ．]

4. $z \in \mathbb{C}$ に対して，その**複素指数**を
$$e^z = \sum_{n=0}^{\infty} \frac{z^n}{n!}$$
により定義する．

(a) すべての複素数 z に対して，この級数が収束することを証明し，上記の定義が意味をもつことを確認せよ．さらに $\mathbb{C}$ の任意の有界集合上で，この収束は一様収束[5]であることを示せ．

(b) z_1, z_2 が複素数であるとき，$e^{z_1} e^{z_2} = e^{z_1+z_2}$ であることを示せ．[ヒント：二項定理により $(z_1+z_2)^n$ を展開し，二項係数に関する公式を用いよ．]

(c) z が純虚数であるとき，すなわち $z = iy, y \in \mathbb{R}$ であるとき，
$$e^{iy} = \cos y + i \sin y$$
を示せ．これはオイラーの等式である．[ヒント：ベキ級数を用いよ．]

(d) 一般に $x, y \in \mathbb{R}$ に対して
$$e^{x+iy} = e^x (\cos y + i \sin y)$$
である．
$$|e^{x+iy}| = e^x$$
を示せ．

(e) $e^z = 1$ が成り立つのは，ある整数 k に対して $z = 2\pi k i$ であるとき，かつそのときに限ることを証明せよ．

(f) 複素数 $z = x + iy$ が次の形に書けることを示せ．
$$z = re^{i\theta},$$
ただし $0 \leq r < \infty$ であり，$\theta \in \mathbb{R}$ は 2π の整数倍の違いを除いて一意的に定まる．また次の式が意味をもつとき，
$$r = |z|, \qquad \theta = \arctan(y/x)$$
であることを確認せよ．

(g) 特に $i = e^{i\pi/2}$ である．複素数に i を掛けることの幾何的な意味は何か？ また

---

[5] 関数列 $\{f_n(z)\}_{n=1}^{\infty}$ がある集合 S 上で一様収束しているとは，S 上のある関数 f が存在し，任意の $\varepsilon > 0$ に対して，ある整数 N が存在し，$n > N$ であり $z \in S$ ならば $|f_n(z) - f(z)| < \varepsilon$ をみたすことである．

$\theta \in \mathbb{R}$ に対して $e^{i\theta}$ を掛けることの幾何的な意味は何か？

(h) 与えられた $\theta \in \mathbb{R}$ に対して,
$$\cos\theta = \frac{e^{i\theta} + e^{-i\theta}}{2}, \qquad \sin\theta = \frac{e^{i\theta} - e^{-i\theta}}{2i}$$
を示せ．これらもオイラーの等式と呼ばれている．

(i) 複素指数を用いて
$$\cos(\theta + \vartheta) = \cos\theta\cos\vartheta - \sin\theta\sin\vartheta$$
などの三角関数に関する等式を示せ．それから
$$2\sin\theta\sin\varphi = \cos(\theta - \varphi) - \cos(\theta + \varphi),$$
$$2\sin\theta\cos\varphi = \sin(\theta + \varphi) + \sin(\theta - \varphi)$$
を示せ．この計算はダランベールによる進行波を用いた解と定常波の重ね合わせによる解を結びつけるものである．

5. 整数 n に対して $f(x) = e^{inx}$ が周期 2π の周期関数であることと
$$\frac{1}{2\pi}\int_{-\pi}^{\pi} e^{inx} dx = \begin{cases} 1, & n = 0, \\ 0, & n \neq 0 \end{cases}$$
を証明せよ．このことを用いて，整数 $n, m \geq 1$ に対して
$$\frac{1}{\pi}\int_{-\pi}^{\pi} \cos nx \cos mx\, dx = \begin{cases} 0, & n \neq m, \\ 1, & n = m \end{cases}$$
を示せ．同様にして
$$\frac{1}{\pi}\int_{-\pi}^{\pi} \sin nx \sin mx\, dx = \begin{cases} 0, & n \neq m, \\ 1, & n = m \end{cases}$$
を示せ．最後に任意の n, m に対して
$$\int_{-\pi}^{\pi} \sin nx \cos mx\, dx = 0$$
を示せ．

[ヒント：$e^{inx}e^{-imx} + e^{inx}e^{imx}$ と $e^{inx}e^{-imx} - e^{inx}e^{imx}$ を計算せよ．]

6. f が $\mathbb{R}$ 上で 2 回連続微分可能で，かつ方程式
$$f''(t) + c^2 f(t) = 0$$
の解であれば，ある定数 a, b が存在し，
$$f(t) = a\cos ct + b\sin ct$$

となっていることを証明せよ．これは二つの関数 $g(t) = f(t)\cos ct - c^{-1}f'(t)\sin ct$ と $h(t) = f(t)\sin ct + c^{-1}f'(t)\cos ct$ を微分することによって示すことができる．

7. a と b が実数であるとき，次のように表せることを示せ．
$$a\cos ct + b\sin ct = A\cos(ct - \varphi).$$
ただし，$A = \sqrt{a^2 + b^2}$ であり，φ は
$$\cos\varphi = \frac{a}{\sqrt{a^2+b^2}}, \qquad \sin\varphi = \frac{b}{\sqrt{a^2+b^2}}$$
となるように選んでいる．

8. F を (a, b) 上の関数で，2階の連続な導関数をもつものとする．(a, b) に属する x と $x+h$ に対して，次を示せ．
$$F(x+h) = F(x) + hF'(x) + \frac{h^2}{2}F''(x) + h^2\varphi(h),$$
ただし $h \to 0$ のとき $\varphi(h) \to 0$ をみたすものとする．
次のことも導け．$h \to 0$ のとき
$$\frac{F(x+h) + F(x-h) - 2F(x)}{h^2} \to F''(x).$$
[ヒント：これはただのテイラー展開である．それは
$$F(x+h) - F(x) = \int_x^{x+h} F'(y)\,dy$$
および $F'(y) = F'(x) + (y-x)F''(x) + (y-x)\psi(y-x)$，ただし，ここで $h \to 0$ のとき $\psi(h) \to 0$ に注意すれば得られる．]

9. 摘み上げた弦の場合，フーリエ・サイン係数に対する公式を用いて
$$A_m = \frac{2h}{m^2}\frac{\sin mp}{p(\pi - p)}$$
を示せ．p がどのような位置にあるとき，第 2, 4, $\cdots$ のハーモニクスは失われるか？ また，p がどのような位置にあるとき，第 3, 6, $\cdots$ のハーモニクスは失われるか？

10. ラプラシアン
$$\triangle = \frac{\partial^2}{\partial x^2} + \frac{\partial^2}{\partial y^2}$$
を極座標で表すと，次のようになることを示せ．
$$\triangle = \frac{\partial^2}{\partial r^2} + \frac{1}{r}\frac{\partial}{\partial r} + \frac{1}{r^2}\frac{\partial^2}{\partial \theta^2}.$$
また，

$$\left|\frac{\partial u}{\partial x}\right|^2 + \left|\frac{\partial u}{\partial y}\right|^2 = \left|\frac{\partial u}{\partial r}\right|^2 + \frac{1}{r^2}\left|\frac{\partial u}{\partial \theta}\right|^2$$

であることを示せ．

11. $n \in \mathbb{Z}$ に対して微分方程式

$$r^2 F''(r) + rF'(r) - n^2 F(r) = 0$$

の解で，$r > 0$ に対して 2 回微分可能なものは，$n \neq 0$ の場合は r^n と r^{-n}，$n = 0$ の場合は 1 と $\log r$ の線形結合により与えられるもののみであることを示せ．
[ヒント：もし F が解ならば $F(r) = g(r)r^n$ と書くと，g は微分方程式 $rg'(r) + 2ng(r) = c$ をみたすことを調べよ．ここで c は定数である．]

4. 問題

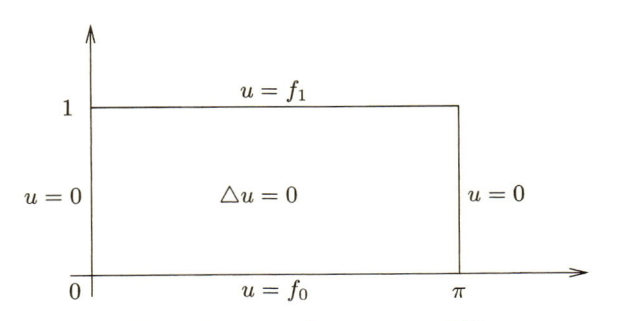

図 11 長方形に対するディリクレ問題．

1. 図 11 に示されているディリクレ問題を考察せよ．

詳しく書くならば，長方形 $R = \{(x, y) : 0 \leq x \leq \pi, 0 \leq y \leq 1\}$ において $\triangle u = 0$ をみたし，R の縦の辺上では 0，また長方形の横の辺上では，固定された温度分布を示す初期データ f_0, f_1 に対して，

$$u(x, 0) = f_0(x), \qquad u(x, 1) = f_1(x)$$

をみたすような定常状態の熱方程式の解を見出せ．

変数分離法を用いて，f_0, f_1 が

$$f_0(x) = \sum_{k=1}^{\infty} A_k \sin kx, \qquad f_1(x) = \sum_{k=1}^{\infty} B_k \sin kx$$

とフーリエ級数展開されているならば，

$$u(x,\,y) = \sum_{k=1}^{\infty} \left(\frac{\sinh k(1-y)}{\sinh k} A_k + \frac{\sinh ky}{\sinh k} B_k \right) \sin kx$$

となることを示せ．なお双曲正弦関数と双曲余弦関数の定義は

$$\sinh x = \frac{e^x - e^{-x}}{2}, \qquad \cosh x = \frac{e^x + e^{-x}}{2}$$

である．この結果を第 5 章の問題 3 で得られる帯領域上のディリクレ問題の解に関する結果と比較せよ．

第2章　フーリエ級数の基本性質

> 任意の関数をベキ級数で表す問題については，何の進展もないまま50年近い歳月が過ぎようとしていた．そんなとき，フーリエの主張が，この問題に新たな見解をもち込んだ．このときから，数学のこの分野に新しい進展の時代がはじまった．それは，数理物理学の大いなる発展を伴って，驚異的な時代の到来になった．
>
> ——B. リーマン，1854

　この章から，フーリエ級数の勉強を本格的にはじめる．第1節では，勉強の舞台設定として，この分野の主要な用語・概念を導入し，前章で触れたいくつかの基本問題を正確に述べる．

　第2節では，一意性問題「フーリエ係数が等しい二つの関数は一致するか？」を解決する．実際，二つの関数が連続な場合に一致をみることが簡単な議論で示される．

　第3,4節では，フーリエ級数の部分和の収束を詳しく調べる．その際の注目点は，f のフーリエ級数の第 N 部分和が

$$\frac{1}{2\pi} \int D_N(x-y) f(y)\, dy$$

という積分で表されることである．ここで，D_N はディリクレ核と呼ばれる関数であり，この積分表現は，フーリエ係数の (積分を用いた) 定義式から容易に導ける．さて，上の積分は f と D_N の畳み込みという．畳み込みは，われわれの解析の勉強で決定的なはたらきをする．そこで，問題を次のように一般化しよう．関数列 $\{K_n\}$ に対して，畳み込み

$$\frac{1}{2\pi}\int K_n(x-y)f(y)\,dy$$

は，$n\to\infty$ のとき，どんな収束の仕方をするだろうか？ 実際，$\{K_n\}$ が良い核と呼ばれる三つの重要な性質をもっていたら，上の畳み込みは，$n\to\infty$ のとき，(f の連続点 x で) $f(x)$ に収束する．こういう意味で，$\{K_n\}$ は「近似単位元」といえよう．ところが，ディリクレ核の列 $\{D_N\}$ は，残念なことに，この三つの良い性質を備えていない．こうして，フーリエ級数の収束問題は微妙な様相を呈してくるのである．

そこで，第5節では，この収束問題を追及する代わりに，フーリエ級数の和を求める他の方法を考える．第一の方法は，部分和の平均をとることにより，良い核との畳み込みを導く方法である．この方法からは，有用なフェイェールの定理を示すことができる．さらに，「単位円周上の任意の連続関数が三角多項式により一様に近似できる」という定理も導ける．第二の方法は，アーベル総和法の意味でフーリエ級数の和を求め，そこから良い核との畳み込みを導く方法である．この方法からは，前章末に考えた単位円板上の定常熱方程式に関するディリクレ問題の解が求められる．

1. 例と問題提起

はじめに，これから扱う関数の種類について簡潔に説明しておこう．閉区間 $[0,L]$ 上の複素数値関数 f に対して，f のフーリエ係数は

$$a_n = \frac{1}{L}\int_0^L f(x)\,e^{-2\pi inx/L}\,dx, \qquad n\in\mathbb{Z}$$

と定義されるから，f には，ある種の積分可能性を仮定しておく必要がある．そこで，この本で関数というと，つねに少なくともリーマン可積分[1]であると仮定する．しかし，あるときには，もっと整った関数 (連続性や微分可能性をもった関数) を扱った方が理解しやすいかもしれない．そこで，そのような関数も含めて，関数の種類を，特別なものから一般的なものへ並べて紹介しよう．ここで注意しておきたいのは，この本では，実数値関数に限らず，ほとんどいつも複素数 $\mathbb{C}$ に値をもつ関数を扱っていくということである (ただし，図では実数値関数を用い

---

[1] この分野の勉強のはじめの段階では，リーマン積分を採用するのが自然だろう．ルベーグ積分という進んだ概念は，この本の第 III 巻でとりあげる予定である．

る).また,関数の定義域としても,閉区間だけではなく単位円周を考えることもある.こういったことを,これから説明していこう.

連続関数

閉区間 $[0, L]$ 上の複素数値関数 f が,$[0, L]$ のすべての点で連続なとき,単に連続であるという.連続関数の典型例を図1(a) に示した.あとで単位円周上の連続関数 f を扱うが,その場合は,さらに $f(0) = f(L)$ であることを仮定する.

区分的連続関数

閉区間 $[0, L]$ 上の有界な関数が,有限個の点を除いた残りのすべての点で連続なとき,区分的連続であるという.このような関数の例を図1(b) に示した.

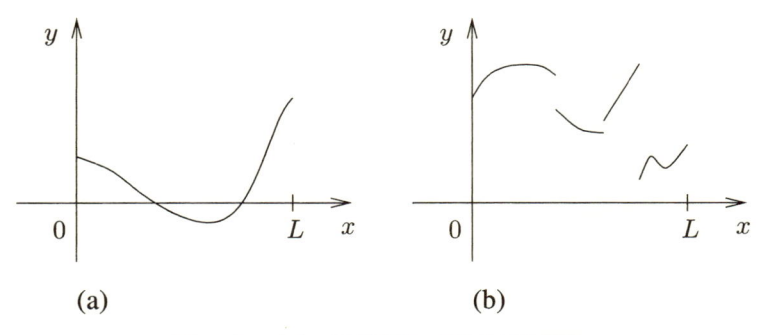

図1 $[0, L]$ 上の連続関数,区分的連続関数.

あとの数章に出てくる多くの定理を説明するには,区分的連続関数を考えれば十分である.しかし,論理の完成度を考慮すると,より一般的にリーマン可積分関数まで広げて考えるのが自然だろう.なぜなら,フーリエ係数の定義には積分を用いるからである.

リーマン可積分関数

リーマン可積分関数は,われわれが扱うもっとも広範囲な関数の種類である.それらは,有界で,不連続点 (連続にならない点) を無限個もつことがある.定義を復習しよう.閉区間 $[0, L]$ 上の実数値関数 f が**リーマン可積分**(略して**可積**

分[2]) とは，f が有界であり，かつ，任意の $\varepsilon > 0$ に対して，閉区間 $[0, L]$ の分点 $0 = x_0 < x_1 < \cdots < x_{N-1} < x_N = L$ をうまく選べば，その分点に関する f の過剰和

$$\mathcal{U} = \sum_{j=1}^{N} \left[\sup_{x_{j-1} \leq x \leq x_j} f(x) \right] (x_j - x_{j-1})$$

と不足和

$$\mathcal{L} = \sum_{j=1}^{N} \left[\inf_{x_{j-1} \leq x \leq x_j} f(x) \right] (x_j - x_{j-1})$$

が，$\mathcal{U} - \mathcal{L} < \varepsilon$ をみたすことである．さらに，複素数値関数が可積分とは，その実部と虚部の関数がともに可積分になることである．ここで，二つの可積分関数の和や積が，ふたたび可積分になることを思い出しておこう．

可積分関数には，不連続点が無限個存在することがある．$[0, 1]$ 上の関数でそのような例をあげると，

$$f(x) = \begin{cases} 1, & n \text{ が奇数で，} \dfrac{1}{n+1} < x \leq \dfrac{1}{n} \text{ の場合,} \\ 0, & n \text{ が偶数で，} \dfrac{1}{n+1} < x \leq \dfrac{1}{n} \text{ の場合,} \\ 0, & x = 0 \text{ の場合} \end{cases}$$

である．関数 f のグラフは図 2 のようになる．f は，点 $x = 1/n$ $(n = 1, 2, \cdots)$ と点 $x = 0$ で連続でない．

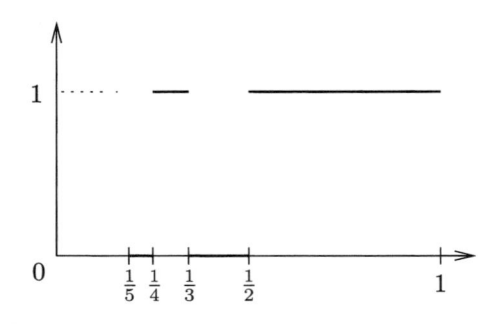

図 2 無限個の点で連続でないリーマン可積分関数．

問題 1 ではもっと巧妙な関数 —— 閉区間 $[0, 1]$ 上の可積分関数で，不連続点が $[0, 1]$ に稠密にあるもの —— が現れる．このように，可積分関数には，不連続点

---

2) 第 III 巻以降で，用語「可積分」は，より広くルベーグ可積分の意味で用いられる．

が無限個存在しうるのだが，一方で，それらはむやみに多いわけではなく，「無視できる程度」の存在である．正確に述べると，可積分関数の不連続点全体の集合は零集合 (測度 0) なのである．そして，このことは，可積分関数を特徴づける性質でもある．リーマン積分に関するこれらのことを，付録で解説しておいた．参照されたい．

以下，とくに断らないときも，関数といえば，可積分であると仮定する．

単位円周上の関数

次の三種の関数は自然な方法で同一視できる．
   (ア) 単位円周上の関数
   (イ) $\mathbb{R}$ 上の周期 2π の関数
   (ウ) 長さ 2π の閉区間上の関数で，両端での値が等しいもの
それを説明しよう．

単位円周の任意の点は，実数 θ を用いて $e^{i\theta}$ と表せる．ここで，θ は 2π の整数倍の差を無視すれば一意的に定まる．したがって，単位円周上の関数 F に対し，$\mathbb{R}$ 上の関数 f を

$$f(\theta) = F(e^{i\theta}), \qquad \theta \in \mathbb{R}$$

と定めると，f は周期 2π の関数になる —— $f(\theta + 2\pi) = f(\theta)\,(\theta \in \mathbb{R})$．このとき，$F$ の積分可能性・連続性・微分可能性などの性質は，f のそれにより定義する．たとえば，F が単位円周上で可積分であるとは，f が長さ 2π の任意の閉区間上で可積分なときにいう．また，F が単位円周上で連続であるとは，f が $\mathbb{R}$ 上で連続，つまり f が長さ 2π の任意の閉区間で連続なときにいう．さらに，F が単位円周上で連続微分可能であるなど，その他の性質についても，同様に定義する．

いまの $\mathbb{R}$ 上の関数 f は，周期 2π をもつから，長さ 2π の閉区間 (たとえば，$[0, 2\pi]$ や $[-\pi, \pi]$ など) に制限して扱ってもよい．その際，閉区間の両端で f が同じ値をとっていることに注意しよう．このことは，両端の 2 点が単位円周の同じ点に対応していることからわかる．そして，その制限した関数から，単位円周上のはじめの関数 F を復元することもできる．たとえば，閉区間 $[0, 2\pi]$ 上の関数で $f(0) = f(2\pi)$ をみたすものは，$\mathbb{R}$ 上の周期関数に拡張でき，さらに，それは単位円周上の関数と解釈できる．とくに，閉区間 $[0, 2\pi]$ 上の連続関数が単位円周上の関数と解釈されるためには，$f(0) = f(2\pi)$ であることが必要十分である．

こうして，はじめに述べた 3 種の関数 (ア)〜(ウ) は，数学的には同じ対象物を三つの方法で表現したものといえるのである．

ついでに，記号の使用法についてひとこと述べておこう．関数の定義域が $\mathbb{R}$ の区間のとき，その関数の独立変数には文字 x をよく用いる．一方，定義域が単位円周のときは通常 x のかわりに θ を用いる．このような習慣はほとんど便宜上の問題だから，この習慣にとらわれすぎる必要はなく，今後従わないこともあるだろう．

1.1 フーリエ級数の定義と例

フーリエ解析の勉強を始めるにあたって，フーリエ級数の定義を正確に述べることにしよう．関数の定義域について場合分けして説明する．f を閉区間 $[a, b]$ 上の可積分関数とし，区間 $[a, b]$ の長さを L とする ($L = b - a$)．f に対して，

$$\hat{f}(n) = \frac{1}{L} \int_a^b f(x) e^{-2\pi i n x / L} \, dx, \qquad n \in \mathbb{Z}$$

とおき，これを用いて，形式的に[3]級数

$$\sum_{n=-\infty}^{\infty} \hat{f}(n) e^{2\pi i n x / L}$$

をつくる．これを f の**フーリエ級数**といい，$\hat{f}(n)$ を f の第 n **フーリエ係数**という．また，$\hat{f}(n)$ を a_n とかいて，

$$f(x) \sim \sum_{n=-\infty}^{\infty} a_n e^{2\pi i n x / L}$$

と表記することもある．この表記法では，〜の左に関数を，右にそのフーリエ級数をかく．

とくに，f が閉区間 $[-\pi, \pi]$ 上の可積分関数のとき，f の第 n フーリエ係数は

$$\hat{f}(n) = a_n = \frac{1}{2\pi} \int_{-\pi}^{\pi} f(\theta) e^{-in\theta} \, d\theta, \qquad n \in \mathbb{Z}$$

であり，f のフーリエ級数は

$$f(\theta) \sim \sum_{n=-\infty}^{\infty} a_n e^{in\theta}$$

となる．ここでは，変数を $-\pi$ から π へ一回転する角と思い，文字 θ を用いた．

---

[3] この時点では，級数が収束するかどうかを考えない．

また，f の定義域が $[0, 2\pi]$ の場合も，f のフーリエ係数とフーリエ級数は，上と同様に定義される．相違点は，$\hat{f}(n)$ の定義式における積分の範囲が「0 から 2π」に変わることだけである．

今度は，単位円周上の関数のフーリエ係数とフーリエ級数を定義しよう．33 ページで解説したように，単位円周上の関数は，$\mathbb{R}$ 上の周期 2π の関数 f とみなせる．その f を長さ 2π の閉区間 (たとえば $[-\pi, \pi]$ や $[0, 2\pi]$) に制限することにより，フーリエ係数が定義できる．このとき，f は周期 2π をもつので，フーリエ係数の定義における積分の値は，閉区間の選び方によって変わらない．こうして，単位円周上の関数のフーリエ係数が (よって，フーリエ級数も) きちんと定義できた．

最後に，閉区間 $[0, 1]$ 上の関数 g を考えよう．この場合は，

$$\hat{g}(n) = a_n = \int_0^1 g(x) e^{-2\pi i n x} dx, \qquad g(x) \sim \sum_{n=-\infty}^{\infty} a_n e^{2\pi i n x}$$

となる．ここで，0 から 1 まで動く変数には文字 x を用いた．

さて，$[0, 2\pi]$ 上の関数 f があるとき，$g(x) = f(2\pi x)$ とおくことで $[0, 1]$ 上の関数 g ができる．このとき，g のフーリエ係数が f のフーリエ係数に等しいことが，変数変換により確かめられる．

話をもどして，長さ L の区間 $[a, b]$ 上の可積分関数 f を考える．一般に，複素数列 $\{c_n\}$ を用いて形式的につくった級数 $\sum_{n=-\infty}^{\infty} c_n e^{2\pi i n x / L}$ を **三角級数** という．f のフーリエ級数は三角級数の一例である．また，三角級数は，その和が有限和のとき，すなわち有限個の n を除いて $c_n = 0$ となっているとき，**三角多項式** とよばれる．三角多項式において，$c_n \neq 0$ となるような $|n|$ の最大値を **次数** という．

非負の整数 N に対し，三角多項式

$$S_N(f)(x) = \sum_{n=-N}^{N} \hat{f}(n) e^{2\pi i n x / L}$$

を f のフーリエ級数の第 N **部分和** という．定義式の和 $\sum$ は，n が $-N$ から N まで動く <u>対称</u> 和である．このような対称和をとりあげた理由は，フーリエ級数を cos の級数と sin の級数に分解したときの部分和が，対称和に自然に結びつくからである．この本で，フーリエ級数が収束するとは，$N \to \infty$ のとき，この対称和 $S_N(f)$ が収束することと解釈する．

第 1 章 16 ページで提起した基本問題は，この部分和を用いて，次のように述べ換えられる．

問題 $N \to \infty$ のとき，どんな意味で，$S_N(f)$ は f に収束するだろうか？

この問題について話をすすめる前に，フーリエ級数の簡単な例をいくつかあげておこう．

例1 $f(\theta) = \theta$ $(\theta \in [-\pi, \pi])$ とする．f のフーリエ係数は次のように計算できる．$n \neq 0$ のときは，部分積分をして，

$$\hat{f}(n) = \frac{1}{2\pi} \int_{-\pi}^{\pi} \theta \, e^{-in\theta} \, d\theta$$
$$= \frac{1}{2\pi} \left[-\frac{\theta}{in} e^{-in\theta} \right]_{-\pi}^{\pi} + \frac{1}{2\pi in} \int_{-\pi}^{\pi} e^{-in\theta} \, d\theta$$
$$= \frac{(-1)^{n+1}}{in}$$

となる．$n = 0$ のときは，明らかに

$$\hat{f}(0) = \frac{1}{2\pi} \int_{-\pi}^{\pi} \theta \, d\theta = 0$$

である．よって，f のフーリエ級数は

$$f(\theta) \sim \sum_{n \neq 0} \frac{(-1)^{n+1}}{in} e^{in\theta} = 2 \sum_{n=1}^{\infty} (-1)^{n+1} \frac{\sin n\theta}{n}$$

となる．ここで，左の級数は n が 0 でない整数全体を動くときの和である．二つの級数の間の等式は，オイラーの公式から簡単にわかるだろう．また，どちらの級数も，すべての θ に対して収束する．このことは，級数の初等的な方法で証明できるが，これらの級数が $f(\theta)$ に収束することは，簡単にはわからない．このことはあとで証明する (同様の状況が練習 8, 9 に出てくる)．

例2 $f(\theta) = (\pi - \theta)^2 / 4$ $(\theta \in [0, 2\pi])$ の場合は，例1と同様の部分積分を2回行うことで，

$$f(\theta) \sim \frac{\pi^2}{12} + \sum_{n=1}^{\infty} \frac{\cos n\theta}{n^2}$$

と計算できる．

例3 α を整数でない実数とし，

$$f(\theta) = \frac{\pi}{\sin \pi \alpha} e^{i(\pi - \theta)\alpha}, \qquad \theta \in [0, 2\pi]$$

とおくと，

$$f(\theta) \sim \sum_{n=-\infty}^{\infty} \frac{e^{in\theta}}{n + \alpha}$$

となる．

例4 非負の整数 N に対して，
$$D_N(x) = \sum_{n=-N}^{N} e^{inx}, \qquad x \in [-\pi, \pi]$$
とおき，この三角多項式を第 N **ディリクレ核**という．ディリクレ核はこれからの理論において重要な基本道具になる．簡単な計算から，D_N のフーリエ係数 a_n は
$$a_n = \begin{cases} 1, & |n| \leq N \text{ のとき}, \\ 0, & |n| > N \text{ のとき} \end{cases}$$
となる．つぎに，D_N が
$$D_N(x) = \frac{\sin\left(N + \frac{1}{2}\right)x}{\sin(x/2)}$$
と表せることを示そう．$\omega = e^{ix}$ とおくと，$D_N(x)$ は，二つの等比数列の有限和
$$\sum_{n=0}^{N} \omega^n, \qquad \sum_{n=-N}^{-1} \omega^n$$
に分解でき，それぞれの和は，
$$\frac{1 - \omega^{N+1}}{1 - \omega}, \qquad \frac{\omega^{-N} - 1}{1 - \omega}$$
である．これらを足して，$D_N(x)$ は
$$\frac{\omega^{-N} - \omega^{N+1}}{1 - \omega} = \frac{\omega^{-N-1/2} - \omega^{N+1/2}}{\omega^{-1/2} - \omega^{1/2}} = \frac{\sin\left(N + \frac{1}{2}\right)x}{\sin(x/2)}$$
となる．

例5 $0 \leq r < 1$ に対して，
$$P_r(\theta) = \sum_{n=-\infty}^{\infty} r^{|n|} e^{in\theta}, \qquad \theta \in [-\pi, \pi]$$
とおき，これを**ポアソン核**という．この定義式の級数は，$[-\pi, \pi]$ 上で絶対かつ一様に収束する．この関数は，第1章で，単位円板上の定常熱方程式の解として登場した．$P_r(\theta)$ のフーリエ係数を計算しよう．計算の途中で，積分と無限和の順序交換が必要になるが，（r を固定したとき）無限和の収束が一様であることから，この順序交換は可能である．こうして，$P_r(\theta)$ の第 n フーリエ係数は $r^{|n|}$ と計算できる．つぎに，P_r が

$$P_r(\theta) = \frac{1-r^2}{1-2r\cos\theta + r^2}$$

と表せることを示そう．$\omega = re^{i\theta}$ とおくと，

$$P_r(\theta) = \sum_{n=0}^{\infty} \omega^n + \sum_{n=1}^{\infty} \overline{\omega}^n$$

とかける．この右辺の二つの級数は，$[-\pi, \pi]$ 上で絶対収束し，和はそれぞれ $1/(1-\omega)$，$\overline{\omega}/(1-\overline{\omega})$ となる (等比級数の和の公式を思い出せ)．よって，$P_r(\theta)$ は

$$\frac{1-\overline{\omega} + (1-\omega)\overline{\omega}}{(1-\omega)(1-\overline{\omega})} = \frac{1-|\omega|^2}{|1-\omega|^2} = \frac{1-r^2}{1-2r\cos\theta + r^2}$$

となる．ポアソン核は，あとでフーリエ級数のアーベル総和可能性を勉強するとき，再登場する．

話題を 36 ページの問題にもどそう．関数 f のフーリエ級数は，まったく形式的な級数として定義されたから，f に収束するかどうかは明らかではない．その収束を考えるのが上述の問題である．この問題は，収束をどのような意味にとるか，あるいは，関数 f にどのような条件をつけるかによって，割合簡単な問題にもなるし，超難問にもなる．

もっと明確に議論をすすめよう．まず，f は $\mathbb{R}$ 上の周期 2π の関数で，$[-\pi, \pi]$ 上の可積分関数 (われわれにとってもっとも一般的な関数) とする．そして，まっさきに浮かぶ次の疑問を考えよう．f のフーリエ級数の部分和 $S_N(f)$ は f に各点収束するか？ すなわち，

(1) $\qquad$ 各 $\theta \in [-\pi, \pi]$ に対して，$\displaystyle\lim_{N\to\infty} S_N(f)(\theta) = f(\theta)$

が成り立つか？ 一般に (1) が成り立つことは，とうてい期待できない．このことを知るには，1 点でだけ f と異なる値をとる可積分関数が，f と同じフーリエ係数をもつことに注目すればよい．

そこで，f は連続であると仮定しよう．そして，問題 (1) を考える．歴史的には，連続の仮定のもとでは (1) は成り立つと，長い間信じられていた．ところが，フーリエ級数がある 1 点で発散するような連続関数の例をデュ・ボア・レイモンがつくってしまった．驚きだった．この本では，そのような例を第 3 章で構成する．

こうした反例にめげず，f に，より滑らかな条件 (たとえば，連続微分可能，2 回連続微分可能という条件) を課してみよう．このような条件下では，f のフーリエ級数は f に一様収束する．このことを次の節で説明する．

今度は，問題 (1) の収束を拡大解釈して，f のフーリエ級数が，チェザロやアーベルの意味で総和可能かどうかを考えよう．このアプローチでは，f のフーリエ級数の部分和について，ある種の平均を考える．実際，f のフーリエ級数が，f が連続である点で総和可能であることを，第 5 節で示す．

最後に，(1) の収束を，平均二乗収束と解釈してみよう．すると，f が可積分という仮定だけから，
$$\frac{1}{2\pi}\int_{-\pi}^{\pi}|S_N(f)(\theta)-f(\theta)|^2\,d\theta \;\to\; 0, \qquad N\to\infty$$
が導ける．このことを第 3 章の第 1 節で証明する．

フーリエ級数の各点収束の問題 (1) が，1966 年，L. カルレッソンによって解決されたということは，興味深い豆知識として知っていてもいいだろう．彼がいろいろな研究の中で示したことは，f がわれわれの意味で可積分な[4]とき，f のフーリエ級数が，零集合 (測度 0 の集合) を除いて，f に各点収束することであった．この証明は難しく，この本の程度を超えているので，これ以上は触れない．

2. フーリエ級数の一意性

関数 f のフーリエ級数が，ある適当な意味で f に収束すると仮定しよう．すると，関数 f はそのフーリエ係数から決定できると考えられる．つまり，二つの関数 f, g のフーリエ係数がまったく同じなら，f と g は一致するといえる．このことは，$f-g$ を考えることにより，次のように簡略化して述べられる．

> すべての $n\in\mathbb{Z}$ について $\hat{f}(n)=0$ ならば，$f=0$ である．

前にも述べたが，このことは無条件には成り立たない．なぜなら，フーリエ係数が積分を用いて定義されていることを考えると，有限個の点だけで 0 でない値をとる関数 f は，$f\neq 0$ なのに，すべての $n\in\mathbb{Z}$ について $\hat{f}(n)=0$ となるからである．とはいっても，次のような肯定的事実も成り立つのである．

定理 2.1 f を単位円周上の可積分関数とする．また，すべての $n\in\mathbb{Z}$ について $\hat{f}(n)=0$ とする．このとき，f が点 θ_0 で連続ならば $f(\theta_0)=0$ となる．

---

[4] L. カルレッソンは，より広く，ルベーグの意味で二乗可積分な関数に対して，上述のことを証明している．

よく知られているように，可積分関数の不連続点 (連続にならない点) の集合は零集合 (測度 0) である[5]．よって，定理 2.1 は，「かなり多くの」点 θ_0 で $f(\theta_0) = 0$ になるといっている．

証明 はじめは，f が実数値関数の場合を考えよう．$f(\theta_0) \neq 0$ と仮定し，矛盾を導く．ここでは，f を閉区間 $[-\pi, \pi]$ 上の関数と考える．また，$\theta_0 = 0, f(0) > 0$ と仮定しても一般性を失わない．証明の方針は，点 0 でピークになる三角多項式の列 $\{p_k\}$ で，
$$\int_{-\pi}^{\pi} p_k(\theta) f(\theta) \, d\theta \to \infty, \quad k \to \infty$$
をみたすものをつくることである．この積分値は，仮定により 0 であることが示せるので，目的の矛盾が生じるという段取りである．

f は点 0 で連続だから，$0 < \delta \leq \pi/2$ である δ をうまくとると，$|\theta| < \delta$ のとき $f(\theta) > f(0)/2$ となる．つぎに，
$$p(\theta) = \varepsilon + \cos\theta$$
とおく．ただし，定数 $\varepsilon > 0$ は十分小さくとって，$\delta \leq |\theta| \leq \pi$ のとき $|p(\theta)| \leq 1 - \varepsilon/2$ となるようにしておく．さらに，正の定数 $\eta < \delta$ を，$|\theta| < \eta$ のとき $p(\theta) \geq 1 + \varepsilon/2$ をみたすようにとる．そうして，
$$p_k(\theta) = [p(\theta)]^k$$
と定めるのである．また，定数 B を，すべての θ で $|f(\theta)| \leq B$ となるようにとっておこう．このような定数 B がとれるのは，f が可積分ゆえ有界であるからである．関数列 $\{p_k\}$ の様子を，図 3 に示した．

さて，各 p_k は，構成のし方から三角多項式である．また，すべての $n \in \mathbb{Z}$ について $\hat{f}(n) = 0$ だから，
$$\int_{-\pi}^{\pi} f(\theta) \, p_k(\theta) \, d\theta = 0, \quad k = 1, 2, \cdots$$
がいえる．一方，
$$\left| \int_{\delta \leq |\theta| \leq \pi} f(\theta) \, p_k(\theta) \, d\theta \right| \leq 2\pi B (1 - \varepsilon/2)^k$$
と評価できる．また，δ の選び方から，$|\theta| < \delta$ のとき $f(\theta), p(\theta)$ は非負なので，

---

[5] 付録の定理 1.7 を参照せよ．

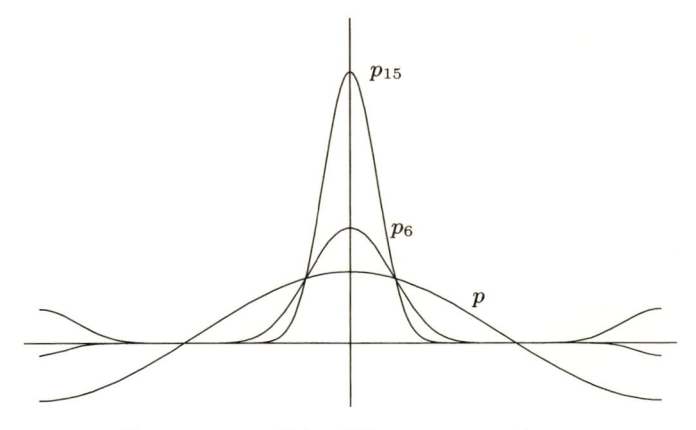

図3 $\varepsilon = 0.1$ の場合の関数 p, p_6, p_{15} のグラフ．

$$\int_{\eta \leq |\theta| < \delta} f(\theta)\, p_k(\theta)\, d\theta \geq 0$$

である．さらに，

$$\int_{|\theta| < \eta} f(\theta)\, p_k(\theta)\, d\theta \geq 2\eta \frac{f(0)}{2}(1 + \varepsilon/2)^k$$

である．上の三つの式から，$\int_{-\pi}^{\pi} p_k(\theta) f(\theta)\, d\theta \to \infty\ (k \to \infty)$ がいえる．こうして，f が実数値関数の場合の証明ができた．

今度は，f が複素数値関数の場合を考えよう．実数値関数 u, v を用いて，$f(\theta) = u(\theta) + iv(\theta)$ と表す．また，$\overline{f}(\theta) = \overline{f(\theta)}$ とかく．このとき，

$$u(\theta) = \frac{f(\theta) + \overline{f}(\theta)}{2}, \quad v(\theta) = \frac{f(\theta) - \overline{f}(\theta)}{2i}$$

で，また $\hat{\overline{f}}(n) = \overline{\hat{f}(-n)}$ が成り立つから，定理の仮定より，u, v のフーリエ係数はすべて 0 になり，上で示したことから，$f(\theta_0) = 0$ が得られる． ■

点 0 でピークになる関数からなる都合のいい族 (証明では三角多項式の列) をつくろうという発想は，この本のあとの部分でも重要なはたらきをする．第 4 節では，畳み込みとの関連で，このような関数族をとりあげる．

定理 2.1 からは，次の系がただちに得られる．

系 2.2 f を単位円周上の連続関数とする．すべての $n \in \mathbb{Z}$ について $\hat{f}(n) = 0$

ならば，$f = 0$ である．

フーリエ係数が絶対収束するという仮定をすると，第1節の問題 (1) が肯定的に解決する．このことを，次の系で示そう．

系 2.3 f を単位円周上の連続関数とし，f のフーリエ級数が絶対収束する ($\sum_{n=-\infty}^{\infty} |\hat{f}(n)| < \infty$) とする．このとき，$f$ のフーリエ級数は f に一様に収束する．すなわち，

$$\lim_{N \to \infty} S_N(f)(\theta) = f(\theta), \qquad \theta \text{ について一様.}$$

証明 連続関数の列が一様収束するとき，その極限関数も連続になることを思い出そう．仮定 $\sum_{n=-\infty}^{\infty} |\hat{f}(n)| < \infty$ より，f のフーリエ級数の部分和 $S_N(f)$ (明らかに連続) は単位円周上で絶対かつ一様に収束するから，関数 g

$$g(\theta) = \sum_{n=-\infty}^{\infty} \hat{f}(n) e^{in\theta} = \lim_{N \to \infty} \sum_{n=-N}^{N} \hat{f}(n) e^{in\theta} = \lim_{N \to \infty} S_N(f)(\theta)$$

は，単位円周上で連続である．つぎに，g のフーリエ係数を計算しよう．計算には，無限和と積分の順序交換が必要になるが，上で述べたようにこの無限和は一様収束するので，この順序交換は実行可能である．こうして，すべての $n \in \mathbb{Z}$ について $\hat{g}(n) = \hat{f}(n)$ となることが示せる．そこで，関数 $f - g$ を系 2.2 の f にあてはめると，$f = g$ を得，系が証明できた． ∎

それでは，どんな関数 f に対して，f のフーリエ級数は絶対収束するのだろうか？ f の滑らかさが f のフーリエ係数の収束に直接関係していることは，よく知られている．一般に，関数の滑らかさが増すほど，そのフーリエ係数は速く 0 に収束するのである．結果として，ある程度滑らかな関数については，フーリエ級数が絶対収束すると予想できよう．これから，この予想が正しいことを示す．

まず，この予想を正確に述べるために，ランダウの記号 **O** を導入する．この記号は，全編をとおして自由に使っていくので，ここで説明しておこう．たとえば，「$\hat{f}(n) = O(1/|n|^2)\,(|n| \to \infty)$」とは，左辺の絶対値が右辺の絶対値の定数倍以下であること，すなわち，ある定数 C があって，$|n|$ が十分大きいすべての n について $|\hat{f}(n)| \le C/|n|^2$ となることである．一般に，「$f(x) = O(g(x))\,(x \to a)$」は，ある定数 C があって，a の近くのすべての x について $|f(x)| \le C\,|g(x)|$ と

なることである．とくに，$f(x) = O(1)$ は f が有界なことになる．

系 2.4 f を単位円周上の 2 回連続微分可能な関数とする．このとき，
$$\hat{f}(n) = O(1/|n|^2), \qquad |n| \to \infty$$
である．結果として，f のフーリエ級数は f に絶対かつ一様に収束する．

証明 はじめに，f のフーリエ係数を評価しよう．$n \neq 0$ のとき，部分積分を 2 回行うと，次のようになる．

$$\begin{aligned}
2\pi \hat{f}(n) &= \int_0^{2\pi} f(\theta)\, e^{-in\theta}\, d\theta \\
&= \left[f(\theta) \cdot \frac{-e^{-in\theta}}{in} \right]_0^{2\pi} + \frac{1}{in} \int_0^{2\pi} f'(\theta)\, e^{-in\theta}\, d\theta \\
&= \frac{1}{in} \int_0^{2\pi} f'(\theta)\, e^{-in\theta}\, d\theta \\
&= \frac{1}{in} \left[f'(\theta) \cdot \frac{-e^{-in\theta}}{in} \right]_0^{2\pi} + \frac{1}{(in)^2} \int_0^{2\pi} f''(\theta)\, e^{-in\theta}\, d\theta \\
&= -\frac{1}{n^2} \int_0^{2\pi} f''(\theta)\, e^{-in\theta}\, d\theta.
\end{aligned}$$

ここで，2 行目と 4 行目の括弧 [ ] が 0 になるのは，f と f' の周期性による．さて，上の式から，

$$2\pi |n|^2 |\hat{f}(n)| = \left| \int_0^{2\pi} f''(\theta)\, e^{-in\theta}\, d\theta \right| \leq \int_0^{2\pi} |f''(\theta)|\, d\theta \leq C$$

と評価できる．ただし，C は n に依存しない定数である (実際，$|f''|$ の上界を B として，$C = 2\pi B$ とおけばよい)．最後に，級数 $\sum_{n=1}^{\infty} 1/n^2$ が収束することに注意すれば，この系の証明は完結する． ∎

ついでに，大切な公式

$$\widehat{f'}(n) = in\, \hat{f}(n), \qquad n \in \mathbb{Z}$$

に触れておこう．$n \neq 0$ のとき，この公式は上の証明の中で示されている．$n = 0$ のときの確認は，読者の練習にしよう．こうして，f が (1 回) 連続微分可能で，$f(\theta) \sim \sum a_n e^{in\theta}$ ならば，$f'(\theta) \sim \sum a_n in\, e^{in\theta}$ となる．同様に f が 2 回連続微分可能で，$f(\theta) \sim \sum a_n e^{in\theta}$ ならば，$f''(\theta) \sim \sum a_n (in)^2 e^{in\theta}$ となる．このような議論はさらに続けられる．また，f の滑らかさが増すほど，f のフーリエ係数が早く 0 に収束するのも納得できるだろう (練習 10)．

実際には，系 2.4 より強い主張が成り立つ．たとえば，f が 1 回連続微分可能なだけで，f のフーリエ級数は絶対収束する．それだけでなく，$\alpha > 1/2$ として，f が α 次のヘルダー条件

$$\text{すべての } t \text{ に対して}, \quad \sup_{\theta} |f(\theta + t) - f(\theta)| \leq A |t|^{\alpha}$$

をみたすとき，f のフーリエ級数は絶対収束する．これらのことについては，第 3 章の練習を参照されたい．

最後に，よく使われる用語を，もうひとつ紹介しておこう．f が k 回連続微分可能なことを，f は $\boldsymbol{C^k}$ **級**に属すという．C^k 級に属すとか，ヘルダー条件をみたすとかいうのは，関数の <u>滑らかさ</u> の度合いを説明するものである．

3. 畳み込み

二つの関数の畳み込みをつくるという考えは，フーリエ解析において基本的な役割を果たす．その考えは，フーリエ級数を勉強していると自然に出てくるものであるが，より一般に他の場面においても関数を解析する際に広く役立っている．

f, g は $\mathbb{R}$ 上の周期 2π の関数で，$[-\pi, \pi]$ 上で可積分とする．この f, g に対して，$[-\pi, \pi]$ 上の関数 $f * g$ を，

$$(2) \qquad (f * g)(x) = \frac{1}{2\pi} \int_{-\pi}^{\pi} f(y) \, g(x - y) \, dy$$

と定義し，f と g の **畳み込み** という．二つの可積分関数の積はふたたび可積分になるから，各 x に対して，上の積分は値が定まる．また，f も g も周期が 2π であることに注意して，変数変換をすると，

$$(f * g)(x) = \frac{1}{2\pi} \int_{-\pi}^{\pi} f(x - y) \, g(y) \, dy$$

となることがわかる (命題 3.1(iii))．

大雑把にいうと，畳み込みは「荷重平均」といえよう．たとえば，(2) において $g = 1$ の場合を考えると，$f * g$ は定数 $\dfrac{1}{2\pi} \displaystyle\int_{-\pi}^{\pi} f(y) \, dy$ であり，その値は f の単位円周上での平均値と考えられる．また，畳み込みは，f と g の各点での積 $f(x) g(x)$ とよく似たはたらきをし，ある意味でその代役をつとめるものでもある．

この章でわれわれが畳み込みに興味をもつ理由は，f のフーリエ級数の部分和が次のように表されるからである．

$$S_N(f)(x) = \sum_{n=-N}^{N} \hat{f}(n)\, e^{inx}$$
$$= \sum_{n=-N}^{N} \left(\frac{1}{2\pi} \int_{-\pi}^{\pi} f(y)\, e^{-iny}\, dy \right) e^{inx}$$
$$= \frac{1}{2\pi} \int_{-\pi}^{\pi} f(y) \left(\sum_{n=-N}^{N} e^{in(x-y)} \right) dy$$
$$= (f * D_N)(x).$$

ここで，D_N は 1.1 節の例 4 で扱った第 N ディリクレ核

$$D_N(x) = \sum_{n=-N}^{N} e^{inx}$$

である．こうして，部分和 $S_N(f)$ を調べることは，畳み込み $f * D_N$ を理解することへと移行した．

ここで，畳み込みの主要な性質をまとめておこう．

命題 3.1 f, g, h は $\mathbb{R}$ 上の周期 2π の関数で，$[-\pi, \pi]$ 上で可積分とする．すると，

(i) $f * (g + h) = (f * g) + (f * h)$.
(ii) $(cf) * g = c(f * g) = f * (cg)$ (ただし，c は複素数の定数).
(iii) $f * g = g * f$.
(iv) $(f * g) * h = f * (g * h)$.
(v) $f * g$ は連続である．
(vi) $\widehat{f * g}(n) = \hat{f}(n)\hat{g}(n)$.

はじめの四つは，畳み込みの代数的性質——(i), (ii) は線形性，(iii) は可換性，(iv) は結合性——である．また，(v) は重要な原理である．なぜなら，f と g が単に (リーマン) 可積分なだけなのに，畳み込み $f * g$ が連続になるといっていて，f や g より $f * g$ が「整った関数」になるからである．最後の (vi) はフーリエ解析の研究で鍵となるものである．一般に，各点での積 fg のフーリエ係数は，f と g それぞれのフーリエ係数の積にはならない．しかし，(vi) によると，「各点での積 fg」を「畳み込み $f * g$」に置き換えれば，このことは成り立つのである．

証明 (i) と (ii) は，積分の線形性からただちに得られる．

(iii) を示そう．F が，$\mathbb{R}$ 上の周期 2π の関数で，$[-\pi, \pi]$ 上で可積分なとき，任意の $x \in \mathbb{R}$ に対して，

$$\int_{-\pi}^{\pi} F(y)\, dy = \int_{-\pi}^{\pi} F(x-y)\, dy$$

が成り立つ．この公式は，変数変換 $y \mapsto -y$ と平行移動 $y \mapsto y-x$ による積分値の不変性から，容易に導けるだろう．この公式で $F(y) = f(y)\,g(x-y)$ とおけば，(iii) が得られる．

(iv)〜(vi) については，f, g, h が連続であれば，簡単に証明できる．その場合の証明からはじめる．

(I) f, g, h が連続な場合：連続関数については，累次積分の順序交換が自由にできるというメリットがある．このメリットを活用すると，(vi) は次のようにして示される．

$$\begin{aligned}
\widehat{f*g}(n) &= \frac{1}{2\pi} \int_{-\pi}^{\pi} (f*g)(x)\, e^{-inx}\, dx \\
&= \frac{1}{2\pi} \int_{-\pi}^{\pi} \left(\frac{1}{2\pi} \int_{-\pi}^{\pi} f(y)\, g(x-y)\, dy \right) e^{-inx}\, dx \\
&= \frac{1}{2\pi} \int_{-\pi}^{\pi} f(y)\, e^{-iny} \left(\frac{1}{2\pi} \int_{-\pi}^{\pi} g(x-y)\, e^{-in(x-y)}\, dx \right) dy \\
&= \frac{1}{2\pi} \int_{-\pi}^{\pi} f(y)\, e^{-iny} \left(\frac{1}{2\pi} \int_{-\pi}^{\pi} g(x)\, e^{-inx}\, dx \right) dy \\
&= \hat{f}(n)\, \hat{g}(n).
\end{aligned}$$

(iv) も，積分順序の交換と適当な変数変換を伴った同様の計算をすれば，証明できる．

残った (v) を示そう．つまり，f, g が連続であるとして，$f*g$ が連続であることを示そう．まず，

$$(f*g)(x_1) - (f*g)(x_2) = \frac{1}{2\pi} \int_{-\pi}^{\pi} f(y)\, [g(x_1-y) - g(x_2-y)]\, dy$$

である．g は連続だから，任意の有界閉区間上で一様連続である．さらに，g は周期 2π だから，g は $\mathbb{R}$ 全体で一様連続である．よって，任意の $\varepsilon > 0$ に対して，$\delta > 0$ が存在し，$|s-t| < \delta$ である任意の s, t について，$|g(s) - g(t)| < \varepsilon$ となる．そこで，$|x_1 - x_2| < \delta$ とすると，任意の y について $|(x_1-y) - (x_2-y)| < \delta$ がいえるから，

$$|(f*g)(x_1) - (f*g)(x_2)| = \frac{1}{2\pi}\left|\int_{-\pi}^{\pi} f(y)\left[g(x_1-y) - g(x_2-y)\right]dy\right|$$
$$\leq \frac{1}{2\pi}\int_{-\pi}^{\pi}|f(y)||g(x_1-y) - g(x_2-y)|dy$$
$$\leq \frac{\varepsilon}{2\pi}\int_{-\pi}^{\pi}|f(y)|dy$$
$$\leq \frac{\varepsilon}{2\pi}2\pi B$$

となる．ただし，定数 B は，すべての x について $|f(x)| \leq B$ となるようにとった．ゆえに，$f*g$ は連続である．こうして，f, g, h が連続な場合の証明ができた．

(II) 一般の場合：今度は，f, g, h は単に可積分というだけである．ここでは，(I) の結果と，次の近似定理 (付録の補題 1.5 を参照) を用いて，証明をすすめよう．

補題 3.2 f を単位円周上の可積分関数とし，$|f(x)| \leq B$ $(x \in [-\pi, \pi])$ とする．このとき，次の 2 条件をみたす単位円周上の連続関数の列 $\{f_k\}_{k=1}^{\infty}$ が存在する．

$$\sup_{x \in [-\pi,\pi]}|f_k(x)| \leq B, \qquad k = 1, 2, \cdots,$$
$$\int_{-\pi}^{\pi}|f(x) - f_k(x)|dx \to 0, \qquad k \to \infty.$$

(v) から示そう．f, g に対して，補題 3.2 の 2 条件をみたす連続関数の列 $\{f_k\}, \{g_k\}$ をとる．そのとき，
$$f*g - f_k*g_k = (f-f_k)*g + f_k*(g-g_k)$$
である．ここで，$\{f_k\}$ の性質から，
$$|(f-f_k)*g(x)| \leq \frac{1}{2\pi}\int_{-\pi}^{\pi}|f(x-y) - f_k(x-y)||g(y)|dy$$
$$\leq \frac{1}{2\pi}\sup_{y}|g(y)|\int_{-\pi}^{\pi}|f(y) - f_k(y)|dy$$
$$\to 0, \qquad k \to \infty$$

となり，$\{(f-f_k)*g\}$ は 0 に一様収束する．同様にして，$\{f_k*(g-g_k)\}$ が 0 に一様収束することも示せる．よって，$\{f_k*g_k\}$ は $f*g$ に一様収束する．さて，(I) の (v) より，各 f_k*g_k は連続である．ゆえに，$f*g$ も連続になる．(v) が示せた．

つぎに，(vi) を示す．(v) の証明と同じく $\{f_k\}, \{g_k\}$ をとる．各 k に対して，f_k と g_k は連続だから，(I) の (vi) より，$\widehat{f_k * g_k}(n) = \widehat{f_k}(n)\,\widehat{g_k}(n)$ である．この等式において $k \to \infty$ としてみよう．(v) の証明をふりかえると，$\{f_k * g_k\}$ は $f * g$ に一様収束したから，各 n に対して $\widehat{f_k * g_k}(n) \to \widehat{f * g}(n)$ となることがいえる．さらに，

$$|\hat{f}(n) - \widehat{f_k}(n)| = \frac{1}{2\pi}\left|\int_{-\pi}^{\pi}(f(x) - f_k(x))\,e^{-inx}\,dx\right|$$

$$\leq \frac{1}{2\pi}\int_{-\pi}^{\pi}|f(x) - f_k(x)|\,dx$$

だから，$\widehat{f_k}(n) \to \hat{f}(n)$ である．同様に $\widehat{g_k}(n) \to \hat{g}(n)$ もいえる．以上のことから，$\widehat{f * g}(n) = \hat{f}(n)\,\hat{g}(n)$ を得る．

(iv) も同種の議論で証明できる． ■

4. 良い核

定理 2.1 の証明では，点 0 でピークになる関数 (三角多項式) の列をつくった．その結果，関数 f の点 0 でのふるまいを際立たせることができた．この節では，このような関数の列にもう一度目を向け，それを，もっと一般的な立場で扱ってみよう．はじめに，良い核という概念を導入し，その特質について論じる．そのあと，良い核が，畳み込みを使って，与えられた関数をいかに復元するかを観察する．

単位円周上の関数の列 $\{K_n\}_{n=1}^{\infty}$ は，次の三つの性質をもつとき，**良い核の列**であるという．

(a) $\quad \dfrac{1}{2\pi}\displaystyle\int_{-\pi}^{\pi} K_n(x)\,dx = 1, \qquad n = 1, 2, \cdots.$

(b) 次のような定数 M が存在する．

$$\int_{-\pi}^{\pi} |K_n(x)|\,dx \leq M, \qquad n = 1, 2, \cdots.$$

(c) 任意の $\delta > 0$ に対して，

$$\int_{\delta \leq |x| \leq \pi} |K_n(x)|\,dx \to 0, \qquad n \to \infty.$$

実際，あとで出てくる例では $K_n(x) \geq 0$ がいえることが多く，その場合，(b) は (a) から導ける．また，核 K_n は単位円周上の荷重分布関数と解釈できる．こ

う解釈すると，(a) は，K_n が単位円周 $[-\pi, \pi]$ 全体に荷重 1 をかけていること，(c) は，n が大きくなるにつれ，荷重が点 0 の近くに集中してくることをいっている[6]．図 4 (a) では，良い核のそのような特徴を象徴的にグラフ化した．

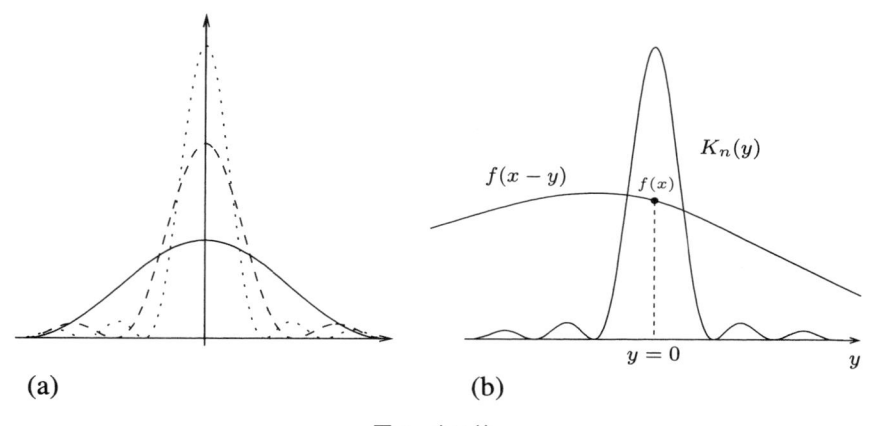

(a) **(b)**

図 4 良い核．

良い核は，畳み込みと関連づけて利用したとき，その価値に目を見張る．

定理 4.1 $\{K_n\}$ を良い核の列とし，f を単位円周上の可積分関数とする．f が点 x で連続ならば，
$$\lim_{n\to\infty}(f*K_n)(x)=f(x)$$
が成り立つ．また，f が単位円周全体で連続なら，上の収束は一様である．

この定理の意味から，良い核の列 $\{K_n\}$ は**近似単位元**と呼ばれることがある．

44 ページでは，畳み込みを荷重平均と解釈した．この解釈では，畳み込み
$$(f*K_n)(x)=\frac{1}{2\pi}\int_{-\pi}^{\pi}f(x-y)\,K_n(y)\,dy$$
は，$K_n(y)$ を荷重としたときの $f(x-y)$ の荷重平均である．ここで，分布関数 K_n の荷重は，n が大きくなるにつれ，点 $y=0$ の近くに集中する．ゆえに，積分においては，n が大きくなるにつれ，値 $f(x)$ に全荷重がかかってくる．この様子を図 4 (b) に示した．

[6) 良い核の列の極限は，「ディラックのデルタ関数」を表している．これは，物理学からの用語である．

証明 f は点 x で連続とする．すると，任意の $\varepsilon > 0$ に対して，$\delta > 0$ が存在して，$|y| < \delta$ のとき，$|f(x-y) - f(x)| < \varepsilon$ となる．また，良い核の性質 (a) より，

$$(f * K_n)(x) - f(x) = \frac{1}{2\pi} \int_{-\pi}^{\pi} K_n(y) f(x-y) \, dy - f(x)$$

$$= \frac{1}{2\pi} \int_{-\pi}^{\pi} K_n(y) [f(x-y) - f(x)] \, dy$$

とかける．そこで，定数 B を，$|f(x)| \leq B$ $(x \in [-\pi, \pi])$ となるようにとると，

$$|(f * K_n)(x) - f(x)| = \left| \frac{1}{2\pi} \int_{-\pi}^{\pi} K_n(y)[f(x-y) - f(x)] \, dy \right|$$

$$\leq \frac{1}{2\pi} \int_{|y| < \delta} |K_n(y)| |f(x-y) - f(x)| \, dy$$

$$+ \frac{1}{2\pi} \int_{\delta \leq |y| \leq \pi} |K_n(y)| |f(x-y) - f(x)| \, dy$$

$$\leq \frac{\varepsilon}{2\pi} \int_{-\pi}^{\pi} |K_n(y)| \, dy + \frac{2B}{2\pi} \int_{\delta \leq |y| \leq \pi} |K_n(y)| \, dy$$

となる．この最終辺の第 1 項は，良い核の性質 (b) より $\varepsilon M/2\pi$ 以下となる．また，第 2 項は，性質 (c) より，ある番号以降のすべての n について ε 未満にできる．そこで，$C = (M/2\pi) + 1$ とおけば，ある番号以降のすべての n について，

$$|(f * K_n)(x) - f(x)| \leq C\varepsilon$$

となる．ゆえに，$\lim_{n \to \infty} (f * K_n)(x) = f(x)$ である．

つぎに，f が単位円周全体で連続な場合を考える．この場合，f は一様連続だから，上の δ は x に依存せずに選べる．このことに留意すると，上の証明は $\{f * K_n\}$ が f に一様収束することを示している． ■

第 3 節のはじめの方で，

$$S_N(f)(x) = (f * D_N)(x)$$

となることを示した．ここで，$D_N(x) = \sum_{n=-N}^{N} e^{inx}$ は第 N ディリクレ核である．このことから，次の疑問が自然に浮かぶ．$\{D_N\}$ は良い核の列になるのだろうか？もしそうなら，定理 4.1 より，f のフーリエ級数は，f の連続点 x で $f(x)$ に収束することになる．しかし，残念なことに，$\{D_N\}$ は良い核の列ではない．実をいうと，$\{D_N\}$ は良い核の性質 (b) をもっていないのである．このことは，評価式

$$\int_{-\pi}^{\pi} |D_N(x)|\, dx \geq c \log N$$

からわかる (問題 2 を参照). とはいっても，D_N は指数関数 e^{inx} の有限和で定義していたから，

$$\frac{1}{2\pi} \int_{-\pi}^{\pi} D_N(x)\, dx = 1$$

が簡単にいえ，$\{D_N\}$ は良い核の性質 (a) はもっている．このように，絶対値関数 $|D_N|$ の積分値が大きいのに，D_N の積分値が 1 になるのは，$D_N(x)$ の正の部分と負の部分がうまく相殺されていることによる．N が大きいときに，$D_N(x)$ が正の値や負の値をとりながら頻繁に振動する様子を，図 5 に示した．

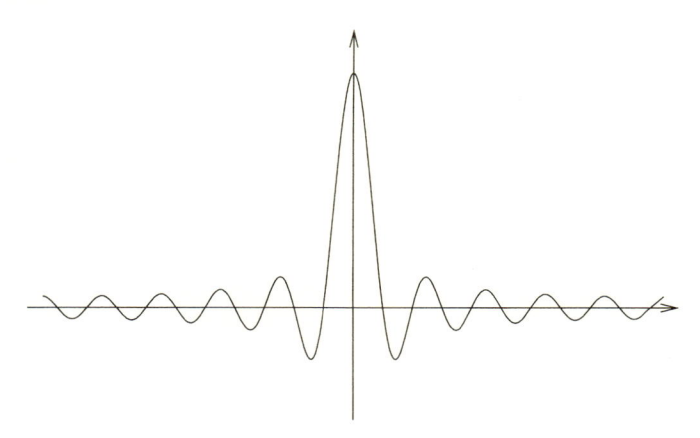

図 5　N が大きいときの第 N ディリクレ核 D_N.

以上の考察から，フーリエ級数の各点収束の様子は複雑怪奇であり，関数の連続点ですら収束しない可能性が考えられる．この可能性が実際にあることを，第 3 章で知るだろう．

5. フーリエ級数のチェザロとアーベルの総和可能性

フーリエ級数は，すべての点で収束するとは限らない．この短所を克服するために，極限

$$\lim_{N \to \infty} S_N(f) = f$$

の意味をとらえ直してみよう．

5.1 チェザロ平均と総和法

はじめは，ふつうに部分和の平均をとってみる．その技法を詳しく説明しよう．
複素数の級数

$$c_0 + c_1 + c_2 + \cdots = \sum_{k=0}^{\infty} c_k$$

が与えられているとする．このとき，第 n 部分和 s_n を

$$s_n = \sum_{k=0}^{n} c_k$$

と定める．もし $\lim_{n\to\infty} s_n = s$ となっていたら，級数 $\sum c_k$ は収束し，和は s であるという．これは，もっとも自然でふつうに用いられる総和可能性の解釈である．ところが，級数

(3) $$1 - 1 + 1 - 1 + \cdots = \sum_{k=0}^{\infty} (-1)^k$$

は，部分和の列が $1, 0, 1, 0, \cdots$ となって，極限をもたない．この部分和の列は，まったく交互に 1 と 0 が現れるから，その極限は $1/2$ で，級数の和は $1/2$ であると考えられないだろうか？ この考え方に正確な意味づけをしよう．

はじめの N 個の部分和の平均をとって，

$$\sigma_N = \frac{s_0 + s_1 + \cdots + s_{N-1}}{N}$$

とおく[7]．σ_N は，数列 $\{s_n\}$ の第 N チェザロ平均，あるいは，級数 $\sum_{k=0}^{\infty} c_k$ の第 N チェザロ部分和と呼ばれる．$N \to \infty$ のとき，$\{\sigma_N\}$ がある複素数 σ に収束したら，級数 $\sum_{k=0}^{\infty} c_k$ は σ に**チェザロ総和可能**であるという．関数項級数のときは，$\{\sigma_N\}$ の収束の仕方に応じて，各点でチェザロ総和可能とか，一様にチェザロ総和可能とかいう．

たとえば，上の級数 (3) は，$1/2$ にチェザロ総和可能である．このことは難なく確認できるだろう．さらに，級数のチェザロ総和可能性は，級数のふつうの収束性を包括しているこがわかる．実際，級数が収束して，和が s ならば，その級数は同じ極限 s にチェザロ総和可能である (練習 12)．

---

[7] 1から始まる級数 $\sum_{k=1}^{\infty} c_k$ の場合は，$\sigma_N = (s_1 + \cdots + s_N)/N$ と定義するのが通例である．このような記号の変更は，以下の議論に，本質的にほとんど影響しない．

5.2 フェイェールの定理

フーリエ級数に，チェザロ総和可能性の考え方を応用すると，おもしろい．

第4節の終わりに述べたように，ディリクレ核は良い核の条件をみたさない．しかし，驚いたことに，ディリクレ核の平均は非常に良いふるまいをする．良い核の列をなすのである．

そのことを確かめよう．f を単位円周上の可積分関数とする．上の定義に合わせて，f のフーリエ級数の第 N チェザロ平均 $\sigma_N(f)$ を，

$$\sigma_N(f)(x) = \frac{S_0(f)(x) + \cdots + S_{N-1}(f)(x)}{N}$$

とする．$S_n(f) = f * D_n$ $(n = 0, 1, 2, \cdots)$ であったから，

$$F_N(x) = \frac{D_0(x) + \cdots + D_{N-1}(x)}{N}$$

とおくと，

$$\sigma_N(f)(x) = (f * F_N)(x)$$

となる．この F_N を第 N フェイェール核と呼ぶ．

補題 5.1 フェイェール核 F_N は

$$F_N(x) = \frac{1}{N} \frac{\sin^2(Nx/2)}{\sin^2(x/2)}$$

と表される．また，$\{F_N\}_{N=0}^{\infty}$ は良い核の列になる．

証明 F_N の公式は，三角関数の公式を使って簡単に示せる (ヒントが練習15にある)．$\{F_N\}$ が良い核の条件をみたすことを確かめるために，まず，F_N が非負の関数であることと，$\frac{1}{2\pi} \int_{-\pi}^{\pi} F_N(x)\,dx = 1$ であることに着目しよう．後者の等式は，ディリクレ核 D_n についても同じ等式が成り立つことから，導けよう．つぎに，$\delta \leq |x| \leq \pi$ のときは，$\sin^2(x/2) \geq c_\delta$ となる定数 $c_\delta > 0$ がとれるから，$F_N(x) \leq 1/(Nc_\delta)$ となり，

$$\int_{\delta \leq |x| \leq \pi} |F_N(x)|\,dx \to 0, \quad N \to \infty$$

が得られる．こうして，$\{F_N\}$ が良い核の列になることがわかった． ∎

この新しい良い核の列 $\{F_N\}$ に定理 4.1 を適用すると，次の重要な結果が得られる．

定理 5.2（フェイェールの定理） f を単位円周上の可積分関数とする．f のフーリエ級数は，f が連続である点で，f にチェザロ総和可能である．

とくに，f が単位円周上で連続ならば，f のフーリエ級数は，f に一様にチェザロ総和可能である．

この定理の系を二つ述べよう．一つは，すでに得られた結果 (定理 2.1) である．もう一つは，はじめて述べることだが，基本的で重要な結果である．

系 5.3 f を単位円周上の可積分関数とする．すべての n について $\hat{f}(n) = 0$ ならば，f が連続である点 θ で $f(\theta) = 0$ となる．

証明 系の仮定のもとでは，部分和 $S_n(f)$ はすべて 0 だから，そのチェザロ平均 $\sigma_N(f)$ もすべて 0 になる．よって，定理 5.2 から系が得られる． ∎

系 5.4 単位円周上の任意の連続関数は，三角多項式によって一様に近似できる．すなわち，f が閉区間 $[-\pi, \pi]$ 上の連続関数で，$f(-\pi) = f(\pi)$ ならば，任意の $\varepsilon > 0$ に対して，

$$|f(x) - P(x)| < \varepsilon, \quad -\pi \leq x \leq \pi$$

をみたす三角多項式 P が存在する．

証明 フーリエ級数の部分和は三角多項式だから，そのチェザロ平均も三角多項式である．よって，この系は，定理 5.2 から即座に得られる． ∎

系 5.4 は，ワイエルシュトラスの近似定理 (練習 16) の周期関数版である．

5.3 アーベル平均と総和法

もう一つの総和法は，歴史的にはチェザロの方法より早く，アーベルによってはじめて考え出されたものである．

複素数の級数 $\sum_{k=0}^{\infty} c_k$ が s に**アーベル総和可能**であるとは，任意の $0 \leq r < 1$ に対して，級数

$$A(r) = \sum_{k=0}^{\infty} c_k \, r^k$$

が収束し，しかも

$$\lim_{r \to 1} A(r) = s$$

となることである．$A(r)$ は級数 $\sum_{k=0}^{\infty} c_k$ のアーベル平均と呼ばれる．一般に，級数は，収束して和が s ならば，s にアーベル総和可能であることが証明できる．そればかりか，アーベル総和可能性は，チェザロ総和可能性を凌駕する．実際，級数が s にチェザロ総和可能なら，同じ和 s にアーベル総和可能である．そして，この逆は必ずしも成り立たない．たとえば，級数

$$1 - 2 + 3 - 4 + 5 - \cdots = \sum_{k=0}^{\infty} (-1)^k (k+1)$$

を考えると，

$$A(r) = \sum_{k=0}^{\infty} (-1)^k (k+1) r^k = \frac{1}{(1+r)^2}$$

だから，この級数は 1/4 にアーベル総和可能であるが，チェザロ総和可能でないことが示せる (練習 13 参照)．

5.4 ポアソン核と単位円板上のディリクレ問題

フーリエ級数に，アーベル総和可能性の考えをとりいれよう．まず，単位円周上の可積分関数 $f(\theta) \sim \sum_{n=-\infty}^{\infty} a_n e^{in\theta}$ に対して，f のアーベル平均を

$$A_r(f)(\theta) = \sum_{n=-\infty}^{\infty} r^{|n|} a_n e^{in\theta}$$

と定義する．ここで，添え字 n は正の整数も負の整数もとるので，このフーリエ級数のアーベル平均を，前 5.3 節で与えた一般の定義にあてはめるには，$c_0 = a_0$，$c_n = a_n e^{in\theta} + a_{-n} e^{-in\theta}$ ($n = 1, 2, \cdots$) と考えればよい．

さて，f は可積分だから，$\{|a_n|\}$ は有界列になる．よって，各 $0 \leq r < 1$ に対して，$A_r(f)$ の級数は，すべての θ で絶対収束し，しかも θ について一様に収束する．また，チェザロ平均の場合とまったく同様に，アーベル平均 $A_r(f)$ にも，キーポイントになる畳み込み表現がある．$A_r(f)$ は，ポアソン核

(4) $$P_r(\theta) = \sum_{n=-\infty}^{\infty} r^{|n|} e^{in\theta}$$

を用いて，

$$A_r(f)(\theta) = (f * P_r)(\theta)$$

と表現できるのである．実際，

$$A_r(f)(\theta) = \sum_{n=-\infty}^{\infty} r^{|n|} a_n e^{in\theta}$$

$$= \sum_{n=-\infty}^{\infty} r^{|n|} \left(\frac{1}{2\pi} \int_{-\pi}^{\pi} f(\varphi) e^{-in\varphi} d\varphi \right) e^{in\theta}$$

$$= \frac{1}{2\pi} \int_{-\pi}^{\pi} f(\varphi) \left(\sum_{n=-\infty}^{\infty} r^{|n|} e^{in(\theta-\varphi)} \right) d\varphi.$$

ここで,積分と無限和の順序交換が行われているが,それは,級数が一様収束することから正当化される.

補題 5.5 $0 \leq r < 1$ に対して, P_r は

$$P_r(\theta) = \frac{1-r^2}{1-2r\cos\theta + r^2}$$

と表される.また,$\{P_r\}_{0 \leq r < 1}$ は,下から $r \to 1$ と考えて,良い核の列[8]になる.

証明 等式 $P_r(\theta) = \dfrac{1-r^2}{1-2r\cos\theta+r^2}$ は,1.1 節の例 5 で導いた.$\{P_r\}$ が良い核の性質 (a)〜(c) をもつことを示そう.まず,

$$1 - 2r\cos\theta + r^2 = (1-r)^2 + 2r(1-\cos\theta)$$

より,$P_r(\theta) \geq 0$ がわかる.いま,$\delta > 0$ とし,$c_\delta = 1 - \cos\delta$ とおく.すると,上式より,$1/2 \leq r \leq 1$ かつ $\delta \leq |\theta| \leq \pi$ のときは,$1 - 2r\cos\theta + r^2 \geq c_\delta > 0$ となり,

$$P_r(\theta) \leq \frac{1-r^2}{c_\delta}$$

を得る.この不等式から,良い核の性質 (c) が示せる.つぎに,(4) の右辺を項別積分 (級数が一様収束するから項別積分可能) すると,

$$\frac{1}{2\pi} \int_{-\pi}^{\pi} P_r(\theta) \, d\theta = 1$$

がいえ,良い核の性質 (a), (b) も示せた.ゆえに,$\{P_r\}$ は良い核の列である.∎

この補題と定理 4.1 を組み合わせると,次の定理が得られる.

---

[8] ここで,核 $\{P_r\}$ の添え字は,前に考えた離散的なパラメータ n ではなく,連続的なパラメータ $0 \leq r < 1$ になっている.こういった場合の良い核の意味は,第 4 節の定義における n を r におきかえ,性質 (c) の極限については,$n \to \infty$ を $r \to 1$ に変更する.

定理 5.6 f を単位円周上の可積分関数とする．f のフーリエ級数は，f が連続である点で，f にアーベル総和可能である．とくに，f が単位円周上で連続ならば，f のフーリエ級数は，f に一様にアーベル総和可能である．

定常熱方程式の問題を思い出そう．第 1 章では，単位円板上の定常熱方程式 $\triangle u = 0$ の解で，単位円周上の初期条件 $u = f$ をみたすものを概観した．そこでは，ラプラシアンを極座標を用いて表現し，変数を分離することで，解の形を次のように予想した．

$$(5) \quad u(r, \theta) = \sum_{n=-\infty}^{\infty} a_n r^{|n|} e^{in\theta}.$$

ここで，a_n は f の第 n フーリエ係数である．上式は，

$$u(r, \theta) = A_r(f)(\theta) = \frac{1}{2\pi} \int_{-\pi}^{\pi} f(\varphi) P_r(\theta - \varphi) \, d\varphi$$

ともかける．この u が本当に解になることを示す，まさにそのときがやってきた．

定理 5.7 f を単位円周上の可積分関数とする．単位円板上の関数 u を，ポアソン積分として，

$$(6) \quad u(r, \theta) = (f * P_r)(\theta)$$

と定義すると，次のことが成り立つ．
 (i) u は単位円板上で 2 回連続微分可能で，$\triangle u = 0$ をみたす．
 (ii) f が連続である点 θ において，

$$\lim_{r \to 1} u(r, \theta) = f(\theta).$$

とくに，f が単位円周全体で連続ならば，この収束は一様である．
 (iii) f が連続な場合，(i), (ii) をみたす単位円板上の定常熱方程式の解は，$u(r, \theta)$ だけである．

証明 (i) 関数 u が，(5) 式のように，級数で表されることに着目しよう．$0 < \rho < 1$ を固定し，中心が原点で半径が ρ の円板を考えると，(5) の級数は，その円板上で項別に偏微分することができ，その偏導関数は，ふたたびその円板上で絶対かつ一様収束する級数になる．このように考えていくと，u は，その円板上で，2 回連続微分可能 (実際には何回でも微分可能) になる．さらに，このことは，任意の $0 < \rho < 1$ に対していえるから，結局，u は単位円板上で 2 回連続微分可

能になる．さて，極座標を用いると，
$$\triangle u = \frac{\partial^2 u}{\partial r^2} + \frac{1}{r}\frac{\partial u}{\partial r} + \frac{1}{r^2}\frac{\partial^2 u}{\partial \theta^2}$$
だから，項別に偏微分することにより，$\triangle u = 0$ となることが計算で確かめられる．

(ii) は，定理 5.6 から容易にわかるだろう．

(iii) の証明をはじめよう．v は単位円板上の定常熱方程式の解で，下から $r \to 1$ のとき，$v(r,\theta)$ が $f(\theta)$ に一様に収束するとする．$0 < r < 1$ である r を固定し，θ の関数 $v(r,\theta)$ のフーリエ級数を，
$$\sum_{n=-\infty}^{\infty} a_n(r)\, e^{in\theta}, \quad \text{ただし} \quad a_n(r) = \frac{1}{2\pi}\int_{-\pi}^{\pi} v(r,\theta)\, e^{-in\theta}\, d\theta$$
とする．$v(r,\theta)$ が方程式

(7) $$\frac{\partial^2 v}{\partial r^2} + \frac{1}{r}\frac{\partial v}{\partial r} + \frac{1}{r^2}\frac{\partial^2 v}{\partial \theta^2} = 0$$

の解であることを考えると，各 $n \in \mathbb{Z}$ に対して，

(8) $$a_n''(r) + \frac{1}{r}a_n'(r) - \frac{n^2}{r^2}a_n(r) = 0$$

となることが導ける．実際，(7) 式の両辺に $e^{-in\theta}/(2\pi)$ をかけ，それを $-\pi$ から π まで θ で積分する．そうすると，左辺の第 1, 2 項は，v が 2 回連続微分可能であることから，積分と偏微分の順序が交換でき，(8) の左辺の第 1, 2 項になる．また，第 3 項については，v が周期 2π をもつことに留意し，2 回部分積分をすれば，
$$\frac{1}{2\pi}\int_{-\pi}^{\pi} \frac{\partial^2 v}{\partial \theta^2}(r,\theta)\, e^{-in\theta}\, d\theta = -n^2 a_n(r)$$
となる．こうして (8) が示せた．

常微分方程式 (8) を解こう．$n \neq 0$ のとき，一般解は，二つの定数 A_n, B_n を用いて，$a_n(r) = A_n r^{|n|} + B_n r^{-|n|}$ となる（第 1 章の練習 11 を参照）．定数 A_n, B_n を定めよう．v が有界であることから，$a_n(r)$ は有界なので，$B_n = 0$ でなければならない．つぎに A_n を定めるため，$r \to 1$ としよう．実際，$r \to 1$ のとき，$v(r,\theta)$ は $f(\theta)$ に一様に収束するので，
$$A_n = \frac{1}{2\pi}\int_{-\pi}^{\pi} f(\theta)\, e^{-in\theta}\, d\theta$$
となる．また，同様の議論から，この式は $n = 0$ のときも成り立つ．結果として，各 $0 < r < 1$ に対して，θ の関数 $v(r,\theta)$ のフーリエ級数は，u の級数表示 (5) と一致することになる．そこで，連続関数のフーリエ級数の一意性を考えあわせる

と，$u = v$ となることがわかる． ∎

注意 定理の (iii) によると，u が，単位円板上の方程式 $\triangle u = 0$ の解で，$r \to 1$ のとき一様に 0 に収束するなら，u は定数関数 0 になる．ここで，仮定の「一様収束」を「各点収束」に弱めると，結論は必ずしも成り立たなくなる (練習 18 参照)．

6. 練習

1. f は $\mathbb{R}$ 上の周期 2π の関数で，任意の閉区間上で可積分とする．$a, b \in \mathbb{R}$ のとき，次の二つの等式を示せ．

$$\int_a^b f(x)\,dx = \int_{a+2\pi}^{b+2\pi} f(x)\,dx = \int_{a-2\pi}^{b-2\pi} f(x)\,dx.$$

$$\int_{-\pi}^{\pi} f(x+a)\,dx = \int_{-\pi}^{\pi} f(x)\,dx = \int_{-\pi+a}^{\pi+a} f(x)\,dx.$$

2. この練習では，関数の対称性が，そのフーリエ係数にどのように影響するかをみる．f は $\mathbb{R}$ 上の周期 2π の関数で，$[-\pi, \pi]$ 上でリーマン可積分とする．

(a) f のフーリエ級数が次のように表せることを確かめよ．

$$f(\theta) \sim \hat{f}(0) + \sum_{n=1}^{\infty} \Big([\hat{f}(n) + \hat{f}(-n)] \cos n\theta + i\,[\hat{f}(n) - \hat{f}(-n)] \sin n\theta \Big).$$

(b) f が偶関数のとき，$\hat{f}(n) = \hat{f}(-n)$ となることを示せ．このとき，f のフーリエ級数は $\cos$ だけの級数になる．

(c) f が奇関数のとき，$\hat{f}(n) = -\hat{f}(-n)$ となることを示せ．このとき，f のフーリエ級数は $\sin$ だけの級数になる．

(d) $f(\theta + \pi) = f(\theta)\,(\theta \in \mathbb{R})$ のとき，すべての奇数 n に対して $\hat{f}(n) = 0$ となることを示せ．

(e) f が実数値関数であることと，すべての n に対して $\overline{\hat{f}(n)} = \hat{f}(-n)$ となることは同値である．このことを示せ．

3. 第 1 章で話題にした弾かれた弦の問題を思い出そう．初期条件の関数 f は，そのフーリエ級数と <u>一致</u> する，すなわち

$$f(x) = \sum_{m=1}^{\infty} A_m \sin mx \qquad \text{ただし，} A_m = \frac{2h}{m^2}\frac{\sin mp}{p(\pi - p)}$$

となることを示せ．[ヒント：$|A_m| \leq C/m^2$ に気づけ．]

4. $\mathbb{R}$ 上の周期 2π の奇関数 f が, $[0, \pi]$ 上では $f(\theta) = \theta(\pi - \theta)$ と定義されているとする.
 (a) f のグラフを描け.
 (b) f のフーリエ係数を計算して,
$$f(\theta) = \frac{8}{\pi} \sum_{k:\text{正の奇数}} \frac{\sin k\theta}{k^3}$$
となることを示せ.

5. 閉区間 $[-\pi, \pi]$ 上の関数 f を,
$$f(\theta) = \begin{cases} 0, & |\theta| > \delta \text{ のとき}, \\ 1 - |\theta|/\delta, & |\theta| \leq \delta \text{ のとき} \end{cases}$$
で定める. f のグラフは三角形のテント形になる. 次の式を示せ.
$$f(\theta) = \frac{\delta}{2\pi} + 2\sum_{n=1}^{\infty} \frac{1 - \cos n\delta}{n^2 \pi \delta} \cos n\theta.$$

6. $f(\theta) = |\theta|$ $(\theta \in [-\pi, \pi])$ とする.
 (a) f のグラフを描け.
 (b) f のフーリエ係数が次のようになることを確かめよ.
$$\hat{f}(n) = \begin{cases} \dfrac{\pi}{2}, & n = 0 \text{ のとき}, \\ \dfrac{-1 + (-1)^n}{\pi n^2}, & n \neq 0 \text{ のとき}. \end{cases}$$
 (c) f のフーリエ級数を $\cos$ と $\sin$ を用いて表せ.
 (d) f のフーリエ級数に $\theta = 0$ を代入することにより, 次の左式を導き, それを用いて右式を示せ.
$$\sum_{n:\text{正の奇数}} \frac{1}{n^2} = \frac{\pi^2}{8}, \qquad \sum_{n=1}^{\infty} \frac{1}{n^2} = \frac{\pi^2}{6}.$$
1.1 節の例 2 のフーリエ級数を参考にしてもよい.

7. $\{a_n\}_{n=1}^{\infty}$, $\{b_n\}_{n=1}^{\infty}$ を複素数列とする. また, $B_0 = 0$, $B_k = \sum_{n=1}^{k} b_n$ $(k = 1, 2, \cdots)$ とおく. いうまでもなく, B_k は級数 $\sum_{n=1}^{\infty} b_n$ の第 k 部分和である.
 (a) 次の**部分求和公式**を示せ.
$$\sum_{n=M}^{N} a_n b_n = a_N B_N - a_M B_{M-1} - \sum_{n=M}^{N-1} (a_{n+1} - a_n) B_n.$$

(b) (a) の公式を用いて，次に述べるディリクレの判定法を示せ．級数 $\sum_{n=1}^{\infty} b_n$ の部分和の列 $\{B_k\}$ が有界で，しかも $\{a_n\}$ が正値で，単調減少に 0 に収束するとき，級数 $\sum_{n=1}^{\infty} a_n b_n$ は収束する．

8. $\mathbb{R}$ 上の周期 2π の関数 f を

$$f(x) = \begin{cases} -\dfrac{\pi}{2} - \dfrac{x}{2}, & -\pi \leq x < 0 \text{ のとき}, \\ 0, & x = 0 \text{ のとき}, \\ \dfrac{\pi}{2} - \dfrac{x}{2}, & 0 < x \leq \pi \text{ のとき} \end{cases}$$

により定義する．f のグラフは図 6 のようになり，f は**のこぎり歯関数**と呼ばれる．f のフーリエ級数が

$$f(x) \sim \frac{1}{2i} \sum_{n \neq 0} \frac{e^{inx}}{n}$$

となることを示せ(ここで，$\sum_{n \neq 0}$ は 0 を除いた正負のすべての整数 n についての和を意味する)．また，f が連続でないにもかかわらず，f のフーリエ級数が，すべての x に対して収束することを示せ(ここで，フーリエ級数が収束するというのは，通例どおり対称部分和が収束することである)．とくに，フーリエ級数の原点での値 0 は，x が原点に左右から同様に近づいたときの $f(x)$ の値の平均になっている．[ヒント：級数の収束については，練習 7(b) のディリクレの判定法を用いよ．]

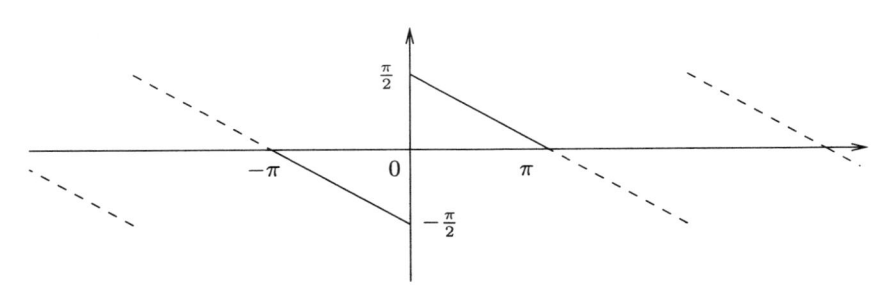

図 6 のこぎり歯関数．

9. $-\pi \leq a \leq b \leq \pi$ とし，f を閉区間 $[a, b]$ の特性関数

$$\chi_{[a,b]}(x) = \begin{cases} 1, & x \in [a, b] \text{ のとき}, \\ 0, & x \notin [a, b] \text{ のとき} \end{cases}$$

とする．

(a) f のフーリエ級数が，

$$f(x) \sim \frac{b-a}{2\pi} + \sum_{n \neq 0} \frac{e^{-ina} - e^{-inb}}{2\pi in} e^{inx}$$

となることを示せ．

(b) $a \neq -\pi$ または $b \neq \pi$ で，$a \neq b$ のとき，(a) のフーリエ級数が，どの点 x でも絶対収束しないことを証明せよ．[ヒント：$\theta_0 = (b-a)/2$ とおくとき，$|\sin n\theta_0| \geq c > 0$ となる整数 n が十分たくさんあることをいえばよい．]

(c) しかしながら，(a) のフーリエ級数が，すべての点 x で収束することを証明せよ．とくに，$a = -\pi$ かつ $b = \pi$ のときはどうなっているか？

10. f を $\mathbb{R}$ 上の周期 2π の C^k 級の関数とする．このとき，

$$\hat{f}(n) = O(1/|n|^k), \qquad |n| \to \infty$$

となることを証明せよ．この記号の意味は，$|\hat{f}(n)| \leq C/|n|^k$ となる定数 C が存在することである．このことは，$|n|^k \hat{f}(n) = O(1)$ と書くこともある．ここで，$O(1)$ は有界であるという意味である．[ヒント：部分積分せよ．]

11. $\{f_k\}_{k=1}^{\infty}$ は，閉区間 $[0,1]$ 上のリーマン可積分関数の列で，

$$\int_0^1 |f_k(x) - f(x)|\, dx \to 0, \qquad k \to \infty$$

をみたすとする．$k \to \infty$ のとき，n に関して一様に $\hat{f}_k(n) \to \hat{f}(n)$ となることを示せ．

12. 複素数の級数 $\sum_{n=1}^{\infty} c_n$ が収束して，和が s のとき，$\sum_{n=1}^{\infty} c_n$ は s にチェザロ総和可能であることを証明せよ．[ヒント：$s=0$ と仮定して一般性を失わない．]

13. アーベル総和可能性は，級数のふつうの収束性やチェザロ総和可能性より優れている．このことを確認するのがこの問題の目的である．

(a) 複素数の級数 $\sum_{n=1}^{\infty} c_n$ が収束して，和が s のとき，$\sum_{n=1}^{\infty} c_n$ が s にアーベル総和可能であることを証明せよ．[ヒント：$s=0$ と仮定して一般性を失わない．なぜか？ $s=0$ とする．$s_N = c_1 + \cdots + c_N$ とおくと，$\sum_{n=1}^{N} c_n r^n = (1-r)\sum_{n=1}^{N} s_n r^n + s_N r^{N+1}$ であり，$N \to \infty$ とすると，

$$\sum_{n=1}^{\infty} c_n r^n = (1-r) \sum_{n=1}^{\infty} s_n r^n$$

となることを示せ．最後に，$r \to 1$ のとき，上式の右辺が 0 に収束することを証明せよ．]

(b) 反対に，アーベル総和可能だが，ふつうに収束しない級数が存在する．そのような級数の例をあげよ．[ヒント：$c_n = (-1)^n$ とせよ．$\sum_{n=1}^{\infty} c_n$ のアーベル総和はいく

らか？］

(c) 複素数の級数 $\sum_{n=1}^{\infty} c_n$ が，複素数 σ にチェザロ総和可能なとき，σ にアーベル総和可能であることを証明せよ．［ヒント：$\sigma = 0$ と仮定し，等式
$$\sum_{n=1}^{\infty} c_n r^n = (1-r)^2 \sum_{n=1}^{\infty} n\sigma_n r^n$$
を導け．ここで，σ_n は級数 $\sum_{n=1}^{\infty} c_n$ の第 n チェザロ部分和である．］

(d) アーベル総和可能だが，チェザロ総和可能でない級数の例をあげよ．［ヒント：$c_n = (-1)^{n-1}n$ とせよ．$\sum_{n=1}^{\infty} c_n$ がチェザロ総和可能なら，$c_n/n \to 0\,(n \to \infty)$ となるはずである．］

級数についての以上の結果をまとめると，
$$\text{収束} \implies \text{チェザロ総和可能} \implies \text{アーベル総和可能}$$
となり，どちらの $\implies$ も逆向きにはできない．

14. 下記のタウバーの定理を示せ．タウバーの定理は，数列 $\{c_n\}$ にある条件を課すと，前問題の最後の二つの $\implies$ を逆向きにできることを主張する．

(a) 級数 $\sum_{n=1}^{\infty} c_n$ が σ にチェザロ総和可能で，$c_n = o(1/n)$（つまり $nc_n \to 0$）ならば，$\sum_{n=1}^{\infty} c_n$ は収束して，和が σ になる．［ヒント：$s_n - \sigma_n = ((n-1)c_n + \cdots + c_2)/n$.］

(b) (a) の主張は，「チェザロ総和可能」を「アーベル総和可能」におきかえても成り立つ．［ヒント：$r = 1 - 1/N$ として，$\sum_{n=1}^{N} c_n$ と $\sum_{n=1}^{N} c_n r^n$ の差を評価せよ．］

15. フェイェール核 F_N が
$$F_N(x) = \frac{1}{N} \frac{\sin^2(Nx/2)}{\sin^2(x/2)}$$
と表されることを証明せよ．［ヒント：D_n を第 n ディリクレ核とすると，$NF_N(x) = D_0(x) + \cdots + D_{N-1}(x)$ であることを思い出せ．$\omega = e^{ix}$ とおくと，
$$NF_N(x) = \sum_{n=0}^{N-1} \frac{\omega^{-n} - \omega^{n+1}}{1-\omega}$$
と書ける．］

16. ワイエルシュトラスの近似定理は次のとおりである．f を有界閉区間 $[a, b]$ 上の連続関数とすると，任意の $\varepsilon > 0$ に対して，
$$\sup_{x \in [a,b]} |f(x) - P(x)| < \varepsilon$$
をみたす多項式 P が存在する．この定理を，次の二つのことを利用して証明せよ．

- フェイェールの定理の系 5.4.
- 指数関数 e^{ix} が，多項式によって $[a,b]$ 上で一様に近似できること．

17. 5.4 節では，関数 f の連続点 θ で，f のフーリエ級数のアーベル平均が f に収束すること，すなわち

$$\lim_{\substack{r \to 1 \\ 0 \leq r < 1}} A_r(f)(\theta) = \lim_{\substack{r \to 1 \\ 0 \leq r < 1}} (P_r * f)(\theta) = f(\theta)$$

を示した．この練習では，f の不連続点での $A_r(f)(\theta)$ のふるまいを調べよう．

可積分関数 f について，二つの極限

$$\lim_{\substack{h \to 0 \\ h > 0}} f(\theta + h) = f(\theta^+), \qquad \lim_{\substack{h \to 0 \\ h > 0}} f(\theta - h) = f(\theta^-)$$

が存在するとき，f は点 θ で**跳躍不連続**であるという．

(a) f が点 θ で跳躍不連続なとき，

$$\lim_{\substack{r \to 1 \\ 0 \leq r < 1}} A_r(f)(\theta) = \frac{f(\theta^+) + f(\theta^-)}{2}$$

となることを証明せよ．[ヒント：$\dfrac{1}{2\pi} \displaystyle\int_{-\pi}^{0} P_r(\theta) \, d\theta = \dfrac{1}{2\pi} \displaystyle\int_{0}^{\pi} P_r(\theta) \, d\theta = \dfrac{1}{2}$ となる理由を説明せよ．それから，本文での証明をまねよ．]

(b) (a) と同様の議論をして，f が点 θ で跳躍不連続なとき，f のフーリエ級数が点 θ で $\dfrac{f(\theta^+) + f(\theta^-)}{2}$ にチェザロ総和可能であることを証明せよ．

18. ポアソン核 $P_r(\theta)$ に対して，

$$u(r, \theta) = \frac{\partial P_r}{\partial \theta}(\theta), \qquad 0 \leq r < 1, \; \theta \in \mathbb{R}$$

とおく．u が次の 2 条件をみたすことを示せ．

(i) 単位円板上で，$\triangle u = 0$．
(ii) 各 θ に対して，$\displaystyle\lim_{r \to 1} u(r, \theta) = 0$．

ここで，u が定数関数 0 でないことを注意しておく．

19. 半帯領域

$$S = \{(x, y) : 0 < x < 1, \; 0 < y\}$$

におけるラプラスの方程式 $\triangle u = 0$ の解で，初期境界条件

$$\begin{cases} u(0, y) = 0, & 0 \leq y \text{ のとき}, \\ u(1, y) = 0, & 0 \leq y \text{ のとき}, \\ u(x, 0) = f(x), & 0 \leq x \leq 1 \text{ のとき} \end{cases}$$

をみたすものを求めよう. ただし, f は $f(0) = f(1) = 0$ をみたす $[0, 1]$ 上の可積分関数である. f が

$$f(x) = \sum_{n=1}^{\infty} a_n \sin(n\pi x)$$

と表せているとし, 一つの一般解 u を, 特殊解

$$u_n(x,y) = e^{-n\pi y} \sin(n\pi x)$$

を用いた展開式で与えよ. また, この一般解 u を, ポアソン積分 (6) のように, f を含んだ積分で表現せよ.

20. 円環領域 $\{(r, \theta) : \rho < r < 1\}$ $(0 < \rho < 1)$ 上のディリクレ問題を考えよう. 問題は, f, g を連続関数として, 方程式

$$\frac{\partial^2 u}{\partial r^2} + \frac{1}{r}\frac{\partial u}{\partial r} + \frac{1}{r^2}\frac{\partial^2 u}{\partial \theta^2} = 0$$

を, 境界条件

$$\begin{cases} u(1, \theta) = f(\theta) \\ u(\rho, \theta) = g(\theta) \end{cases}$$

のもとで解くことである.

5.4 節の単位円板上のディリクレ問題についての議論を踏まえ, 解 u を次のように書いてみる.

$$u(r, \theta) = \sum_{n=-\infty}^{\infty} c_n(r) e^{in\theta}.$$

ただし, $c_n(r) = A_n r^n + B_n r^{-n}$ $(n \neq 0)$. また,

$$f(\theta) \sim \sum_{n=-\infty}^{\infty} a_n e^{in\theta}, \qquad g(\theta) \sim \sum_{n=-\infty}^{\infty} b_n e^{in\theta}$$

とすると, $c_n(1) = a_n$, $c_n(\rho) = b_n$ であることが望まれる. 以上の想定から, 解 u が

$$u(r, \theta) = \sum_{n \neq 0} \left(\frac{1}{\rho^n - \rho^{-n}} \right) [((\rho/r)^n - (r/\rho)^n) a_n + (r^n - r^{-n}) b_n] e^{in\theta}$$

$$+ a_0 + (b_0 - a_0) \frac{\log r}{\log \rho}$$

と書けることを示せ. また, その結果として,

$$r \to 1 \text{ のとき} \quad \theta \text{ について一様に} \quad u(r, \theta) - (P_r * f)(\theta) \to 0,$$
$$r \to \rho \text{ のとき} \quad \theta \text{ について一様に} \quad u(r, \theta) - (P_{\rho/r} * g)(\theta) \to 0$$

となることも示せ.

7. 問題

1. 閉区間 $[0,1]$ 上のリーマン可積分関数で，不連続点の集合が $[0,1]$ で稠密になるものが存在する．以下に，そのような例を三つあげる．確認せよ．

(a) $\mathbb{R}$ 上の関数 f を，$f(x)=0\,(x<0)$, $(x)=1\,(x\geq 0)$ と定める．また，$[0,1]$ の可算稠密集合 $\{r_n\}_{n=1}^{\infty}$ をとり，
$$F(x)=\sum_{n=1}^{\infty}\frac{1}{n^2}f(x-r_n)$$
とおく．すると，F は $[0,1]$ 上で可積分で，どの点 r_n でも不連続になる．［ヒント：F は有界単調増加関数である．］

(b) $g(x)=\sin(1/x)\,(x\neq 0)$, $g(0)=0$ とし，(a) の $\{r_n\}$ を用いて，
$$F(x)=\sum_{n=1}^{\infty}\frac{1}{3^n}g(x-r_n)$$
とおく．すると，F は $[0,1]$ 上で可積分で，どの点 r_n でも不連続になる．今度の F は $[0,1]$ のどの区間をとっても単調にならない．［ヒント：不等式 $\sum_{n>k}3^{-n}<3^{-k}$ を使え．］

(c) リーマンのオリジナルの関数は，
$$F(x)=\sum_{n=1}^{\infty}\frac{(nx)}{n^2}$$
である．ここで，(x) は $\mathbb{R}$ 上の周期 1 の関数で，$(-1/2,1/2]$ 上では $(x)=x$ と定義されるものである．このとき，F は，$x=l/m$ (l は奇数で，m は正の偶数) となるすべての点 x で不連続である．

2. ディリクレ核
$$D_N(\theta)=\sum_{k=-N}^{N}e^{ik\theta}=\frac{\sin(N+1/2)\theta}{\sin(\theta/2)}$$
に対して，
$$L_N=\frac{1}{2\pi}\int_{-\pi}^{\pi}|D_N(\theta)|\,d\theta$$
とおく．

(a) ある定数 $c>0$ に対して，
$$L_N\geq c\log N$$
となることを証明せよ．［ヒント：まず，$|D_N(\theta)|\geq c\dfrac{\sin(N+1/2)\theta}{|\theta|}$ と表せることを示し，変数変換をして，不等式
$$L_N\geq c\int_{\pi}^{N\pi}\frac{|\sin\theta|}{|\theta|}\,d\theta+O(1)$$

を証明せよ．この積分を $\sum_{k=1}^{N-1} \int_{k\pi}^{(k+1)\pi}$ と分解し，不等式 $\sum_{k=1}^{n} 1/k \geq c \log n$ を用いて，結論を導け．] もっと注意深く評価すると，次の式が得られる．

$$L_N = \frac{4}{\pi^2} \log N + O(1).$$

(b) (a) の結果として，次のことを証明せよ．各 $n = 1, 2, \cdots$ に対して，$|f_n| \leq 1$ と $|S_n(f_n)(0)| \geq c' \log n$ をみたす連続関数 f_n が存在する．[ヒント：関数 g_n を，$D_n(x) \geq 0$ となる点 x で $g_n(x) = 1$，$D_n(x) < 0$ となる点 x で $g_n(x) = -1$ と定める．すると，$|S_n(g_n)(0)| \geq c \log n$ となるが，g_n は連続関数でない．そこで，補題 3.2 の意味で，g_n を，$|h_k| \leq 1$ となる連続関数 h_k で近似せよ．]

3. * リトルウッドは，タウバーの定理を次のように改良した．

(a) 級数 $\sum c_n$ が s にアーベル総和可能で，$c_n = O(1/n)$ ならば，$\sum c_n$ は収束して，和が s になる．

(b) とくに，級数 $\sum c_n$ が s にチェザロ総和可能で，$c_n = O(1/n)$ ならば，$\sum c_n$ は収束して，和が s になる．

これらの結果をフーリエ級数に応用することができる．その際，練習 17 などを使うと，次のことがいえる．f が $[-\pi, \pi]$ 上の可積分関数で，$\hat{f}(\nu) = O(1/\nu)$ のとき，

(i) f が点 θ で連続ならば，

$$S_N(f)(\theta) \to f(\theta), \quad N \to \infty.$$

(ii) f が点 θ で跳躍不連続ならば，

$$S_N(f)(\theta) \to \frac{f(\theta^+) + f(\theta^-)}{2}, \quad N \to \infty.$$

(iii) f が $[-\pi, \pi]$ 上で連続ならば，一様に $S_N(f) \to f$．

(b) や (i), (ii), (iii) の証明については，第 4 章の問題 5 を参照せよ．

第3章 フーリエ級数の収束

> 与えられたいかなる区間上の任意の関数をも表現することができるサイン・コサイン級数は，きわだった性質の中でもとりわけ，収束するという性質を兼ね備えている．この性質は，偉大なる幾何学者(フーリエ)の興味を捕らえて放さず，今ここで述べた関数の表現方法を通じて，解析学の応用の新たな進展を生み出したのである．このことは，彼の熱に関する最初の研究を収めた論文集の中で述べられている．しかし，私の知る限りにおいて，これまで一般的な証明を与えたものは誰一人いない……．
>
> —— G. ディリクレ，1829

この章では，フーリエ級数の収束についての問題をさらに調べることにする．この問題に関して，二つの異なる視点からのアプローチを行う．

第一の視点は「大域」であり，区間 $[0, 2\pi]$ 上の関数 f の区間全般での挙動に関する事柄を取り扱う．ここで念頭に置いているのは「平均二乗収束」と呼ばれる結果である：f が円周上の関数ならば

$$\frac{1}{2\pi}\int_0^{2\pi}|f(\theta)-S_N(f)(\theta)|^2\,d\theta \to 0, \qquad N\to\infty \text{ のとき}.$$

基本概念である「直交性」がこの結果の核心にあり，それは内積をもつベクトル空間，およびその無限次元版であるヒルベルト空間の言葉を用いて表現される．関連する結果としては，平均二乗ノルムがフーリエ係数から定まるノルムと一致することを示すパーセヴァルの等式などを挙げることができる．直交性は，解析学においてさまざまな応用をもつ基本的な数学概念である．

第二の視点は「局所」であり，f の与えられた任意の点のまわりでの挙動に関す

る事柄を取り扱う．ここで主に取り扱うのは，各点収束の問題である：f のフーリエ級数は与えられた θ に対して $f(\theta)$ に収束するか？ まず最初に f が θ で微分可能である場合には，これは正しいことを示す．その系としてリーマンの局所化原理，すなわち $S_N(f)(\theta) \to f(\theta)$ が成立するかどうかは，θ のまわりの任意の小区間での f の挙動により決定されることが示される．これは，f のフーリエ係数，したがってフーリエ級数が，区間 $[0, 2\pi]$ 全域での値から定まっていることを考えれば，驚くべき結果である．

たとえ f が微分可能である点でフーリエ級数が収束しても，ただ連続であるだけでは収束しない可能性がある．この章の最後で，以前予告したとおり，連続関数のフーリエ級数が必ずしも各点では収束しないことを示す．

1. フーリエ級数の平均二乗収束

この節の目標は，次の定理を証明することである．

定理 1.1 f を円周上の可積分関数とする．このとき
$$\frac{1}{2\pi}\int_0^{2\pi} |f(\theta) - S_N(f)(\theta)|^2 \, d\theta \to 0, \qquad N \to \infty \text{ のとき．}$$

前にも注意したように，この鍵となるのは直交性の概念である．これを正確に述べるには，内積をもったベクトル空間の概念が必要となる．

1.1 ベクトル空間と内積

$\mathbb{R}$ または $\mathbb{C}$ 上のベクトル空間の定義を復習しておこう．よく知られた有限次元ベクトル空間である $\mathbb{R}^d$ や $\mathbb{C}^d$ などに加え，定理 1.1 の証明で中心的役割を果たす二つの無限次元の場合の例についても調べることにする．

ベクトル空間に関する準備

実数全体の集合 $\mathbb{R}$ 上のベクトル空間 V とは，元どうしの和およびスカラーとの積が定義された集合のことである．より正確には，任意の組 $X, Y \in V$ に対し，和と呼ばれる V の元 (それを $X+Y$ で表す) が関連付けられている集合である．この和に対して，交換法則 $X+Y=Y+X$ や結合法則 $X+(Y+Z)=(X+Y)+Z$ などの通常の算術規則が成立していることを要求する．さらに，任意の $X \in V$ と

任意の実数 λ に対して X の λ 倍と呼ばれる元 $\lambda X \in V$ を与えておく．このスカラー倍は通常の性質，たとえば $\lambda_1(\lambda_2 X) = (\lambda_1 \lambda_2)X$ や $\lambda(X+Y) = \lambda X + \lambda Y$ などをみたしていなければならない．スカラー倍として $\mathbb{C}$ との積を考えてもよい；この場合，V は複素数全体の集合上のベクトル空間であるという．

たとえば，d 個の実数の組 $(x_1, x_2, \cdots, x_d)$ 全体の集合 $\mathbb{R}^d$ は，実数上のベクトル空間である．加法は成分ごとに

$$(x_1, \cdots, x_d) + (y_1, \cdots, y_d) = (x_1+y_1, \cdots, x_d+y_d)$$

として定義し，同様にスカラーとの積も

$$\lambda(x_1, \cdots, x_d) = (\lambda x_1, \cdots, \lambda x_d)$$

により定義する．

同様に $\mathbb{C}^d$ (上の例の複素数版) は，d 個の複素数 $(z_1, z_2, \cdots, z_d)$ 全体の集合である．これは，加法を成分ごとに

$$(z_1, \cdots, z_d) + (w_1, \cdots, w_d) = (z_1+w_1, \cdots, z_d+w_d)$$

で定義することにより，$\mathbb{C}$ 上のベクトル空間となる．スカラー $\lambda \in \mathbb{C}$ との積も

$$\lambda(z_1, \cdots, z_d) = (\lambda z_1, \cdots, \lambda z_d)$$

で与えられる．

$\mathbb{R}$ 上のベクトル空間 V の**内積**とは，任意の V の元の組 X, Y に対して実数を対応させる (それを (X, Y) で表す) ことである．特に，内積は対称 $(X, Y) = (Y, X)$ で，かつ各成分に関して線形，すなわち $\alpha, \beta \in \mathbb{R}$ および $X, Y, Z \in V$ としたとき

$$(\alpha X + \beta Y, Z) = \alpha(X, Z) + \beta(Y, Z)$$

が成立していなければならない．さらに内積は正定値，すなわち任意の V の元 X に対して $(X, X) \geq 0$ でなければならない．特に内積 $(\cdot, \cdot)$ が与えられているとき，X のノルム

$$\|X\| = (X, X)^{1/2}$$

が定義される．もしさらに $\|X\| = 0$ ならば $X = 0$ であるとき，内積は狭義正定値であるという．

たとえば，$\mathbb{R}^d$ には，$X = (x_1, \cdots, x_d)$ および $Y = (y_1, \cdots, y_d)$ に対して

$$(X, Y) = x_1 y_1 + \cdots + x_d y_d$$

と定義された (狭義正定値な) 内積が存在する．このとき，

$$\|X\| = (X, X)^{1/2} = \sqrt{x_1^2 + \cdots + x_d^2}$$

であり，これは通常のユークリッドの距離である．記号として $\|X\|$ のかわりに $|X|$ を用いることもある．

複素数上のベクトル空間については，二つの元の内積は複素数値をとる．さらに，その内積は $(X, Y) = \overline{(Y, X)}$ をみたしていなければならず，そのため内積は (対称であるというかわりに) エルミートであるといった言い方をする．したがって，内積は最初の変数に関しては線形であるが，2番目の変数に関しては共役線形：

$$(\alpha X + \beta Y, Z) = \alpha(X, Z) + \beta(Y, Z) \quad \text{かつ}$$
$$(X, \alpha Y + \beta Z) = \bar{\alpha}(X, Y) + \bar{\beta}(X, Z)$$

である．

ここでも $(X, X) \geq 0$ でなければならず，X のノルムも同様に $\|X\| = (X, X)^{1/2}$ で定義される．さらに $\|X\| = 0$ ならば $X = 0$ であるとき，やはり内積は狭義正定値であるという．

たとえば，$\mathbb{C}^d$ の元 $Z = (z_1, \cdots, z_d)$ および $W = (w_1, \cdots, w_d)$ に対し，その内積は

$$(Z, W) = z_1 \overline{w_1} + \cdots + z_d \overline{w_d}$$

で与えられる．Z のノルムも

$$\|Z\| = (Z, Z)^{1/2} = \sqrt{|z_1|^2 + \cdots + |z_d|^2}$$

で与えられる．

ベクトル空間に内積が存在すれば，幾何的な言い方である「直交性」の概念を定義することができる．V を ($\mathbb{R}$ もしくは $\mathbb{C}$ 上の) ベクトル空間で内積 $(\cdot, \cdot)$ をもつものとし，$\|\cdot\|$ をそれから定まるノルムとする．二つの元 X と Y が**直交すると**は $(X, Y) = 0$ となることをいい，これを $X \perp Y$ で表す．三つの重要な結果が直交性の概念から導かれる：

(i) ピタゴラスの定理：X と Y が直交すれば

$$\|X+Y\|^2 = \|X\|^2 + \|Y\|^2$$

が成り立つ．

(ii) コーシー‐シュヴァルツの不等式：任意の $X, Y \in V$ に対し

$$|(X, Y)| \leq \|X\| \|Y\|$$

が成り立つ．

(iii) 三角不等式：任意の $X, Y \in V$ に対し

$$\|X+Y\| \leq \|X\| + \|Y\|$$

が成り立つ．

これらの事実の証明は簡単である．(i) については，$(X+Y, X+Y)$ を展開して，仮定 $(X, Y) = 0$ を用いればよい．

(ii) については，まず $\|Y\| = 0$ の場合に，すべての X に対して $(X, Y) = 0$ が成り立つことを示すことにより処理しよう．実際，任意の実数 t に対し

$$0 \leq \|X + tY\|^2 = \|X\|^2 + 2t\,\mathrm{Re}(X, Y)$$

が成り立つが，$\mathrm{Re}(X, Y) \neq 0$ を仮定すると t を大きな正の数 (あるいは負の数) にとったときに矛盾が生ずる．同様に $\|X + itY\|^2$ を考えることにより，$\mathrm{Im}(X, Y) = 0$ もわかる．

$\|Y\| \neq 0$ の場合には，$c = (X, Y)/(Y, Y)$ とおく；このとき $X - cY$ は Y と直交し，したがって cY とも直交する．$X = X - cY + cY$ と書いてピタゴラスの定理を適用すれば，

$$\|X\|^2 = \|X - cY\|^2 + \|cY\|^2 \geq |c|^2 \|Y\|^2$$

を得る．両辺の平方根をとれば，求める結果を得る．

最後に，(iii) に対してはまず

$$\|X+Y\|^2 = (X, X) + (X, Y) + (Y, X) + (Y, Y)$$

に注意する．$(X, X) = \|X\|^2$, $(Y, Y) = \|Y\|^2$ であって，またコーシー‐シュヴァルツの不等式により

$$|(X, Y) + (Y, X)| \leq 2\|X\| \|Y\|,$$

したがって

$$\|X+Y\|^2 \leq \|X\|^2 + 2\|X\| \|Y\| + \|Y\|^2 = (\|X\| + \|Y\|)^2$$

となる.

二つの重要な例

ベクトル空間 $\mathbb{R}^d$ および $\mathbb{C}^d$ は有限次元である.フーリエ級数論の背景として,これから述べる二つの無限次元ベクトル空間について論ずる必要がある.

例 1 $\mathbb{C}$ 上のベクトル空間 $\ell^2(\mathbb{Z})$ は (両側) 無限複素数列

$$(\cdots, a_{-n}, \cdots, a_{-1}, a_0, a_1, \cdots, a_n, \cdots)$$

で

$$\sum_{n \in \mathbb{Z}} |a_n|^2 < \infty\,;$$

すなわち,この級数が収束するもの全体の集合である.加法は成分ごとの和として定義され,スカラー倍も同様である.二つのベクトル $A = (\cdots, a_{-1}, a_0, a_1, \cdots)$ と $B = (\cdots, b_{-1}, b_0, b_1, \cdots)$ との内積は,絶対収束数列

$$(A,\,B) = \sum_{n \in \mathbb{Z}} a_n \overline{b_n}$$

により定義される.A のノルムは

$$\|A\| = (A,\,A)^{1/2} = \left(\sum_{n \in \mathbb{Z}} |a_n|^2\right)^{1/2}$$

で与えられる.まず,$\ell^2(\mathbb{Z})$ がベクトル空間であることを確かめよう.そのためには,A と B が $\ell^2(\mathbb{Z})$ の元であるとき,$A+B$ もそうであることが必要である.このことを見るために,各整数 $N > 0$ ごとに,A_N で,$|n| > N$ に対しては $a_n = 0$ として両端を切り落とした元

$$A_N = (\cdots, 0, 0, a_{-N}, \cdots, a_{-1}, a_0, a_1, \cdots, a_N, 0, 0, \cdots)$$

を表すものとする.切り落とし B_N も同様に定義する.このとき有限次元ユークリッド空間における三角不等式により,

$$\|A_N + B_N\| \leq \|A_N\| + \|B_N\| \leq \|A\| + \|B\|$$

を得る.よって

$$\sum_{|n| \leq N} |a_n + b_n|^2 \leq (\|A\| + \|B\|)^2$$

となるので，N を無限大に飛ばして $\sum_{n \in \mathbb{Z}} |a_n + b_n|^2 < \infty$ を得る．これより $\|A + B\| \leq \|A\| + \|B\|$ も得られるが，これが三角不等式である．コーシー - シュヴァルツの不等式は $\sum_{n \in \mathbb{Z}} a_n \overline{b_n}$ が絶対収束し $|(A, B)| \leq \|A\| \|B\|$ となることを述べているが，これもその有限次元版から同様にして導かれる．

三つの例 $\mathbb{R}^d$, $\mathbb{C}^d$, および $\ell^2(\mathbb{Z})$ において，内積およびノルムをもったベクトル空間は，二つの重要な性質をみたす：

(i) 内積は狭義正定値，すなわち，$\|X\| = 0$ は $X = 0$ のときに限る．

(ii) ベクトル空間は**完備**である，すなわちその定義より，ノルムに関するすべてのコーシー列は，ベクトル空間内のある極限に収束する．

これらの二つの性質をもった内積空間を，**ヒルベルト空間**という．$\mathbb{R}^d$ や $\mathbb{C}^d$ は有限次元ヒルベルト空間の例であり，$\ell^2(\mathbb{Z})$ は無限次元ヒルベルト空間の例であることがわかる (練習1および2を見よ)．もしこれらの性質のどちらかが成立しない場合，その空間のことを**前ヒルベルト空間**という．

例2 $\mathcal{R}$ を $[0, 2\pi]$ 上の複素数値リーマン可積分関数 (あるいは同値なことではあるが，円周上の可積分関数) 全体の集合とする．これは $\mathbb{C}$ 上のベクトル空間である．加法は各点ごとに

$$(f + g)(\theta) = f(\theta) + g(\theta)$$

で定義する．スカラー $\lambda \in \mathbb{C}$ との積も，自然に

$$(\lambda f)(\theta) = \lambda \cdot f(\theta)$$

と定義する．このベクトル空間における内積を，

(1) $$(f, g) = \frac{1}{2\pi} \int_0^{2\pi} f(\theta) \overline{g(\theta)} \, d\theta$$

で定義する．ノルムは，

$$\|f\| = \left(\frac{1}{2\pi} \int_0^{2\pi} |f(\theta)|^2 \, d\theta \right)^{1/2}$$

で与えられる．

この例においても，コーシー - シュヴァルツおよび三角不等式の類似，すなわち $|(f, g)| \leq \|f\| \|g\|$, $\|f + g\| \leq \|f\| + \|g\|$ が成立することを確かめておく必要がある．これらは，前例における対応する不等式からも得られるが，少々議論が込み入ってくるので，別のやり方をとってみよう．

まず，任意の 2 実数 A と B に対し，$2AB \leq A^2 + B^2$ が成立することに着目する．ここで，$\lambda > 0$ に関して，$A = \lambda^{1/2}|f(\theta)|$ および $B = \lambda^{-1/2}|g(\theta)|$ とおくことにより，
$$|f(\theta)\overline{g(\theta)}| \leq \frac{1}{2}(\lambda|f(\theta)|^2 + \lambda^{-1}|g(\theta)|^2)$$
を得る．これを θ に関して積分すれば
$$|(f, g)| \leq \frac{1}{2\pi}\int_0^{2\pi} |f(\theta)||\overline{g(\theta)}|\,d\theta \leq \frac{1}{2}(\lambda\|f\|^2 + \lambda^{-1}\|g\|^2)$$
となる．ここで，$\lambda = \|g\|/\|f\|$ とおくことにより，コーシー‐シュヴァルツの不等式を得る．上で見たように，三角不等式はこのことからの単純な帰結である．もちろん，このような λ がとれるのは，$\|f\| \neq 0$ かつ $\|g\| \neq 0$ のときのみであり，したがって以下の考察が必要となる．

$\mathcal{R}$ において，$\|f\| = 0$ から導かれるのは，f が連続な点において零であることのみであるから，ヒルベルト空間であるための条件 (i) は成立しない．このことはあまり深刻な問題ではない．なぜならば，付録において，可積分関数は「無視できる」集合を除いた点で連続であることが示されるので，$\|f\| = 0$ から「測度 0」の集合外では $f = 0$ が導かれる．このような関数は積分する上では零関数と同じふるまいをすることから，実際の上では零関数であるものと約束することにより，f が恒等的に 0 ではないという問題は回避できる．

より本質的な困難は，$\mathcal{R}$ が完備ではないということである．このことを見るため
$$f(\theta) = \begin{cases} 0, & \theta = 0, \\ \log(1/\theta), & 0 < \theta \leq 2\pi \end{cases}$$
を考える．f は有界ではないので，$\mathcal{R}$ には属さない．さらに，切り落とし関数列 f_n を
$$f_n(\theta) = \begin{cases} 0, & 0 \leq \theta \leq 1/n, \\ f(\theta), & 1/n < \theta \leq 2\pi \end{cases}$$
により定義すれば，これは $\mathcal{R}$ におけるコーシー列となることが容易にわかる (練習 5 を見よ)．しかしながら，極限が存在したとしてもそれは f でなくてはならず，よってこの関数列は $\mathcal{R}$ の元には収束しない；別の例については練習 7 を見よ．

この例および他のより複雑な例は，$\mathcal{R}$ すなわち $[0, 2\pi]$ 上のリーマン可積分関数のクラスの完備化は何になるのかについて探る動機付けとなる．この完備化の構成法とその同一視，すなわちルベーグ・クラス $L^2([0, 2\pi])$ の導入は，解析学の

発展における一つの重要な分岐点の象徴となっている (かなり前の時代における有理数の完備化, すなわち $\mathbb{Q}$ から $\mathbb{R}$ への推移に幾分似ている). この基本的な考え方のより詳しい議論は, ルベーグの積分論を取り上げる第 III 巻まで持ち越すことにする.

定理 1.1 の証明に入ろう.

1.2 平均二乗収束の証明

内積 (f, g) およびノルム $\|f\|$ が
$$(f, g) = \frac{1}{2\pi} \int_0^{2\pi} f(\theta)\overline{g(\theta)}\, d\theta,$$
$$\|f\|^2 = (f, f) = \frac{1}{2\pi} \int_0^{2\pi} |f(\theta)|^2\, d\theta$$
で与えられる, 円周上の可積分関数全体の集合 $\mathcal{R}$ を考える. この記号を用いて, N が無限大になるときに $\|f - S_N(f)\| \to 0$ となることを示さなければならない.

各整数 n に対して, $e_n(\theta) = e^{in\theta}$ とおき, 系 $\{e_n\}_{n \in \mathbb{Z}}$ が**正規直交**; すなわち,
$$(e_n, e_m) = \begin{cases} 1, & n = m, \\ 0, & n \neq m \end{cases}$$
であることに注目しよう. f を円周上の可積分関数として, a_n をそのフーリエ係数とする. 一つの重要な考察として, これらフーリエ係数が f と正規直交系 $\{e_n\}_{n \in \mathbb{Z}}$ の元との内積で表される:
$$(f, e_n) = \frac{1}{2\pi} \int_0^{2\pi} f(\theta) e^{-in\theta}\, d\theta = a_n.$$
特に, $S_N(f) = \sum_{|n| \leq N} a_n e_n$ である. このとき, 系 $\{e_n\}_{n \in \mathbb{Z}}$ の正規直交性と $a_n = (f, e_n)$ であることにより, 任意の $|n| \leq N$ に対して $f - \sum_{|n| \leq N} a_n e_n$ は e_n と直交する. したがって, 任意の複素数 b_n に対して

(2) $$(f - \sum_{|n| \leq N} a_n e_n) \perp \sum_{|n| \leq N} b_n e_n$$

とならなければいけない. この事実から二つの結論が導かれる.

第一に, ピタゴラスの定理を分解
$$f = f - \sum_{|n| \leq N} a_n e_n + \sum_{|n| \leq N} a_n e_n$$

に対して適用すれば，$b_n = a_n$ とすることにより

$$\|f\|^2 = \|f - \sum_{|n|\leq N} a_n e_n\|^2 + \|\sum_{|n|\leq N} a_n e_n\|^2$$

が得られる．系 $\{e_n\}_{n\in\mathbb{Z}}$ の正規直交性により

$$\|\sum_{|n|\leq N} a_n e_n\|^2 = \sum_{|n|\leq N} |a_n|^2$$

が成り立つので,

(3) $$\|f\|^2 = \|f - S_N(f)\|^2 + \sum_{|n|\leq N} |a_n|^2$$

が結論として得られる．

(2) から導かれる第二の結論は，次の簡単な補題である．

補題 1.2（最良近似） f を円周上の可積分関数とし，そのフーリエ係数を a_n とするとき，任意の複素数 c_n に対して，

$$\|f - S_N(f)\| \leq \|f - \sum_{|n|\leq N} c_n e_n\|$$

が成立する．さらに等号は，任意の $|n| \leq N$ に対して $c_n = a_n$ である場合のみにおいて成立する．

証明 これは，$b_n = a_n - c_n$ として，ピタゴラスの定理を

$$f - \sum_{|n|\leq N} c_n e_n = f - S_N(f) + \sum_{|n|\leq N} b_n e_n$$

に対して適用すれば直ちに得られる． ∎

この補題には，明快な幾何的解釈を与えることができる．これは，高々 N 次の三角多項式の中で，ノルム $\|\cdot\|$ に関して最も f に近いものが $S_N(f)$ であることを述べている．この部分和の幾何的な性質は図1において描かれているが，$S_N(f)$ は f の $\{e_{-N}, \cdots, e_0, \cdots, e_N\}$ によって生成される平面への直交射影にすぎないことが示されている．

さて，$\|S_N(f) - f\| \to 0$ に対する証明を，最良近似補題，およびそれに匹敵して重要である，三角多項式が円周上の連続関数全体の空間で稠密であるという事実を用いて証明しよう．

f は円周上の連続関数であるとする．このとき，$\varepsilon > 0$ を与えるごとに三角多

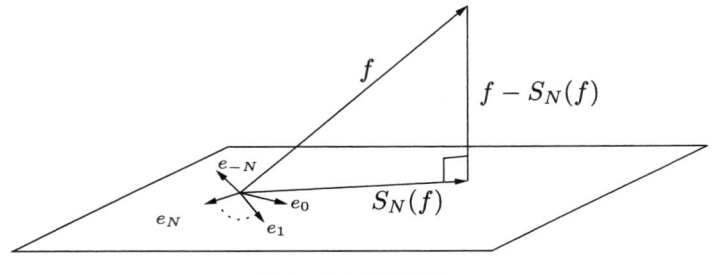

図1 最良近似補題.

項式 P が存在して (第2章の系5.4)，それを M 次であるものとして，
$$|f(\theta) - P(\theta)| < \varepsilon, \quad \text{すべての } \theta \text{ に対して}$$
とすることができる．特に，この不等式を2乗してから積分することにより $\|f - P\| < \varepsilon$ となり，さらに最良近似補題により
$$\|f - S_N(f)\| < \varepsilon, \quad N \geq M \text{ のとき}$$
を結論として得る．これにより，f が連続である場合の定理1.1が証明された．

f が単に可積分なだけである場合には，もはや f を三角多項式により一様に近似することはできない．そのかわり，第2章の近似補題3.2を適用して，円周上での連続関数 g で
$$\sup_{\theta \in [0, 2\pi]} |g(\theta)| \leq \sup_{\theta \in [0, 2\pi]} |f(\theta)| = B$$
かつ
$$\int_0^{2\pi} |f(\theta) - g(\theta)|\, d\theta < \varepsilon^2$$
をみたすものを選ぶ．これにより
$$\begin{aligned}
\|f - g\|^2 &= \frac{1}{2\pi} \int_0^{2\pi} |f(\theta) - g(\theta)|^2 \, d\theta \\
&= \frac{1}{2\pi} \int_0^{2\pi} |f(\theta) - g(\theta)||f(\theta) - g(\theta)| \, d\theta \\
&\leq \frac{2B}{2\pi} \int_0^{2\pi} |f(\theta) - g(\theta)| \, d\theta \\
&\leq C\varepsilon^2
\end{aligned}$$
を得る．ここで，g を三角多項式 P により $\|g - P\| < \varepsilon$ となるように近似する．すると，$\|f - P\| < C'\varepsilon$ となり，再び最良近似補題により結論を得る．これで，

f のフーリエ級数の部分和が，平均二乗ノルム $\|\cdot\|$ に関して f に収束することの証明が完了した．

この結果と関係式 (3) により，a_n を可積分関数 f の第 n フーリエ係数とするとき，級数 $\sum_{n=-\infty}^{\infty} |a_n|^2$ が収束し，実際 **パーセヴァルの等式**

$$\sum_{n=-\infty}^{\infty} |a_n|^2 = \|f\|^2$$

が得られることに注意しておく．この等式は，二つのベクトル空間 $\ell^2(\mathbb{Z})$ および $\mathcal{R}$ のノルムに関する重要な関係を表している．

この節における結果をまとめておこう．

定理 1.3 f は円周上の可積分関数で，$f \sim \sum_{n=-\infty}^{\infty} a_n e^{in\theta}$ であるものとする．このとき，以下が成立する：

(i) フーリエ級数の平均二乗収束

$$\frac{1}{2\pi} \int_0^{2\pi} |f(\theta) - S_N(f)(\theta)|^2 \, d\theta \to 0, \qquad N \to \infty \text{ のとき．}$$

(ii) パーセヴァルの等式

$$\sum_{n=-\infty}^{\infty} |a_n|^2 = \frac{1}{2\pi} \int_0^{2\pi} |f(\theta)|^2 \, d\theta.$$

注意 1 $\{e_n\}$ を円周上の関数の <u>任意の</u> 正規直交系とし，$a_n = (f, e_n)$ とするとき，関係式 (3) より，

$$\sum_{n=-\infty}^{\infty} |a_n|^2 \leq \|f\|^2$$

が成立している．これは **ベッセルの不等式** として知られている．(パーセヴァルの等式のような) 等号は，$N \to \infty$ のときに $\|\sum_{|n|\leq N} a_n e_n - f\| \to 0$ が成立するという意味において，系 $\{e_n\}$ が「基底」であるときに限り成立する．

注意 2 いかなる可積分関数も，そのフーリエ係数の作る数列 $\{a_n\}$ とみなしてもよいことになる．パーセヴァルの等式は，$\{a_n\} \in \ell^2(\mathbb{Z})$ を保証している．$\ell^2(\mathbb{Z})$ はヒルベルト空間であるので，以前議論した $\mathcal{R}$ が完備ではないということを次のように理解することができる：数列 $\{a_n\}_{n \in \mathbb{Z}}$ で，$\sum_{n \in \mathbb{Z}} |a_n|^2 < \infty$ ではあるが，す

べての n に対して第 n フーリエ係数が a_n と一致するようなリーマン可積分関数 F は存在しないものがある. 例は, 練習 6 により与えられる.

収束級数の項は 0 に収束するので, パーセヴァルの等式やベッセルの不等式から次のことが導かれる.

定理 1.4（リーマン-ルベーグの補題） f が円周上で可積分ならば, $|n| \to \infty$ のとき $\hat{f}(n) \to 0$ である.

この命題の同値な言い換えとして, f が $[0, 2\pi]$ で可積分ならば

$$\int_0^{2\pi} f(\theta) \sin(N\theta)\, d\theta \to 0, \quad N \to \infty \text{ のとき}$$

かつ

$$\int_0^{2\pi} f(\theta) \cos(N\theta)\, d\theta \to 0, \quad N \to \infty \text{ のとき}$$

がいえる.

この節を終えるにあたって, 次章において用いられるパーセヴァルの等式の一般化を与えておこう.

補題 1.5 F および G は円周上で可積分であり,

$$F \sim \sum a_n e^{in\theta} \quad かつ \quad G \sim \sum b_n e^{in\theta}$$

とする. このとき

$$\frac{1}{2\pi} \int_0^{2\pi} F(\theta) \overline{G(\theta)}\, d\theta = \sum_{n=-\infty}^{\infty} a_n \overline{b_n}$$

が成立する.

例 1 での議論により, 級数 $\sum_{n=-\infty}^{\infty} a_n \overline{b_n}$ が絶対収束することを思い出しておこう.

証明 パーセヴァルの等式と任意のエルミート内積空間で成立する等式

$$(F, G) = \frac{1}{4}\left[\|F + G\|^2 - \|F - G\|^2 + i(\|F + iG\|^2 - \|F - iG\|^2)\right]$$

により得られる. この等式の正当化は読者に委ねよう. ∎

2. 各点収束に戻って

平均二乗収束の定理は，各点収束の問題に関してはこれ以上のものはもたらさない．実際，定理 1.1 それ自身は各点 θ における収束を保証するものではない．練習 3 がこのことを示してくれる．しかしながら，関数が点 θ_0 において微分可能であるならば，そのフーリエ級数は θ_0 において収束する．この結果を証明したあとで，連続関数でそのフーリエ級数がある点で発散する例を与える．この現象は，フーリエ級数の各点収束の問題のもつ複雑さを示している．

2.1 局所的な結果

定理 2.1 f を円周上の可積分関数とし，θ_0 で微分可能であるものとする．このとき，N が無限大に向かうと，$S_N(f)(\theta_0) \to f(\theta_0)$ が成立する．

証明

$$F(t) = \begin{cases} \dfrac{f(\theta_0 - t) - f(\theta_0)}{t}, & t \neq 0 \quad \text{かつ} \quad |t| < \pi, \\ -f'(\theta_0), & t = 0 \end{cases}$$

とおく．まず第一に，f が 0 の近傍で微分可能であることより，そこでは F は有界である．第二に，十分小さないかなる δ に対しても，F は $[-\pi, -\delta] \cup [\delta, \pi]$ で可積分である．これは，f も同じ性質をみたし，そこでは $|t| > \delta$ であることによりわかる．付録の命題 1.4 の帰結として，関数 F は $[-\pi, \pi]$ 上すべてにおいて可積分である．D_N をディリクレ核として，$S_N(f)(\theta_0) = (f * D_N)(\theta_0)$ となることはわかっている．$\dfrac{1}{2\pi} \int D_N = 1$ であるので，

$$\begin{aligned} S_N(f)(\theta_0) - f(\theta_0) &= \frac{1}{2\pi} \int_{-\pi}^{\pi} f(\theta_0 - t) D_N(t)\, dt - f(\theta_0) \\ &= \frac{1}{2\pi} \int_{-\pi}^{\pi} [f(\theta_0 - t) - f(\theta_0)] D_N(t)\, dt \\ &= \frac{1}{2\pi} \int_{-\pi}^{\pi} F(t) t D_N(t)\, dt \end{aligned}$$

となることがわかる．ここで

$$t D_N(t) = \frac{t}{\sin(t/2)} \sin((N + 1/2)t)$$

で，商 $\dfrac{t}{\sin(t/2)}$ が区間 $[-\pi, \pi]$ で連続であることを思い出そう．

$$\sin((N+1/2)t) = \sin(Nt)\cos(t/2) + \cos(Nt)\sin(t/2)$$

と書けるので，リーマン可積分関数 $F(t)t\cos(t/2)/\sin(t/2)$ および $F(t)t$ に対してリーマン–ルベーグの補題を適用すると定理の証明が終了する．∎

この定理の結論は，f が θ_0 でリプシッツ条件；すなわち，ある $M \geq 0$ が存在して，すべての θ に対して

$$|f(\theta) - f(\theta_0)| \leq M|\theta - \theta_0|$$

が成立することだけを仮定しても，やはり成立することを注意しておこう．この仮定は，f が次数 $\alpha = 1$ のヘルダー条件をみたすといっても同じことである．

この定理がもたらす著しい結論として，リーマンの局所化原理があげられる．この結果は，$S_N(f)(\theta_0)$ の収束が f の θ_0 のまわりでの挙動にのみ依存することを述べている．このことは，フーリエ級数を構成するのに円周上 <u>すべて</u> にわたって f を積分する必要があることから考えれば，最初から明らかなことではない．

定理 2.2 f と g は円周上で定義された二つの可積分関数で，ある θ_0 に対し θ_0 を含む開区間 I が存在して

$$f(\theta) = g(\theta), \qquad \text{すべての } \theta \in I \text{ に対して}$$

とする．このとき，N が無限大に向かうならば $S_N(f)(\theta_0) - S_N(g)(\theta_0) \to 0$ が成立する．

証明 関数 $f - g$ は I 上 0 であり，したがって θ_0 で微分可能であるから，前定理を適用すれば定理の結論を得る．∎

2.2 フーリエ級数が発散する連続関数

次に，フーリエ級数がある点で発散する連続周期関数の例に注意を向けてみよう．これにより，微分可能性の仮定をより弱く連続性の仮定に置き換えると，定理 2.1 はもはや成立しなくなることがわかる．ここで与える反例は，一見もっともな仮定が実は誤りであることを示しているのみならず，さらにはその構成法によりある重要な原理が照らし出されるのである．

ここで述べている原理とは，「対称性の破れ」[1] とでも呼ばれるであろうもので

---

[1] 物理学での用語を借用したが，本来の意味とは異なる．

ある．ここで考えている対称性とは，関数のフーリエ展開において現れる周波数 $e^{in\theta}$ と $e^{-in\theta}$ との間のものである．たとえば，部分和 S_N はこの対称性を反映して定義されている．ディリクレ核，フェイェール核，ポアソン核もまた，この意味で対称である．この対称性を破るとき，すなわちフーリエ級数 $\sum_{n=-\infty}^{\infty} a_n e^{in\theta}$ を $\sum_{n\geq 0} a_n e^{in\theta}$ と $\sum_{n<0} a_n e^{in\theta}$ とに分割するとき，われわれは新しくかつ広大な現象を導き出すことになる．

簡単な例を与えよう．θ に関する奇関数で，$0<\theta<\pi$ では $i(\pi-\theta)$ に等しいのこぎり歯関数 f から始めよう．今，第 2 章の練習 8 により

(4) $$f(\theta) \sim \sum_{n\neq 0} \frac{e^{in\theta}}{n}$$

であることはわかっている．ここで，対称性の破れがもたらす結果および対称性が破られた級数

$$\sum_{n=-\infty}^{n=-1} \frac{e^{in\theta}}{n}$$

について考察してみよう．このとき，(4) とは異なり，上の級数はもはやリーマン可積分関数のフーリエ級数ではない．実際，仮にこれがある可積分関数 $\tilde{f}$ で特に有界なもののフーリエ級数であるとする．このとき，アーベル平均を用いて

$$|A_r(\tilde{f})(0)| = \sum_{n=1}^{\infty} \frac{r^n}{n}$$

となるが，$\sum 1/n$ が発散することより，これは r を 1 に近づけると無限大に向かう．$P_r(\theta)$ を前章で扱ったポアソン核として

$$|A_r(\tilde{f})(0)| \leq \frac{1}{2\pi} \int_{-\pi}^{\pi} |\tilde{f}(\theta)| P_r(\theta)\, d\theta \leq \sup_{\theta} |\tilde{f}(\theta)|$$

が得られることから，望むべき矛盾が導かれる．

のこぎり歯関数は，それを用いて反例を作る目的で導入した．以下のように話を進めよう．各 $N \geq 1$ に対し，次の $[-\pi, \pi]$ 上の二つの関数

$$f_N(\theta) = \sum_{1\leq |n|\leq N} \frac{e^{in\theta}}{n} \quad \text{および} \quad \tilde{f}_N(\theta) = \sum_{-N\leq n\leq -1} \frac{e^{in\theta}}{n}$$

を用意する．以下のことに取り組む：

(i) $|\tilde{f}_N(0)| \geq c \log N$.
(ii) $f_N(\theta)$ は N と θ に関して一様に有界．

一番目の主張は $\sum_{n=1}^{N} 1/n \geq \log N$ となる事実からの帰結であり，これは容易に確かめられる (図 2 も参照せよ)：

$$\sum_{n=1}^{N} \frac{1}{n} \geq \sum_{n=1}^{N-1} \int_{n}^{n+1} \frac{dx}{x} = \int_{1}^{N} \frac{dx}{x} = \log N.$$

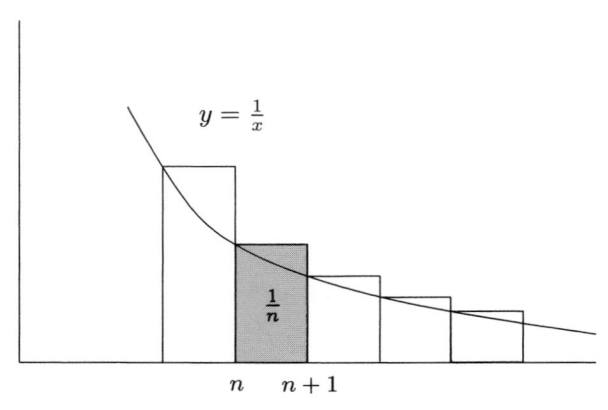

図 2 和と積分の比較.

(ii) を示すには，級数 $\sum c_n$ がアーベル総和可能でその意味で s に収束しかつ $c_n = o(1/n)$ ならば，実際に $\sum c_n$ が s に収束することをのべたタウバーの定理があるが (第 2 章の練習 14 を見よ)，その証明と同じ精神で議論をする．実際，タウバーの定理の証明は以下の補題の証明と酷似している．

補題 2.3 級数 $\sum_{n=1}^{\infty} c_n$ のアーベル平均 $A_r = \sum_{n=1}^{\infty} r^n c_n$ が，r が 1 に ($r < 1$ として) 近づくとき有界であるとする．このときもし $c_n = O(1/n)$ ならば，部分和 $S_N = \sum_{n=1}^{N} c_n$ は有界である．

証明 $r = 1 - 1/N$ とおき，M を $n|c_n| \leq M$ となるように選ぶ．差

$$S_N - A_r = \sum_{n=1}^{N}(c_n - r^n c_n) - \sum_{n=N+1}^{\infty} r^n c_n$$

を以下のように評価する：

$$|S_N - A_r| \leq \sum_{n=1}^{N} |c_n|(1 - r^n) + \sum_{n=N+1}^{\infty} r^n |c_n|$$

$$\le M \sum_{n=1}^{N} (1-r) + \frac{M}{N} \sum_{n=N+1}^{\infty} r^n$$
$$\le MN(1-r) + \frac{M}{N} \frac{1}{1-r}$$
$$= 2M,$$

ここで簡単な考察
$$1 - r^n = (1-r)(1 + r + \cdots + r^{n-1}) \le n(1-r)$$
を用いた. よって, M が $|A_r| \le M$ と $n|c_n| \le M$ をみたすならば, $|S_N| \le 3M$ となることがわかる. ■

この補題を, 上で用いたのこぎり歯関数 f のフーリエ級数
$$\sum_{n \ne 0} \frac{e^{in\theta}}{n}$$
に適用しよう. ここで, $n \ne 0$ に対し $c_n = e^{in\theta}/n + e^{-in\theta}/(-n)$ であるから, 明らかに $c_n = O(1/|n|)$ である. 最後に, この級数のアーベル平均は $A_r(f)(\theta) = (f * P_r)(\theta)$ である. しかし, f は有界であり, P_r も良い核であることから, $S_N(f)(\theta)$ が N と θ に関し一様に有界であることがわかり, これが示されるべきことであった.

さて, ここからが核心である. f_N と $\tilde{f}_N$ は次数 N の三角多項式 (すなわち, フーリエ係数が 0 とならないのは $|n| \le N$ のときのみ) であることに注意しよう. これら f_N, $\tilde{f}_N$ の周波数を $2N$ だけずらすことにより, 次数がそれぞれ $3N$, $2N-1$ の三角多項式 P_N, $\widetilde{P}_N$ を作る. 別の言い方をすれば, $P_N(\theta) = e^{i(2N)\theta} f_N(\theta)$ および $\widetilde{P}_N(\theta) = e^{i(2N)\theta} \tilde{f}_N(\theta)$ と定義する. このとき, f_N が零ではないフーリエ係数をもつのは $0 < |n| \le N$ のときであるのに対して, P_N の場合は $N \le n \le 3N, n \ne 2N$ のときである. さらに, $n = 0$ が f_N の対称性の中心であるのに対し, 今は $n = 2N$ が P_N の対称性の中心となる. 次に, 部分和 S_M を見てみよう.

補題 2.4
$$S_M(P_N) = \begin{cases} P_N, & M \ge 3N, \\ \widetilde{P}_N, & M = 2N, \\ 0, & M < N. \end{cases}$$

これは, すでに述べられたことと図 3 から明らかである.

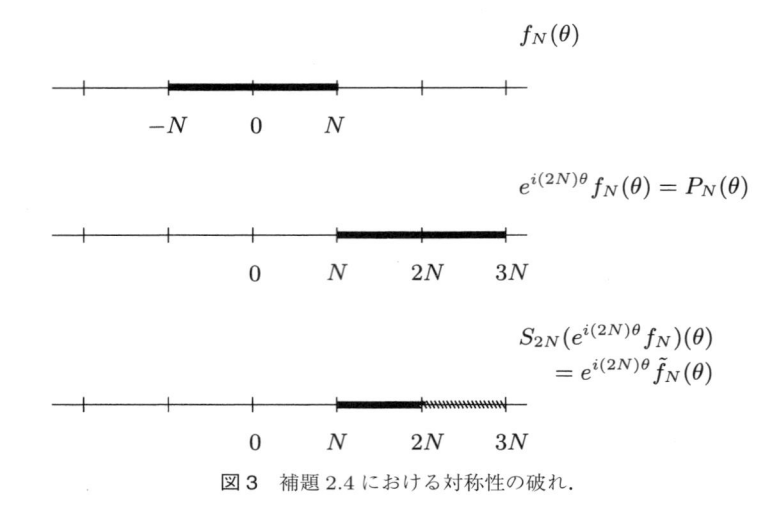

$$f_N(\theta)$$

```
    +-----+=====+=====+-----+-----+
         -N    0     N
```

$$e^{i(2N)\theta} f_N(\theta) = P_N(\theta)$$

```
    +-----+-----+-----+=====+=====+
               0     N    2N    3N
```

$$S_{2N}(e^{i(2N)\theta} f_N)(\theta) = e^{i(2N)\theta} \tilde{f}_N(\theta)$$

```
    +-----+-----+-----+=====+~~~~~+
               0     N    2N    3N
```

図3　補題 2.4 における対称性の破れ.

この結果，$M = 2N$ の場合では作用素 S_M は P_N の対称性を破るが，補題におけるその他の場合には，S_M が P_N または 0 であることより，その影響は比較的おだやかである．

最後に，収束する正項級数 $\sum \alpha_k$ および速く増大する整数列 N_k を，以下のことが成立するように見つける必要がある：

(i) $N_{k+1} > 3N_k$,

(ii) $k \to \infty$ のとき $\alpha_k \log N_k \to \infty$.

たとえば $\alpha_k = 1/k^2$ と $N_k = 3^{2^k}$ が上の基準をみたすことは，容易にわかる．

最終的に，求める関数を具体的に書き下すことができる．それは

$$f(\theta) = \sum_{k=1}^{\infty} \alpha_k P_{N_k}(\theta)$$

である．P_N の一様有界性により ($|P_N(\theta)| = |f_N(\theta)|$ を思い出すこと)，上の級数はある連続な周期関数に一様に収束する．しかしながら，われわれの補題により

$$|S_{2N_m}(f)(0)| \geq c\alpha_m \log N_m + O(1) \to \infty, \qquad m \to \infty \text{ のとき}$$

を得る．

実際，$k < m$ または $k > m$ のときの N_k に対応する項は，それぞれ $O(1)$ または 0 であり (なぜなら P_N たちは一様有界であるから)，一方 N_m に対応する項は，$|\widetilde{P}_N(\theta)| = |\tilde{f}_N(\theta)| \geq c \log N$ であることより，絶対値が $c\alpha_m \log N_m$ より大

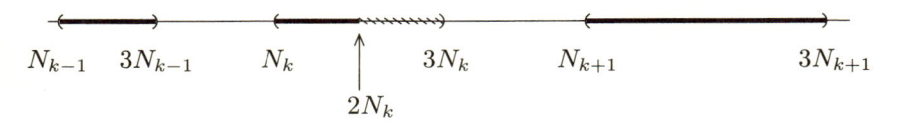

図 4 中央区間 $(N_k, 3N_k)$ で破られた対称性.

きい.よって,f のフーリエ級数の部分和は 0 において有界ではなく,これが f のフーリエ級数が $\theta = 0$ で発散することを述べていることにより,われわれの目的は達成された.任意に与えられた他の点においてフーリエ級数が発散する関数を作るには,関数 $f(\theta - \theta_0)$ を考えれば十分である.

3. 練習

1. 最初の二つの例,すなわち $\mathbb{R}^d$ と $\mathbb{C}^d$ が完備であることを示せ.
[ヒント:$\mathbb{R}$ のすべてのコーシー列は収束する.]

2. ベクトル空間 $\ell^2(\mathbb{Z})$ が完備であることを証明せよ.
[ヒント:$A_k = \{a_{k,n}\}_{n \in \mathbb{Z}}$, $k = 1, 2, \cdots$ をコーシー列とする.各 n に対して $\{a_{k,n}\}_{k=1}^{\infty}$ が複素数のコーシー列であり,したがって極限をもつことを示せ.仮にその極限を b_n として,$\|A_k - A_{k'}\|$ の部分和をとって $k' \to \infty$ とすることにより,$B = (\cdots, b_{-1}, b_0, b_1, \cdots)$ に対して,$k \to \infty$ のとき $\|A_k - B\| \to 0$ となることを示せ.最後に $B \in \ell^2(\mathbb{Z})$ を証明せよ.]

3. $[0, 2\pi]$ 上の可積分関数の列 $\{f_k\}$ で,
$$\lim_{k \to \infty} \frac{1}{2\pi} \int_0^{2\pi} |f_k(\theta)|^2 \, d\theta = 0$$
であるが,任意の θ に対して $\lim_{k \to \infty} f_k(\theta)$ が存在しないものを構成せよ.
[ヒント:区間の列 $I_k \subset [0, 2\pi]$ で,その長さが 0 に収束し,どの点もその列の中の無限個の区間に含まれるようなものを選べ.そして $f_k = \chi_{I_k}$ とせよ.]

4. 可積分関数全体のなすベクトル空間 $\mathcal{R}$ は,内積およびノルム
$$\|f\| = \left(\frac{1}{2\pi} \int_0^{2\pi} |f(x)|^2 \, dx \right)^{1/2}$$
をもつことを思い出そう.
(a) 零ではない可積分関数で $\|f\| = 0$ となるものが存在することを示せ.

(b) しかしながら，$f \in \mathcal{R}$ が $\|f\| = 0$ であるときには，f が x で連続であれば必ず $f(x) = 0$ となることを示せ．

(c) 逆に，f が連続である任意の点において零であるならば，$\|f\| = 0$ であることを示せ．

5.
$$f(\theta) = \begin{cases} 0, & \theta = 0, \\ \log(1/\theta), & 0 < \theta \leq 2\pi \end{cases}$$

とし，$\mathcal{R}$ の関数列を

$$f_n(\theta) = \begin{cases} 0, & 0 \leq \theta \leq 1/n, \\ f(\theta), & 1/n < \theta \leq 2\pi \end{cases}$$

で定義する．$\{f_n\}_{n=1}^{\infty}$ は $\mathcal{R}$ のコーシー列であることを示せ．しかしながら，f は $\mathcal{R}$ には属さない．

[ヒント：$0 < a < b$ で $b \to 0$ のとき $\int_a^b (\log \theta)^2 \, d\theta \to 0$ となることを，$\theta(\log \theta)^2 - 2\theta \log \theta + 2\theta$ の導関数が $(\log \theta)^2$ に等しいことを用いて示せ．]

6. 数列 $\{a_k\}_{k=-\infty}^{\infty}$ を

$$a_k = \begin{cases} 1/k, & k \geq 1, \\ 0, & k \leq 0 \end{cases}$$

で定義する．$\{a_k\} \in \ell^2(\mathbb{Z})$ であるが，すべての k に対して第 k フーリエ係数が a_k となるリーマン可積分関数は存在しないことを見よ．

7. 三角級数

$$\sum_{n \geq 2} \frac{1}{\log n} \sin nx$$

はすべての x に対し収束するが，リーマン可積分関数のフーリエ級数とはなりえないことを示せ．

同じことが，$0 < \alpha < 1$ に対する $\sum \frac{\sin nx}{n^\alpha}$ に関しても成立するが，$1/2 < \alpha < 1$ の場合にはさらに難しい．問題 1 を見よ．

8. 第 2 章の練習 6 において，和

$$\sum_{n \geq 1 : 奇数} \frac{1}{n^2} \quad \text{および} \quad \sum_{n=1}^{\infty} \frac{1}{n^2}$$

を扱った．これと類似の和が，この章での方法を用いることにより導かれる．

(a) f を $[-\pi, \pi]$ 上 $f(\theta) = |\theta|$ で定義された関数とする．パーセヴァルの等式を用

いて以下の級数の和を求めよ．
$$\sum_{n=0}^{\infty}\frac{1}{(2n+1)^4} \quad \text{および} \quad \sum_{n=1}^{\infty}\frac{1}{n^4}.$$
実際，これらはそれぞれ $\pi^4/96$ および $\pi^4/90$ となる．

(b) $[0,\pi]$ 上 $f(\theta)=\theta(\pi-\theta)$ で定義される 2π 周期の奇関数を考える．
$$\sum_{n=0}^{\infty}\frac{1}{(2n+1)^6}=\frac{\pi^6}{960} \quad \text{および} \quad \sum_{n=1}^{\infty}\frac{1}{n^6}=\frac{\pi^6}{945}$$
を示せ．

注意 k が偶数の場合の $\sum_{n=1}^{\infty}1/n^k$ の π^k による一般表現は，問題4で与えられる．しかしながら，和 $\sum_{n=1}^{\infty}1/n^3$ や，より一般に k が奇数の場合の $\sum_{n=1}^{\infty}1/n^k$ の表現公式を求めることは，有名な未解決問題の一つである．

9. 整数ではない α に対して，$[0,2\pi]$ 上の関数
$$\frac{\pi}{\sin\pi\alpha}e^{i(\pi-x)\alpha}$$
のフーリエ級数が
$$\sum_{n=-\infty}^{\infty}\frac{e^{inx}}{n+\alpha}$$
で与えられることを示せ．パーセヴァルの公式を適用して，
$$\sum_{n=-\infty}^{\infty}\frac{1}{(n+\alpha)^2}=\frac{\pi^2}{(\sin\pi\alpha)^2}$$
を示せ．

10. 第1章で解析した振動弦の例を考察しよう．時刻 t における弦の変位 $u(x,t)$ は，波動方程式
$$\frac{1}{c^2}\frac{\partial^2 u}{\partial t^2}=\frac{\partial^2 u}{\partial x^2}, \qquad c^2=\tau/\rho$$
をみたす．弦は初期条件
$$u(x,0)=f(x) \quad \text{および} \quad \frac{\partial u}{\partial t}(x,0)=g(x)$$
により支配される．ここで，$f\in C^1$ および g の連続性を仮定した．弦の全エネルギーを
$$E(t)=\frac{1}{2}\rho\int_0^L\left(\frac{\partial u}{\partial t}\right)^2 dx+\frac{1}{2}\tau\int_0^L\left(\frac{\partial u}{\partial x}\right)^2 dx$$
で定義する．第1項は，弦の「運動エネルギー」(質量 m，速度 v の粒子のもつ運動エネルギー $(1/2)mv^2$ からの類推) に相当し，第2項は「位置エネルギー」に相当する．

$E(t)$ は一定であるという意味で，弦の全エネルギーは保存されることを示せ．したがって，
$$E(t) = E(0) = \frac{1}{2}\rho \int_0^L g(x)^2 \, dx + \frac{1}{2}\tau \int_0^L f'(x)^2 \, dx$$
である．

11. ヴィルティンガーおよびポアンカレの不等式は，関数のノルムとその導関数のノルムとの関係を定めている．

(a) f が T 周期，連続，かつ区分的 C^1 で $\int_0^T f(t) \, dt = 0$ をみたすとき，
$$\int_0^T |f(t)|^2 \, dt \leq \frac{T^2}{4\pi^2} \int_0^T |f'(t)|^2 \, dt$$
が成り立ち，等号は $f(t) = A\sin(2\pi t/T) + B\cos(2\pi t/T)$ のときに限ることを示せ．
[ヒント：パーセヴァルの不等式を適用せよ．]

(b) f を上のとおりとし，g を単に C^1 かつ T 周期であるものとするとき，
$$\left| \int_0^T \overline{f(t)} g(t) \, dt \right|^2 \leq \frac{T^2}{4\pi^2} \int_0^T |f(t)|^2 \, dt \int_0^T |g'(t)|^2 \, dt$$
であることを証明せよ．

(c) 任意のコンパクト区間 $[a, b]$ と任意の連続微分可能な関数 f で $f(a) = f(b) = 0$ となるものに対して，
$$\int_a^b |f(t)|^2 \, dt \leq \frac{(b-a)^2}{\pi^2} \int_a^b |f'(t)|^2 \, dt$$
となることを示せ．等号成立の場合に関しても議論し，定数 $(b-a)^2/\pi^2$ はこれ以上改良されないことを証明せよ．[ヒント：f を a に関して奇関数で周期 $T = 2(b-a)$ の拡張をし，その長さ T の区間上での積分が 0 になるようにせよ．(a) を適用して不等式を求め，等号が $f(t) = A\sin\left(\pi\dfrac{t-a}{b-a}\right)$ の場合にのみ成立することを結論として得よ．]

12. $\int_0^\infty \dfrac{\sin x}{x} = \dfrac{\pi}{2}$ を証明せよ．
[ヒント：$D_N(\theta)$ の積分は 2π であるという事実から出発し，差 $(1/\sin(\theta/2)) - 2/\theta$ が $[-\pi, \pi]$ で連続であることに注意せよ．リーマン - ルベーグの補題を適用せよ．]

13. f が周期関数で C^k 級であるものとする．このとき
$$\hat{f}(n) = o(1/|n|^k),$$
すなわち，$|n| \to \infty$ のとき $|n|^k \hat{f}(n)$ が 0 に収束することを示せ．これは，第 2 章における練習 10 の改良である．
[ヒント：リーマン - ルベーグの補題を用いよ．]

14. 円周上の連続微分可能な関数 f のフーリエ級数は，絶対収束することを証明せよ．[ヒント：f' に対して，コーシー - シュヴァルツの不等式およびパーセヴァルの等式を用いよ．]

15. f は，2π 周期で $[-\pi, \pi]$ 上でリーマン可積分であるものとする．

(a)
$$\hat{f}(n) = -\frac{1}{2\pi}\int_{-\pi}^{\pi} f(x+\pi/n)e^{-inx}\,dx,$$

したがって
$$\hat{f}(n) = \frac{1}{4\pi}\int_{-\pi}^{\pi}[f(x) - f(x+\pi/n)]e^{-inx}\,dx$$

となることを示せ．

(b) f が α 次のヘルダー条件，すなわち，ある $0 < \alpha \leq 1$ および $C > 0$ が存在し，すべての x, h に対して
$$|f(x+h) - f(x)| \leq C|h|^\alpha$$

をみたしているものと仮定する．(a) を用いて
$$\hat{f}(n) = O(1/|n|^\alpha)$$

を示せ．

(c) 上の結果がこれ以上改良されないことを，関数
$$f(x) = \sum_{k=0}^\infty 2^{-k\alpha}e^{i2^k x}$$

がある $0 < \alpha < 1$ に対して
$$|f(x+h) - f(x)| \leq C|h|^\alpha$$

をみたし，$N = 2^k$ である限り $\hat{f}(N) = 1/N^\alpha$ となることを示すことにより証明せよ．[ヒント：(c) に関しては，和を $f(x+h) - f(x) = \sum_{2^k \leq 1/|h|} + \sum_{2^k > 1/|h|}$ と分解せよ．1番目の和を評価するには，θ が小さいときにはいつも $|1 - e^{i\theta}| \leq |\theta|$ が成立する事実を用いよ．2番目の和を評価するには，自明な不等式 $|e^{ix} - e^{iy}| \leq 2$ を用いよ．]

16. f は 2π 周期をもつ関数で，定数 K に関するリプシッツ条件；すなわち，
$$|f(x) - f(y)| \leq K|x-y|, \qquad \text{すべての } x, y \text{ に対して}$$

をみたしているものとする．これは，単に次数 $\alpha = 1$ のヘルダー条件であり，前の練習により $\hat{f}(n) = O(1/|n|)$ がわかる．調和級数 $\sum 1/n$ は発散するので，f のフーリエ級数の絶対収束性に関しては (いまのところ) 何もいえない．以下概略で示すように，実際

は f のフーリエ級数は絶対かつ一様に収束することが示される.

(a) 任意の正の数 h に対し, $g_h(x) = f(x+h) - f(x-h)$ と定義する.
$$\frac{1}{2\pi} \int_0^{2\pi} |g_h(x)|^2 \, dx = \sum_{n=-\infty}^{\infty} 4|\sin nh|^2 |\hat{f}(n)|^2$$
を証明し,
$$\sum_{n=-\infty}^{\infty} |\sin nh|^2 |\hat{f}(n)|^2 \le K^2 h^2$$
を示せ.

(b) p を正の整数とする. $h = \pi/2^{p+1}$ と選ぶことにより,
$$\sum_{2^{p-1} < |n| \le 2^p} |\hat{f}(n)|^2 \le \frac{K^2 \pi^2}{2^{2p+1}}$$
を示せ.

(c) $\sum_{2^{p-1} < |n| \le 2^p} |\hat{f}(n)|$ を評価して, f のフーリエ級数が絶対収束, したがって一様収束することを結論として得よ.
[ヒント:和を評価する際, コーシー-シュヴァルツの不等式を用いよ.]

(d) 実は, この議論を少し修正することにより, ベルンシュタインの定理が証明される:f が $\alpha > 1/2$ 次のヘルダー条件をみたせば, f のフーリエ級数は絶対収束する.

17. f が $[-\pi, \pi]$ 上の有界単調関数ならば,
$$\hat{f}(n) = O(1/|n|).$$
[ヒント:f は単調増大で, たとえば $|f| \le M$ としてよい. まず, $[a, b]$ の定義関数のフーリエ係数が $O(1/|n|)$ であることを確かめよ. それから, $-\pi = a_1 < a_2 < \cdots < a_N < a_{N+1}$ および $-M \le \alpha_1 \le \cdots \le \alpha_N \le M$ としたときの
$$\sum_{k=1}^{N} \alpha_k \chi_{[a_k, a_{k+1}]}(x)$$
の形の和のフーリエ係数が, N に関して一様に $O(1/|n|)$ であることを示せ. そのために, 部分求和により, $2M$ で抑えられる望遠鏡式の和 $\sum(\alpha_{k+1} - \alpha_k)$ を得ることを示せ. それから, f を上の形の関数で近似すればよい.]

18. フーリエ係数の減衰に関してわかったことを, いくつかあげておく:
(a) f が C^k 級ならば, $\hat{f}(n) = o(1/|n|^k)$;
(b) f がリプシッツならば, $\hat{f}(n) = O(1/|n|)$;
(c) f が単調関数ならば, $\hat{f}(n) = O(1/|n|)$;
(d) f が $0 < \alpha < 1$ に対する α 次のヘルダー条件をみたすならば, $\hat{f}(n) = O(1/|n|^\alpha)$;

(e) f がただ単にリーマン可積分なだけならば，$\sum |\hat{f}(n)|^2 < \infty$ かつそれゆえ $\hat{f}(n) = o(1)$.

しかるに，0 に収束する任意の非負実数列 $\{\varepsilon_n\}$ に対し，無限個の n に対して $|\hat{f}(n)| \geq \varepsilon_n$ となるような連続関数 f が存在することを証明し，連続関数のフーリエ級数はいくらでも遅く 0 に収束し得ることを示せ．

[ヒント：部分列 $\{\varepsilon_{n_k}\}$ を $\sum_k \varepsilon_{n_k} < \infty$ となるように選べ．]

19. 和 $\sum_{0<|n|\leq N} e^{inx}/n$ が N と $x \in [-\pi, \pi]$ に関して一様有界であることの別証明を，ディリクレ核 D_N に対し

$$\frac{1}{2i}\sum_{0<|n|\leq N}\frac{e^{inx}}{n} = \sum_{n=1}^{N}\frac{\sin nx}{n} = \frac{1}{2}\int_0^x (D_N(t) - 1)\,dt$$

が成り立つことを用いて与えよ．そして，練習 12 で証明された $\int_0^\infty \frac{\sin t}{t}\,dt < \infty$ となる事実を用いよ．

20. $f(x)$ を $(0, 2\pi)$ 上で $f(x) = (\pi - x)/2$ かつ $f(0) = 0$ として定義されるのこぎり歯関数とし，周期的に $\mathbb{R}$ 全体に拡張されているものとする．f のフーリエ級数は

$$f(x) \sim \frac{1}{2i}\sum_{|n|\neq 0}\frac{e^{inx}}{n} = \sum_{n=1}^{\infty}\frac{\sin nx}{n}$$

であり，f は原点において

$$f(0^+) = \frac{\pi}{2}, \quad f(0^-) = -\frac{\pi}{2}, \quad \text{それゆえ} \quad f(0^+) - f(0^-) = \pi$$

となる跳躍不連続性をもつ．

$$\max_{0<x\leq \pi/N} S_N(f)(x) - \frac{\pi}{2} = \int_0^\pi \frac{\sin t}{t}\,dt - \frac{\pi}{2}$$

を示せ．これはおおまかにいって π の 9% の跳躍である．この結果は，関数の跳躍不連続点の近くではそのフーリエ級数が約 9% 上方へ（あるいは下方へ）ずれることを述べた，ギブス現象を表している．

[ヒント：練習 19 で与えられた $S_N(f)$ の表現を用いよ．]

4. 問題

1. $0 < \alpha < 1$ として，級数

$$\sum_{n=1}^{\infty}\frac{\sin nx}{n^\alpha}$$

はすべての x に対し収束するが，リーマン可積分関数のフーリエ級数とはならない．

(a) 共役ディリクレ核を

$$\widetilde{D}_N(x) = \sum_{|n| \leq N} \operatorname{sign}(x) e^{inx} \quad \text{ただし} \quad \operatorname{sign}(x) = \begin{cases} 1, & x > 0, \\ 0, & x = 0, \\ -1, & x < 0 \end{cases}$$

で定義するとき，

$$\widetilde{D}_N(x) = \frac{\cos(x/2) - \cos((N+1/2)x)}{\sin(x/2)}$$

および

$$\int_{-\pi}^{\pi} |\widetilde{D}_N(x)| \, dx \leq c \log N$$

となることを示せ．

(b) その結果，f がリーマン可積分ならば，

$$(f * \widetilde{D}_N)(0) = O(\log N).$$

(c) ここでの場合，この式より

$$\sum_{n=1}^{N} \frac{1}{n^\alpha} = O(\log N)$$

となり矛盾である．

2. われわれが示した重要な事実として，系 $\{e^{inx}\}_{n \in \mathbb{Z}}$ は $\mathcal{R}$ において正規直交であり，かつ f のフーリエ級数が f にそのノルムで収束するという意味において完全である．この練習において，これと同じ性質をもつ別の系を考える．

$[-1, 1]$ 上

$$L_n(x) = \frac{d^n}{dx^n}(x^2 - 1)^n, \qquad n = 0, 1, 2, \cdots$$

とおく．このとき，L_n は n 次の多項式であり，第 n ルジャンドル多項式と呼ばれている．

(a) f が $[-1, 1]$ 上無限回微分可能であるとき，

$$\int_{-1}^{1} L_n(x) f(x) \, dx = (-1)^n \int_{-1}^{1} (x^2 - 1)^n f^{(n)}(x) \, dx$$

となることを示せ．特に，L_n は $m < n$ のとき x^m と直交することを示せ．よって，$\{L_n\}_{n=0}^{\infty}$ は直交系となる．

(b)

$$\|L_n\|^2 = \int_{-1}^{1} |L_n(x)|^2 \, dx = \frac{(n!)^2 2^{2n+1}}{2n+1}$$

となることを示せ．

[ヒント：まず，$\|L_n\|^2 = (-1)^n (2n)! \int_{-1}^{1} (x^2-1)^n \, dx$ に注意する．$(x^2-1)^n = (x-1)^n (x+1)^n$ と書いて n 回部分積分をすることにより，最後の積分を計算せよ．]

(c) $1, x, x^2, \cdots, x^{n-1}$ と直交する n 次多項式は，L_n の定数倍であることを証明せよ．

(d) $\mathcal{L}_n = L_n / \|L_n\|$ とすると，これは正規化されたルジャンドル多項式である．$\{\mathcal{L}_n\}$ は $\{1, x, \cdots, x^n, \cdots\}$ に「グラム-シュミットの手順」を適用することにより得られることを証明し，$[-1, 1]$ 上の任意のリーマン可積分関数 f がルジャンドル展開

$$\sum_{n=0}^{\infty} \langle f, \mathcal{L}_n \rangle \mathcal{L}_n$$

をもち，これが f に平均二乗収束することを示せ．

3. α を整数ではない複素数とする．

(a) $[-\pi, \pi]$ 上 $f(x) = \cos(\alpha x)$ で定義された 2π 周期関数のフーリエ級数を計算せよ．

(b) オイラーによる以下の公式を証明せよ：

$$\sum_{n=1}^{\infty} \frac{1}{n^2 - \alpha^2} = \frac{1}{2\alpha^2} - \frac{\pi}{2\alpha \tan(\alpha \pi)}.$$

任意の $u \in \mathbb{C} - \pi\mathbb{Z}$ に対し，

$$\cot u = \frac{1}{u} + 2 \sum_{n=1}^{\infty} \frac{u}{u^2 - n^2 \pi^2}.$$

(c) 任意の $\alpha \in \mathbb{C} - \mathbb{Z}$ に対して

$$\frac{\alpha \pi}{\sin(\alpha \pi)} = 1 + 2\alpha^2 \sum_{n=1}^{\infty} \frac{(-1)^{n-1}}{n^2 - \alpha^2}$$

が成り立つことを証明せよ．

(d) 任意の $0 < \alpha < 1$ に対して，

$$\int_0^{\infty} \frac{t^{\alpha-1}}{t+1} \, dt = \frac{\pi}{\sin(\alpha \pi)}$$

が成り立つことを示せ．
[ヒント：積分を $\int_0^1 + \int_1^{\infty}$ と分割し，二つ目の積分において $t = 1/u$ と変数変換せよ．すると，どちらの積分も

$$\int_0^1 \frac{t^{\gamma-1}}{1+t} \, dt, \qquad 0 < \gamma < 1$$

の形となり，これが $\sum_{k=0}^{\infty} \frac{(-1)^k}{k+\gamma}$ に等しいことを示すことができる．(c) を用いて，証明

を完結せよ．]

4. この問題において，k を任意の偶整数としたとき，級数

$$\sum_{n=1}^{\infty} \frac{1}{n^k}$$

の和の公式を見つけよう．これらの和はベルヌーイ数を用いて表現できる．次の問題では，関連したベルヌーイ多項式について議論する．

ベルヌーイ数 B_n を，公式

$$\frac{z}{e^z - 1} = \sum_{n=0}^{\infty} \frac{B_n}{n!} z^n$$

により定義する．

(a) $B_0 = 1, B_1 = -1/2, B_2 = 1/6, B_3 = 0, B_4 = -1/30$，および $B_5 = 0$ を示せ．

(b) $n \geq 1$ に対して，

$$B_n = -\frac{1}{n+1} \sum_{k=0}^{n-1} \binom{n+1}{k} B_k$$

となることを示せ．

(c)

$$\frac{z}{e^z - 1} = 1 - \frac{z}{2} + \sum_{n=2}^{\infty} \frac{B_n}{n!} z^n$$

と書くことにより，n が奇数で 1 より大ならば $B_n = 0$ を示せ．また，

$$z \cot z = 1 + \sum_{n=1}^{\infty} (-1)^n \frac{2^{2n} B_{2n}}{(2n)!} z^{2n}$$

を示せ．

(d) **ゼータ関数**は

$$\zeta(s) = \sum_{n=1}^{\infty} \frac{1}{n^s}, \qquad \text{すべての } s > 1 \text{ に対し}$$

で定義される．(c) での結果，および前問で得られた余接関数の表現から，

$$x \cot x = 1 - 2 \sum_{m=1}^{\infty} \frac{\zeta(2m)}{\pi^{2m}} x^{2m}$$

を導け．

(e) 結論として

$$2\zeta(2m) = (-1)^{m+1} \frac{(2\pi)^{2m}}{(2m)!} B_{2m}$$

を得よ．

5. ベルヌーイ多項式 $B_n(x)$ を，公式
$$\frac{ze^{xz}}{e^z-1} = \sum_{n=0}^{\infty} \frac{B_n(x)}{n!} z^n$$
で定義する．

(a) 関数 $B_n(x)$ は x の多項式で，
$$B_n(x) = \sum_{k=0}^{\infty} \binom{n}{k} B_k x^{n-k}$$
である．$B_0(x) = 1$, $B_1(x) = x - 1/2$, $B_2(x) = x^2 - x + 1/6$，および $B_3(x) = x^3 - \frac{3}{2}x^2 + \frac{1}{2}x$ を示せ．

(b) $n \geq 1$ ならば
$$B_n(x+1) - B_n(x) = nx^{n-1},$$
$n \geq 2$ ならば
$$B_n(0) = B_n(1) = B_n$$
である．

(c) $S_m(n) = 1^m + 2^m + \cdots + (n-1)^m$ と定義する．
$$(m+1)S_m(n) = B_{m+1}(n) - B_{m+1}$$
を示せ．

(d) ベルヌーイ多項式は
 (i) $B_0(x) = 1$,
 (ii) $n \geq 1$ に対し $B_n'(x) = nB_{n-1}(x)$,
 (iii) $n \geq 1$ に対し $\int_0^1 B_n(x)\,dx = 0$
をみたす唯一の多項式であることを示し，(b) から
$$\int_x^{x+1} B_n(t)\,dt = x^n$$
を得ることを示せ．

(e) B_1 のフーリエ級数を計算し，$0 < x < 1$ に対して
$$B_1(x) = x - 1/2 = \frac{-1}{\pi} \sum_{k=1}^{\infty} \frac{\sin(2\pi kx)}{k}$$
を示せ．積分することにより，結論として

$$B_{2n}(x) = (-1)^{n+1}\frac{2(2n)!}{(2\pi)^{2n}}\sum_{k=1}^{\infty}\frac{\cos(2\pi kx)}{k^{2n}},$$

$$B_{2n+1}(x) = (-1)^{n+1}\frac{2(2n+1)!}{(2\pi)^{2n+1}}\sum_{k=1}^{\infty}\frac{\sin(2\pi kx)}{k^{2n+1}}$$

を示せ.最後に $0 < x < 1$ に対して

$$B_n(x) = -\frac{n!}{(2\pi i)^n}\sum_{k\neq 0}\frac{e^{2\pi ikx}}{k^n}$$

を示せ.

ベルヌーイ多項式は,正規化を無視すれば,のこぎり歯関数を繰り返し積分したものであることがわかる.

第4章　フーリエ級数のいくつかの応用

　　　　　　　　　　　　フーリエ級数およびその類似の展開は，曲線，曲面論の一
　　　　　　　　　　　　般理論において自然に現れてくる．解析学の視点から考え出
　　　　　　　　　　　　されたこの理論は，基本的には任意の関数の研究に関わるも
　　　　　　　　　　　　のであることは明らかである．私はかくして幾何学のいくつ
　　　　　　　　　　　　かの問題に対してフーリエ級数を用いるようになり，この方
　　　　　　　　　　　　面に関して，この著作の中でも公開されている数多くの結果
　　　　　　　　　　　　を得たのである．私の考察は主要な一連の研究の一つの始ま
　　　　　　　　　　　　りにすぎず，これが多くの新しい結果をもたらすであろうこ
　　　　　　　　　　　　とは疑う余地もないことである．

　　　　　　　　　　　　　　　　　　　　　　　——A. フルウィッツ, 1902

　前章において，物理学に起因した問題が動機となった，フーリエ級数についての基本的な事実を導入した．弦の運動および熱の拡散が，関数をフーリエ級数に展開する考え方へと自然に導く二つの例であった．次に読者には，フーリエ級数のもつ広範囲の影響力を感じてもらい，これらの考え方がどのように数学の他の分野にまで広がっているかを説明したい．特に，以下の三つの問題を考えよう：

(I)　　$\mathbb{R}^2$ 内の長さ ℓ の単純閉曲線の中で，どれが最も大きい面積を囲むか？

(II)　　無理数 γ を与えるとき，$n\gamma$ の非整数部分の $n = 1, 2, 3, \cdots$ としたときの分布に関して何がいえるであろうか？

(III)　　いたるところ微分不可能な連続関数は存在するか？

　1番目の問題は完全に幾何学的であり，一見フーリエ級数とは関係がないように見えるであろう．2番目の問題は数論と力学系との境界領域に位置し，「エルゴード性」の最も単純な例を与える．3番目の問題は完全に解析的であるが，最終的

な解答が与えられるまでに数々の挑戦が退けられてきた．これら三つの問題すべてが，フーリエ級数を用いることによってきわめて単純かつ直接的に解決されることは，特筆すべきことである．

この章の最終節において，もともとの動機に基づく問題に戻ることにする．円周上の時間依存する熱方程式を扱うのである．ここでの考察により，重要であるが謎の多い円周上の熱核が必然的に導入される．しかしながら，その基本的性質をとりまくミステリーは，次の章でのポアソンの和公式を適用するまでは完全に理解することができない．

1. 等周不等式

Γ を平面上の閉曲線で，自分自身とは交わらないものとする．また，ℓ で Γ の長さを表し，$\mathcal{A}$ で Γ に囲まれることによってできる $\mathbb{R}^2$ 上の有界領域の面積を表すものとする．ここでの問題は，与えられた ℓ に対して $\mathcal{A}$ を最大にする曲線 Γ を (もし存在すれば) 決定することである．

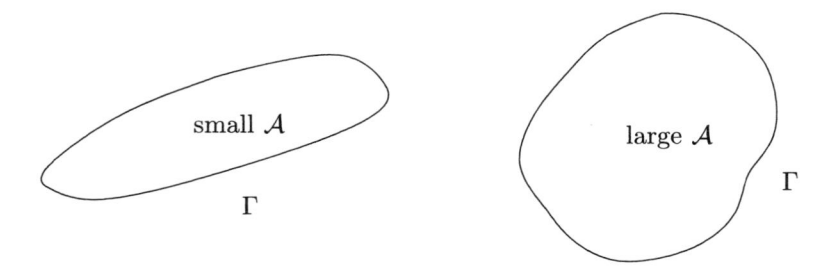

図 1　等周問題．

ちょっとした実験と考察により，解が円であるべきことが示唆される．この結論は，以下の発見的考察により得られるものである．曲線を，テーブルの上に平たく横たわる一本の閉じたひもと考える．もし (たとえば) そのひもで囲まれた領域が凸ではないならば，ひもの一部を変形してそれで囲まれる面積を増加させることができる．また，簡単な例を使って遊んでみることにより，曲線がある部分で平坦であればあるほどそれが囲む面積に対する影響が少ないことを納得することができる．したがって，曲線の各点において「丸み」を最大にするように定めればよい．

円が正しい推論であるにもかかわらず，上の考えに厳密性を与えることは別問題である．

等周問題の解を与える際に鍵となるアイデアは，フーリエ級数におけるパーセヴァルの等式を応用することにある．しかし，この問題に対する解に取り組むに先立って，単純閉曲線，その長さなどの概念，およびそれにより囲まれる領域の面積が意味するものに定義を与えておく必要がある．

曲線，長さ，面積
パラメータ付けられた曲線 γ とは，写像

$$\gamma : [a, b] \to \mathbb{R}^2$$

のことである．γ の像は平面上の点の集まりであるが，これを曲線と呼び Γ で表す．曲線 Γ が**単純**であるとはそれが自分自身と交わらないことをいい，**閉**であるとはその二つの端点が一致することをいう．上のパラメーター付けの言葉を使えば，これら二つの条件は，$s_1 = a$ かつ $s_2 = b$ 以外では $\gamma(s_1) \neq \gamma(s_2)$ であり，また $\gamma(a) = \gamma(b)$ であることと言い換えられる．γ は $\mathbb{R}$ 上の周期 $b-a$ の周期関数として拡張することができ，γ を円周上の関数とみなす．また，γ は常に C^1 級であると仮定して曲線に滑らかさを課し，導関数 γ' は $\gamma'(s) \neq 0$ をみたしているものとする．これらの条件を総合することにより，Γ は各点において接線が定義され，それらは点が曲線を移動するにしたがってなめらかに推移することが保証される．さらに γ のパラメータ付けは，パラメータ s が a から b へと向かうことにより Γ に向きを誘導する．

C^1 級の任意の写像 $s : [c, d] \to [a, b]$ は，公式

$$\eta(t) = \gamma(s(t))$$

により Γ の別のパラメータ付けを引き起こす．Γ が閉かつ単純であるという条件は，明らかにパラメータの取り方によらない．また，任意の t に対し $s'(t) > 0$ となるとき，二つのパラメータ付け γ と η は同値であるということにする：これは，η と γ が曲線 Γ に同じ向きを誘導することを意味している．もし，$s'(t) < 0$ ならば，η は逆の向きを与える．

もし，Γ が $\gamma(s) = (x(s), y(s))$ によりパラメータ付けられているならば，曲線 Γ の長さは

$$\ell = \int_a^b |\gamma'(s)|\, ds = \int_a^b (x'(s)^2 + y'(s)^2)^{1/2}\, ds$$

により定義される．Γ の長さとは曲線に本来備わっている概念であり，パラメータのとり方には依存しない．これが正しいことを見るため，$\gamma(s(t)) = \eta(t)$ とする．このとき，変数変換公式と連鎖律により，望みどおり

$$\int_a^b |\gamma'(s)|\, ds = \int_c^d |\gamma'(s(t))|\,|s'(t)|\, dt = \int_c^d |\eta'(t)|\, dt$$

を得る．

以下の定理の証明中，Γ に対して特別な型のパラメータ付けを用いることにする．γ が**弧長によるパラメータ付け**であるとは，任意の s に対して $|\gamma'(s)| = 1$ となることをいう．これは，$\gamma(s)$ が一定の速度で進むことを意味し，Γ の長さはちょうど $b - a$ となる．それゆえ，さらに適当な変換を加えることにより，弧長によるパラメータは $[0, \ell]$ 上で定義される．いかなる曲線も，弧長によるパラメータ付けが可能である (練習 1)．

さて，等周問題に戻ろう．

単純な閉曲線 Γ により囲まれる領域の面積 $\mathcal{A}$ に対する正確な定式化の試みは，いくつもの扱いにくい問題を引き起こす．いろいろな単純な状況において，面積が以下のおなじみの微積分の公式により与えられることは明らかである：

(1)
$$\begin{aligned}\mathcal{A} &= \frac{1}{2}\left|\int_\Gamma (x\, dy - y\, dx)\right| \\ &= \frac{1}{2}\left|\int_a^b x(s)y'(s) - y(s)x'(s)\, ds\right|;\end{aligned}$$

たとえば，練習 3 を見よ．よって，われわれの結果を定式化する際，(1) を定義として採用することでとりあえず一時しのぎをしておく．これにより，等周不等式の手短かで整然とした証明が可能になる．この単純化によっては解決できていない問題のリストが，定理の証明の後に掲げてある．

等周不等式の主張とその証明

定理 1.1 Γ は $\mathbb{R}^2$ における長さ ℓ の単純閉曲線で，$\mathcal{A}$ はこの曲線で囲まれる領域の面積とする．このとき，

$$\mathcal{A} \leq \frac{\ell^2}{4\pi}$$

が成立し，等号成立は Γ が円のときに限る．

最初に，問題をリスケールして考えてもよいことに注意する．これは，測定の単位を $\delta > 0$ を因子として以下のように変えてもよいことを意味する．平面 $\mathbb{R}^2$ からそれ自身への写像で，(x, y) を $(\delta x, \delta y)$ へ写すものを考える．曲線の長さを定義する公式を見ると，Γ の長さが ℓ であれば，この写像により写される像の長さは $\delta \ell$ であることがわかる．よってこの操作は，$\delta \geq 1$ か $\delta \leq 1$ かによって，長さを $\delta > 0$ だけ拡大あるいは縮小をしていることになる．同様に，この写像は面積を δ^2 だけ拡大 (あるいは縮小) していることがわかる．$\delta = 2\pi/\ell$ とおくことにより，$\ell = 2\pi$ ならば $\mathcal{A} \leq \pi$ であり，等号成立は Γ が円のときのみであることを示せば十分であることがわかる．

$\gamma : [0, 2\pi] \to \mathbb{R}^2$ を，$\gamma(s) = (x(s), y(s))$ により与えられる曲線 Γ の弧長によるパラメータ付け，すなわち任意の $s \in [0, 2\pi]$ に対して $x'(s)^2 + y'(s)^2 = 1$ であるものとする．このとき，

(2) $$\frac{1}{2\pi} \int_0^{2\pi} (x'(s)^2 + y'(s)^2) \, ds = 1$$

となる．曲線は閉であるので，関数 $x(s)$ と $y(s)$ は 2π 周期であり，したがってこれらのフーリエ級数

$$x(s) \sim \sum a_n e^{ins} \quad \text{および} \quad y(s) \sim \sum b_n e^{ins}$$

が考えられる．このとき，第 2 章の第 2 節の最後の方で注意しておいたように，

$$x'(s) \sim \sum a_n ine^{ins} \quad \text{および} \quad y'(s) \sim \sum b_n ine^{ins}$$

が成り立つ．パーセヴァルの等式を (2) に適用すれば，

(3) $$\sum_{n=-\infty}^{\infty} |n|^2 (|a_n|^2 + |b_n|^2) = 1$$

を得る．ここで，パーセヴァルの等式の双線形形式 (第 3 章，補題 1.5) を，$\mathcal{A}$ を定義している積分に適用する．$x(s)$ および $y(s)$ は実数値であるから，$a_n = \overline{a_{-n}}$ および $b_n = \overline{b_{-n}}$ となり，したがって，

$$\mathcal{A} = \frac{1}{2} \left| \int_0^{2\pi} x(s)y'(s) - y(s)x'(s) \, ds \right| = \pi \left| \sum_{n=-\infty}^{\infty} n(a_n \overline{b_n} - b_n \overline{a_n}) \right|$$

となることがわかる．次に，

(4) $$|a_n \overline{b_n} - b_n \overline{a_n}| \leq 2|a_n||b_n| \leq |a_n|^2 + |b_n|^2$$

が成り立つことに注目し，$|n| \leq |n|^2$ であることから，(3) を用いて求める式

$$\mathcal{A} \leq \pi \sum_{n=-\infty}^{\infty} |n|^2(|a_n|^2 + |b_n|^2)$$
$$\leq \pi$$

を得る.

$\mathcal{A} = \pi$ のときには, $|n| \geq 2$ に対しては $|n| < |n|^2$ となることより, 上の議論から

$$x(s) = a_{-1}e^{-is} + a_0 + a_1 e^{is} \quad \text{および} \quad y(s) = b_{-1}e^{-is} + b_0 + b_1 e^{is}$$

となることがわかる. $x(s)$ および $y(s)$ は実数値であるから, $a_{-1} = \overline{a_1}$ および $b_{-1} = \overline{b_1}$ となる. 等式 (3) より $2(|a_1|^2 + |b_1|^2) = 1$ となり (4) における等号を得るので, $|a_1| = |b_1| = 1/2$ でなければならない.

$$a_1 = \frac{1}{2}e^{i\alpha} \quad \text{および} \quad b_1 = \frac{1}{2}e^{i\beta}$$

と書く. $1 = 2|a_1\overline{b_1} - \overline{a_1}b_1|$ であることより, $|\sin(\alpha - \beta)| = 1$, したがって奇数 k に対して $\alpha - \beta = k\pi/2$ となる. このことより,

$$x(s) = a_0 + \cos(\alpha + s) \quad \text{および} \quad y(s) = b_0 \pm \sin(\alpha + s)$$

となることがわかるが, ここで $y(s)$ の符号は k の偶奇により定めてある. いずれの場合にも, Γ は円であり, そのときは明らかに等号が成立することがわかり, 定理の証明は完結した.

上で与えられた解法 (フルウィッツ 1901) はまことにエレガントであるが, いくつかの重要な問題に対しては明らかに未解答のままである. これらを, 以下に羅列しておく. Γ は単純閉曲線としておく.

(i) 「Γ で囲まれた領域」をどのように定義するか？

(ii) この領域の「面積」の幾何学的な定義は何か？ この定義は (1) と整合するか？

(iii) これらの結果は, この問題に関わる最も一般的クラスの単純閉曲線である「求長可能」なもの, すなわち有限の長さを定義できる曲線に対しても成立するであろうか？

ここで掲げられた問題を解明することは, 解析学における他の多くの重要な問題と関わりをもつことになる. これらの問題に対しては, この本のシリーズの続

刊において再び取り扱うことにする.

2. ワイルの一様分布定理

さて，フーリエ級数から来る考え方を，無理数の性質に関する問題に適用してみよう．まず，主定理を理解するのに必要な，合同の概念に関して手短に論ずることから始めよう．

整数を法とした実数

x を実数とするとき，$[x]$ で x 以下の整数において最大なものを表し，$[x]$ の値を x の**整数部分**と呼ぶことにする．このとき x の**非整数部分**は，$\langle x \rangle = x - [x]$ で与えられる．特に，任意の $x \in \mathbb{R}$ に対して $\langle x \rangle \in [0, 1)$ が成立する．たとえば，2.7 の整数部分と非整数部分はそれぞれ 2 と 0.7 であり，-3.4 の整数部分と非整数部分はそれぞれ -4 と 0.6 である．

二つの数 x と y が同値あるいは相似であるとは $x - y \in \mathbb{Z}$ であることをいい，これにより $\mathbb{R}$ に一つの関係が定義される．このとき，

$$x = y \mod \mathbb{Z} \quad \text{あるいは} \quad x = y \mod 1$$

と書くことにする．これは，二つの実数の差が整数であれば，それらを同一視することを意味している．任意の実数は，$[0, 1)$ の中に相似な元をただ一つもち，それが非整数部分 $\langle x \rangle$ となることに注意しておく．実数を整数を法として考えるということは，実質上，その非整数部分だけを見て，整数部分は無視することを意味している．

今，ある実数 $\gamma \neq 0$ から出発して，数列 $\gamma, 2\gamma, 3\gamma, \cdots$ を見てみよう．この数列を $\mathbb{Z}$ を法として見ることにより，すなわち非整数部分の列

$$\langle \gamma \rangle, \langle 2\gamma \rangle, \langle 3\gamma \rangle, \cdots$$

を考えることにより，いったい何が起こるのかを考えてみるのは興味をそそられる問題の一つである．簡単な考察により以下のことがわかる：

(i) γ が有理数ならば，$\langle n\gamma \rangle$ は有限個の相異なる値しかとらない．
(ii) γ が無理数ならば，$\langle n\gamma \rangle$ の値はすべて相異なる．

実際 (i) に関しては，$\gamma = p/q$ ならばこの列の最初の第 q 項までは

$$\langle p/q \rangle, \langle 2p/q \rangle, \cdots, \langle (q-1)p/q \rangle, \langle qp/q \rangle = 0$$

であることに注意せよ．

$$\langle (q+1)p/q \rangle = \langle 1 + p/q \rangle = \langle p/q \rangle$$

などにより，以後これの繰り返しとなる．ただし，より精密な結果については練習 6 を見よ．

また，(ii) に関しては，必ずしもすべての値が相異なるわけではないものと仮定する．したがって，ある $n_1 \neq n_2$ に対して $\langle n_1 \gamma \rangle = \langle n_2 \gamma \rangle$ となる；このとき $n_1 \gamma - n_2 \gamma \in \mathbb{Z}$ であるから，γ は有理数となり矛盾である．

実際，γ が無理数であるときには，$\langle n\gamma \rangle$ は区間 $[0,1)$ で稠密であることが示されるが，これはもともとはクロネッカーにより証明された結果である．別の言い方をすれば，列 $\langle n\gamma \rangle$ は，$[0,1)$ の任意の部分区間に値をもつ (したがって，無限個の値をもつ) ことになる．ここではこの事実を，列 $\langle n\gamma \rangle$ の分布の一様性に関するより深い定理の系として示すことにする．

数列 $\xi_1, \xi_2, \cdots, \xi_n, \cdots$ が $[0,1)$ において**一様分布**するとは，任意の区間 $(a, b) \subset [0, 1)$ において

$$\lim_{N \to \infty} \frac{\#\{1 \leq n \leq N : \xi_n \in (a, b)\}}{N} = b - a$$

となることをいう．ここで，$\#A$ は有限集合 A の濃度を表す．このことは，N が大きいとき，$n \leq N$ となる ξ_n の中で (a, b) 上にあるものの個数の割合は，区間 (a, b) の長さの区間 $[0, 1)$ の長さに対する比に等しいことを示している．言い換えると，列 ξ_n は全区間を等しく掃き清め，どの部分区間もその恩恵を公平に受けていることになる．次の二つの例が示しているように，明らかに列の順序が非常に重要となる．

例 1 列

$$0, \frac{1}{2}, 0, \frac{1}{3}, \frac{2}{3}, 0, \frac{1}{4}, \frac{2}{4}, \frac{3}{4}, 0, \frac{1}{5}, \frac{2}{5}, \cdots$$

は区間 $[0, 1)$ の上を非常に均等に通過するので，一様分布しているように見える．もちろんこれは証明ではなく，それは読者に試みてもらいたい．多少関連した例として，練習 8 の $\sigma = 1/2$ の場合を見よ．

例 2 $\{r_n\}_{n=1}^{\infty}$ を区間 $[0, 1)$ における有理数の「任意の」順序付けとする．こ

のとき，
$$\xi_n = \begin{cases} r_{n/2}, & n \text{ は偶数}, \\ 0, & n \text{ は奇数} \end{cases}$$
で定義される列は，その「半分」が 0 であることより一様分布しない．しかしながら，この列は明らかに稠密である．

ここでようやく，この節の主定理を述べられるところにまで到達した．

定理 2.1 γ が無理数ならば，非整数部分の列 $\langle\gamma\rangle, \langle 2\gamma\rangle, \langle 3\gamma\rangle, \cdots$ は $[0, 1)$ において一様分布する．

特に，$\langle n\gamma\rangle$ は $[0, 1)$ で稠密であり，系としてクロネッカーの定理を得る．図 2 で，$\gamma = \sqrt{2}$ のときの点 $\langle\gamma\rangle, \langle 2\gamma\rangle, \langle 3\gamma\rangle, \cdots, \langle N\gamma\rangle$ の集合を，3 通りの N について図示しておいた．

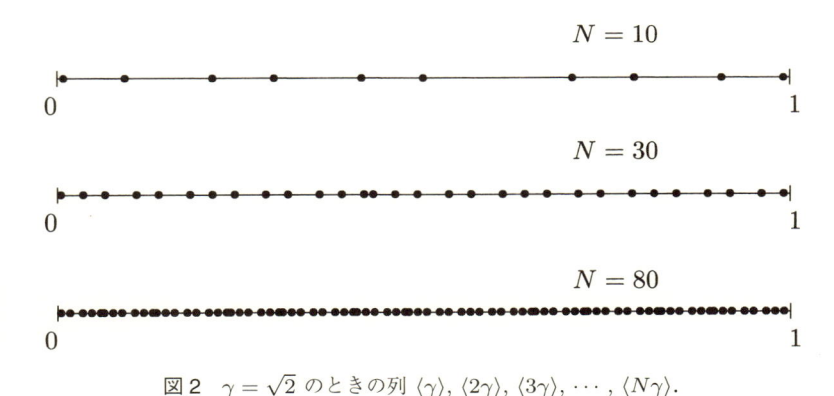

図 2 $\gamma = \sqrt{2}$ のときの列 $\langle\gamma\rangle, \langle 2\gamma\rangle, \langle 3\gamma\rangle, \cdots, \langle N\gamma\rangle$．

$(a, b) \subset [0, 1)$ を固定して，$\chi_{(a,b)}(x)$ を区間 (a, b) の定義関数，すなわち，(a, b) 上で 1 で $[0, 1) - (a, b)$ 上で 0 となる関数とする．この関数を周期的に (周期 1 で) $\mathbb{R}$ 上の関数に拡張する．この定義から
$$\#\{1 \leq n \leq N : \langle n\gamma\rangle \in (a, b)\} = \sum_{n=1}^{N} \chi_{(a,b)}(n\gamma)$$
となることがわかり，定理は

$$\frac{1}{N}\sum_{n=1}^{N}\chi_{(a,b)}(n\gamma) \to \int_0^1 \chi_{(a,b)}(x)\,dx, \qquad N\to\infty \text{ のとき}$$

の形の主張で再び定式化される．この段階で整数部分と関わることの困難は取り除かれ，数論が解析に帰着される．

事の核心は，以下の結果の中に存在する．

補題 2.2 f が連続かつ周期 1 で周期的であり，γ が無理数ならば，

$$\frac{1}{N}\sum_{n=1}^{N}f(n\gamma) \to \int_0^1 f(x)\,dx, \qquad N\to\infty \text{ のとき}$$

が成立する．

補題の証明は，3 段にわけて行う．

第 1 段 最初に f が $1, e^{2\pi i x}, \cdots, e^{2\pi i k x}, \cdots$ のいずれかの指数関数であるときに，この極限の妥当性を確かめておく．$f=1$ のときには，確かに成立する．$f=e^{2\pi i k x}$ で $k\neq 0$ のときには，積分値は 0 となる．γ は無理数であるので，$e^{2\pi i k \gamma}\neq 1$，したがって

$$\frac{1}{N}\sum_{n=1}^{N}f(n\gamma) = \frac{e^{2\pi i k\gamma}}{N}\frac{1-e^{2\pi i k N\gamma}}{1-e^{2\pi i k\gamma}}$$

が成立し，これは $N\to\infty$ のとき 0 に収束する．

第 2 段 f および g が補題をみたせば，任意の $A, B\in\mathbb{C}$ に対して $Af+Bg$ も補題をみたす．したがって，第 1 段より補題はすべての三角多項式に対して成立する．

第 3 段 $\varepsilon>0$ とする．f を任意の連続かつ周期 1 の周期関数とし，三角多項式 P を $\sup_{x\in\mathbb{R}}|f(x)-P(x)|<\varepsilon/3$ となるように選ぶ (第 2 章の系 5.4 により可能である)．このとき，第 1 段より，任意の大なる N に対して

$$\left|\frac{1}{N}\sum_{n=1}^{N}P(n\gamma) - \int_0^1 P(x)\,dx\right| < \varepsilon/3$$

が成立する．したがって，

$$\left|\frac{1}{N}\sum_{n=1}^{N}f(n\gamma) - \int_0^1 f(x)\,dx\right|$$

$$\leq \frac{1}{N} \sum_{n=1}^{N} |f(n\gamma) - P(n\gamma)|$$
$$+ \Big| \frac{1}{N} \sum_{n=1}^{N} P(n\gamma) - \int_0^1 P(x)\,dx \Big| + \int_0^1 |P(x) - f(x)|\,dx$$
$$< \varepsilon$$

となり，補題は証明された．

さて，定理の証明を完結させよう．二つの連続かつ周期1の関数 f_ε^+ と f_ε^- を，$\chi_{(a,b)}(x)$ を $[0,1)$ で上と下から近似するように選ぶ；f_ε^+ と f_ε^- はどちらも上から1で抑えられ，全長 2ε の区間以外では $\chi_{(a,b)}(x)$ と一致するものとする (図3 を見よ)．

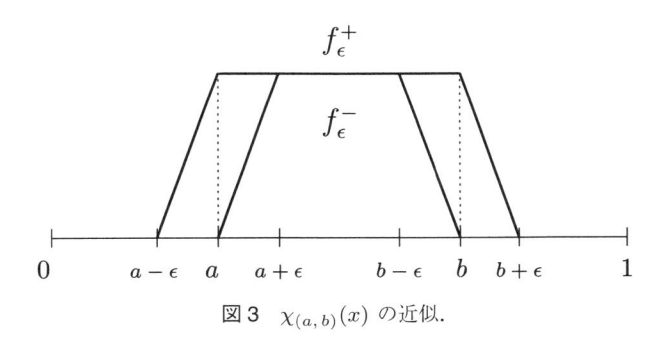

図3 $\chi_{(a,b)}(x)$ の近似．

特に，$f_\varepsilon^-(x) \leq \chi_{(a,b)}(x) \leq f_\varepsilon^+(x)$ で，
$$b - a - 2\varepsilon \leq \int_0^1 f_\varepsilon^-(x)\,dx \quad \text{および} \quad \int_0^1 f_\varepsilon^+(x)\,dx \leq b - a + 2\varepsilon$$
が成立する．$S_N = \dfrac{1}{N} \sum_{n=1}^{N} \chi_{(a,b)}(n\gamma)$ とするとき，
$$\frac{1}{N} \sum_{n=1}^{N} f_\varepsilon^-(n\gamma) \leq S_N \leq \frac{1}{N} \sum_{n=1}^{N} f_\varepsilon^+(n\gamma)$$
が成り立つ．したがって，
$$b - a - 2\varepsilon \leq \liminf_{N \to \infty} S_N \quad \text{および} \quad \limsup_{N \to \infty} S_N \leq b - a + 2\varepsilon$$
を得る．これは，任意の $\varepsilon > 0$ について成り立つので，極限 $\lim_{N \to \infty} S_N$ が存在し $b - a$ に等しくならなければならない．これで一様分布定理の証明は完結した．

この定理により，以下の結果が得られる．

系 2.3 補題 2.2 の結論は，[0, 1] 上でリーマン可積分かつ周期 1 の任意の関数に対して成立する．

証明 f を実数値関数とし，区間 [0, 1] の分割を考え，それを $0 = x_0 < x_1 < \cdots < x_n = 1$ とする．次に，$x \in [x_{j-1}, x_j)$ ならば $f_U(x) = \sup_{x_{j-1} \leq y \leq x_j} f(y)$ とおき，$x \in (x_{j-1}, x_j)$ に対しては $f_L(x) = \inf_{x_{j-1} \leq y \leq x_j} f(y)$ とおく．このとき，明らかに $f_L \leq f \leq f_U$ であり，

$$\int_0^1 f_L(x)\,dx \leq \int_0^1 f(x)\,dx \leq \int_0^1 f_U(x)\,dx$$

となる．さらに，この分割を十分にうまくとることにより，与えられた $\varepsilon > 0$ に対し

$$\int_0^1 f_U(x)\,dx - \int_0^1 f_L(x)\,dx \leq \varepsilon$$

となることが保証される．しかしながら，各 f_L は区間の定義関数の有限線形和であるので，定理より

$$\frac{1}{N} \sum_{n=1}^N f_L(n\gamma) \to \int_0^1 f_L(x)\,dx$$

を得る；同様に

$$\frac{1}{N} \sum_{n=1}^N f_U(n\gamma) \to \int_0^1 f_U(x)\,dx$$

が成立する．これら二つの主張より，前の近似の議論を用いて系の証明が完結する． ■

補題とその系に対する，簡単な力学系の言葉を用いた興味深い解釈が存在する．この例では，基礎空間は角度 θ によりパラメータ付けされた円周である．また，この空間から自分自身への写像を考える：ここでは，角度 $2\pi\gamma$ の回転 ρ, すなわち変換 $\rho : \theta \mapsto \theta + 2\pi\gamma$ を選ぶ．

次に，基本操作 ρ に関してこの空間がどのように時間発展するかを見てみたい．別の言い方をすれば，ρ の反復，すなわち $\rho, \rho^2, \rho^3, \cdots, \rho^n$ を考察したい．ただし

$$\rho^n = \rho \circ \rho \circ \cdots \circ \rho : \theta \mapsto \theta + 2\pi n\gamma$$

であり，操作 ρ^n を時刻 $t=n$ で行うものと考える．

円周上の各リーマン可積分関数 f に対し，回転 ρ^n の影響をそれぞれ対応付けることもでき，$f(\rho^n(\theta)) = f(\theta + 2\pi n\gamma)$ として関数の列

$$f(\theta),\ f(\rho(\theta)),\ f(\rho^2(\theta)),\ \cdots,\ f(\rho^n(\theta)),\ \cdots$$

を得る．この特殊な文脈におけるシステムの**エルゴード性**とは，「時間平均」

$$\lim_{N\to\infty} \frac{1}{N} \sum_{n=1}^{N} f(\rho^n(\theta))$$

が各 θ に対して存在し，「空間平均」

$$\frac{1}{2\pi} \int_0^{2\pi} f(\theta)\,d\theta$$

と γ が無理数である限り一致することとして述べられる．実際この主張は，$\theta = 2\pi x$ と変数変換したならば，系 2.3 の単なる言い換えに過ぎない．

一様分布列の問題に戻って，定理 2.1 の証明が以下の特徴づけを与えることを見てみよう．

ワイルの規準 $[0,1)$ 内の実数列 $\xi_1, \xi_2, \cdots$ が一様分布であるのは，すべての整数 $k \neq 0$ に対し

$$\frac{1}{N} \sum_{n=1}^{N} e^{2\pi i k \xi_n} \to 0, \qquad N \to \infty \text{ のとき}$$

が成立するときであり，またそのときに限る．

この定理の一方向は上において事実上示されており，その逆は練習 7 にある．特に，列 ξ_n の一様分布性を理解するためには，対応する「指数和」$\sum_{n=1}^{N} e^{2\pi i k \xi_n}$ の大きさを評価すれば十分であることがわかる．たとえば，ワイルの規準を用いることにより，列 $\langle n^2 \gamma \rangle$ は γ が無理数である限り一様分布することが示される．これを含むその他の例は，練習 8 および 9，また問題 2 および 3 にある．

最後の注意として，$\langle n\gamma \rangle$ の分布の性質に対する，ある鮮やかな幾何的解釈についてのべよう．正方形の各辺は鏡の反射の性質をもち，光線がその正方形の中に点を残していくものとする．この光線は，どのような種類の道筋を描くであろうか？

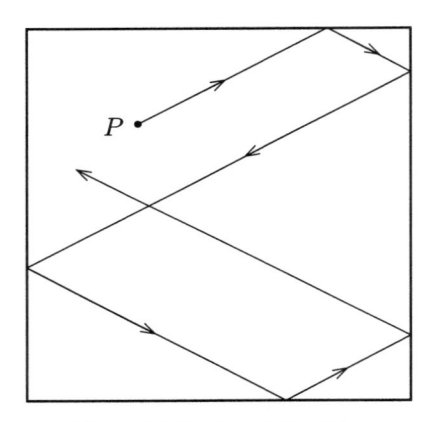

図4 正方形の中の光線の反射.

この問題を解くための主となる考え方は，もともとの正方形を何度も各辺で折り返すことによって平面の碁盤目を考えることにある．軸を適当に選ぶことにより，正方形内に光線によって描かれる軌跡は，平面内の直線 $P + (t, \gamma t)$ に対応する．その結果，読者はその道筋が閉かつ周期的であるか，または正方形内で稠密であるかのいずれかであることを見ることができるであろう．これらのうち1番目の状況は，(正方形の各辺のうちどれか一つに対して定まる) 光線の初期方向の傾き γ が有理数であるときに起こり，またそのときに限る．2番目の状況は，γ が無理数のときであり，稠密性はクロネッカーの定理により導かれる．一様分布定理からは，どのようなより強い結果が得られるのであろうか？

3. 連続であるがいたるところ微分不可能な関数

連続関数で1点で微分可能でない関数としては，$f(x) = |x|$ など多くの明らかな例が存在する．与えられた任意の有限個の点の集合，あるいは可算個の点を含む適当な集合上で微分不可能な連続関数を構成することも，ほぼ同様に容易である．いたるところ微分不可能な連続関数が存在するかどうかは，やや微妙な問題である．1861年にリーマンは，

$$(5) \qquad R(x) = \sum_{n=1}^{\infty} \frac{\sin(n^2 x)}{n^2}$$

によって定義される関数がいたるところ微分不可能であると予想した．彼がこの関数を考察するに至った理由は，第 5 章で導入されるテータ関数との密接な関連から来るものであった．リーマンは証明を与えはしなかったが，講義の中においてこの例について述べている．これがワイエルシュトラスの興味を刺激し，それを証明する試みの過程において，連続ではあるがいたるところ微分不可能な関数の最初の例を偶然に発見したのである．仮に $0 < b < 1$ であり a が 1 より大きい整数であるものとする．1872 年に彼は，$ab > 1 + 3\pi/2$ ならば関数

$$W(x) = \sum_{n=1}^{\infty} b^n \cos(a^n x)$$

がいたるところ微分不可能であることを証明した．

しかしながら，この物語はリーマンのもともとの関数に関して言及することなくしては完結しない．1916 年にハーディは，R は π のすべての無理数倍において，また π のある有理数倍においても，微分不可能であることを示した．しかしながら，その後それほど年数を経ることなく，1969 年にガーバーがまず R が π の有理数倍で二つの奇数 p と q によって $\pi p/q$ と表されるところでは実際に微分可能であることを示し，次にそれ以外の場合すべてにおいては R が微分不可能であることを示すことにより，この問題を完全に解決した．

この節では，次の定理を証明する．

定理 3.1 $0 < \alpha < 1$ ならば，関数

$$f_\alpha(x) = f(x) = \sum_{n=0}^{\infty} 2^{-n\alpha} e^{i 2^n x}$$

は連続かついたるところ微分不可能である．

連続性は，級数が絶対収束するので明らかである．われわれが必要とする f の極めて重要な性質は，そのフーリエ係数の多くが消えているということである．この関数やあるいは $W(x)$ のように，多くの項が飛ばされているフーリエ級数のことを**間隙フーリエ級数**と呼ぶ．

定理の証明は，フーリエ級数の三つの総和法の話そのものである．まず，部分和 $S_N(g) = g * D_N$ を用いた通常の収束がある．次に，フェイェール核 F_N を用いたチェザロ総和可能性 $\sigma_N(g) = g * F_N$ がある．第 3 の方法は，明らかに 2 番目の方法と関連しているのだが，

$$\triangle_N(g) = 2\sigma_{2N}(g) - \sigma_N(g)$$

で定義される**遅延平均**に関わるものである．このとき，$\triangle_N(g) = g * [2F_{2N} - F_N]$ である．これらの方法は，図5を見ると最もわかりやすい．

$g(x) \sim \sum a_n e^{inx}$ とする．このとき：

- S_N は，項 $a_n e^{inx}$ に $|n| \leq N$ ならば1を，$|n| > N$ ならば0を掛けることにより得られる．
- σ_N は，項 $a_n e^{inx}$ に $|n| \leq N$ ならば $1 - |n|/N$ を，$|n| > N$ に対しては0を掛けることにより得られる．
- $\triangle_N$ は，項 $a_n e^{inx}$ に $|n| \leq N$ ならば1を，$N \leq |n| \leq 2N$ に対しては $2(1 - |n|/(2N))$ を，$|n| > 2N$ に対しては0を掛けることにより得られる．

たとえば，
$$\begin{aligned}
\sigma_N(g)(x) &= \frac{S_0(g)(x) + S_1(g)(x) + \cdots + S_{N-1}(g)(x)}{N} \\
&= \frac{1}{N} \sum_{\ell=0}^{N-1} \sum_{|k| \leq \ell} a_k e^{ikx} \\
&= \frac{1}{N} \sum_{|n| \leq N} (N - |n|) a_n e^{inx} \\
&= \sum_{|n| \leq N} \left(1 - \frac{|n|}{N}\right) a_n e^{inx}
\end{aligned}$$

に注意せよ．その他の主張の証明も同様である．

遅延平均は二つの重要な特徴をもっている．一方では，それらの特徴はチェザロ平均のもつ(よい)特徴と密接に関係している．他方，f における場合のように間隙性をもつ級数にとっては，遅延平均は本質的に部分和に等しい．特に，われわれの関数 $f = f_\alpha$ に対しては，N' を $N' \leq N$ で 2^k の形をもつ最大の整数とするとき，

(6) $$S_N(f) = \triangle_{N'}(f)$$

となることに注意する．このことは，f の定義を検討してみることにより明らかである．

第 4 章　フーリエ級数のいくつかの応用　115

部分和
$$S_N(g)(x) = \sum_{|n|\le N} a_n e^{inx}$$

チェザロ平均
$$\sigma_N(g)(x) = \sum_{|n|\le N} \left(1 - \frac{|n|}{N}\right) a_n e^{inx}$$

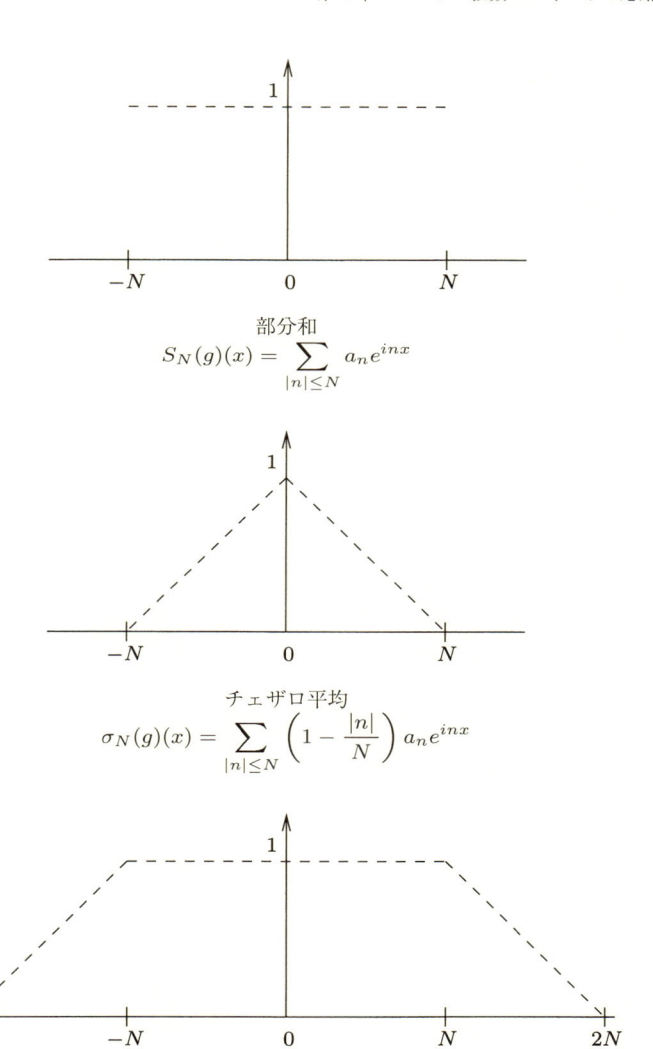

遅延平均
$$\triangle_N(g)(x) = 2\sigma_{2N}(g)(x) - \sigma_N(g)(x)$$

図 5　三つの総和法.

定理の証明に戻って，これを背理法により議論しよう；すなわち，ある点 x_0 において $f'(x_0)$ が存在するものと仮定する．

補題 3.2 g を x_0 において微分可能な任意の連続関数とする．このとき，チェザロ平均は $\sigma_N(g)'(x_0) = O(\log N)$ をみたし，それゆえ

$$\triangle_N(g)'(x_0) = O(\log N)$$

が成立する．

証明 まず，F_N をフェイェール核として

$$\sigma_N(g)'(x_0) = \int_{-\pi}^{\pi} F_N'(x_0 - t) g(t)\, dt = \int_{-\pi}^{\pi} F_N'(t) g(x_0 - t)\, dt$$

が成立する．F_N は周期的なので，$\int_{-\pi}^{\pi} F_N'(t)\, dt = 0$ が成り立ち，これより

$$\sigma_N(g)'(x_0) = \int_{-\pi}^{\pi} F_N'(t)[g(x_0 - t) - g(x_0)]\, dt$$

を得る．g が x_0 で微分可能であるという仮定からは

$$|\sigma_N(g)'(x_0)| \leq C \int_{-\pi}^{\pi} |F_N'(t)|\, |t|\, dt$$

を得る．ここで，F_N' が二つの評価式

$$|F_N'(t)| \leq AN^2 \quad \text{および} \quad |F_N'(t)| \leq \frac{A}{|t|^2}$$

をみたすことを見よ．最初の不等式は，F_N が係数が 1 で抑えられる N 次の三角多項式であることを思い出せ．これより，F_N' は係数が N を超えない N 次の三角多項式となる．したがって $|F'(t)| \leq (2N+1)N \leq AN^2$ となる．

2 番目の不等式については，

$$F_N(t) = \frac{1}{N} \frac{\sin^2(Nt/2)}{\sin^2(t/2)}$$

を思い出そう．この表現式を微分することによって，二つの項を得る：

$$\frac{\sin(Nt/2)\cos(Nt/2)}{\sin^2(t/2)} - \frac{1}{N} \frac{\cos(t/2) \sin^2(Nt/2)}{\sin^3(t/2)}.$$

ここで，$|\sin(Nt/2)| \leq CN|t|$ かつ $|\sin(t/2)| \geq c|t|$ ($|t| \leq \pi$ に対して) となる事実を用いれば，$F_N'(t)$ に対する求めるべき評価を得る．

これらすべての評価を用いることにより，

$$|\sigma_N(g)'(x_0)| \leq C \int_{|t|\geq 1/N} |F_N'(t)| \, |t| \, dt + C \int_{|t|\leq 1/N} |F_N'(t)| \, |t| \, dt$$
$$\leq CA \int_{|t|\geq 1/N} \frac{dt}{|t|} + CAN \int_{|t|\leq 1/N} dt$$
$$= O(\log N) + O(1)$$
$$= O(\log N)$$

となることがわかる．いったん $\triangle_N(g)$ の定義に立ちかえれば，補題の証明は完結する． ∎

補題 3.3 $2N = 2^n$ とするとき
$$\triangle_{2N}(f) - \triangle_N(f) = 2^{-n\alpha} e^{i2^n x}$$
が成り立つ．

これは，$\triangle_{2N}(f) = S_{2N}(f)$ かつ $\triangle_N(f) = S_N(f)$ であることより，前に見ておいた (6) より得られる．

さて，最初の補題により
$$\triangle_{2N}(f)'(x_0) - \triangle_N(f)'(x_0) = O(\log N)$$
が得られ，2 番目の補題もまた
$$|\triangle_{2N}(f)'(x_0) - \triangle_N(f)'(x_0)| = 2^{n(1-\alpha)} \geq cN^{1-\alpha}$$
を導く．$N^{1-\alpha}$ は $\log N$ より早く増大するから，これが求めていた矛盾である．

われわれの関数 $f_\alpha(x) = \sum_{n=0}^{\infty} 2^{-n\alpha} e^{i2^n x}$ に関して，補足的な注意をしておこう．

この関数は，上における例 R および W などとは対照的に複素数値関数であり，f_α がいたるところ微分不可能だからといって，同じことがその実部や虚部に対しても成立するとは限らない．しかしながら，ここでの証明を少し修正することにより，実際に f_α の実部
$$\sum_{n=0}^{\infty} 2^{-n\alpha} \cos 2^n x,$$
および虚部もろとも，同様にいたるところ微分不可能であることが示される．このことを見るには，まず同じ証明により補題 3.2 が以下の一般化をもつことを確かめよ：g が連続関数で x_0 において微分可能であるならば
$$\triangle_N(g)'(x_0 + h) = O(\log N), \qquad |h| \leq c/N \text{ である限り}$$

が成り立つ．上と同様 $\triangle_{2N}(F) - \triangle_N(F) = 2^{-n\alpha}\cos 2^n x$ であることに注意して，$F(x) = \sum_{n=0}^{\infty} 2^{-n\alpha}\cos 2^n x$ に関して議論を続ける；結論として，F が x_0 で微分可能であると仮定して，$2N = 2^n$ かつ $|h| \leq c/N$ のとき

$$|2^{n(1-\alpha)}\sin(2^n(x_0 + h))| = O(\log N)$$

が得られる．矛盾を導くには，h を $|\sin(2^n(x_0 + h))| = 1$ となるように選ぶだけでよい；これは δ を $2^n x_0$ から $(k+1/2)\pi,\ k \in \mathbb{Z}$ の形をした数の中で最も近いものまでの距離とし（それゆえ $\delta \leq \pi/2$），$h = \pm\delta/2^n$ ととることにより実現される．

$\alpha > 1$ のときには明らかに級数が項別微分可能であることにより，f_α は連続微分可能となる．最後に，$\alpha < 1$ のときに示したいたるところ微分不可能性は，議論をうまく洗練することにより（第 5 章の問題 8 を見よ），実際に $\alpha = 1$ のときにまで拡張することができる．実際，これらのより精巧な方法を用いることにより，ワイエルシュトラスの関数 W が，$ab \geq 1$ ならばいたるところ微分不可能であることも示される．

4. 円周上の熱方程式

最後の実例として，もともとフーリエによって考察された熱拡散の問題に戻ることにしよう．

ある環の上に，$t = 0$ における熱の初期分布が与えられたとし，環のそれぞれの点における時刻 $t > 0$ での温度を記述するように求められたとする．

環のモデルとして単位円周をとる．この円周上の点は，変数 x を 0 と 1 の間にとることにより，点の角度 $\theta = 2\pi x$ により記述される．$u(t, x)$ により時刻 t での角度 θ で表される点における温度を表すものとするとき，第 1 章で与えられた議論と類似の考察により，u が微分方程式

(7) $$\frac{\partial u}{\partial t} = c\frac{\partial^2 u}{\partial x^2}$$

をみたすことがわかる．定数 c は正の物理定数で，環が作られている物質に依存して定まる（第 1 章の第 2.1 節を見よ）．時間変数をリスケールすることにより，$c = 1$ と仮定してよい．f が初期データであるときには，条件

$$u(x, 0) = f(x)$$

を課す．この問題を解くために，変数を分離して，

$$u(x, t) = A(x)B(t)$$

の形をした特殊解を探すことにする．この u の表現を熱方程式に代入すれば

$$\frac{B'(t)}{B(t)} = \frac{A''(x)}{A(x)}$$

を得る．これより両辺は定数となるから，たとえば λ に等しいものとする．A は周期 1 の周期関数でなくてはならないので，$n \in \mathbb{Z}$ として $\lambda = -4\pi^2 n^2$ の場合のみが許される．このとき，A は指数関数 $e^{2\pi i n x}$ および $e^{-2\pi i n x}$ の線形和となり，$B(t)$ は $e^{-4\pi^2 n^2 t}$ の倍数となる．これらの解を重ね合わせることにより，

(8) $$u(x, t) = \sum_{n=-\infty}^{\infty} a_n e^{-4\pi^2 n^2 t} e^{2\pi i n x}$$

に到達するが，$t = 0$ とおくことにより $\{a_n\}$ は f のフーリエ係数であることがわかる．

f がリーマン可積分であるときには係数 a_n は有界であり，$e^{-4\pi^2 n^2 t}$ の因子はものすごく早く 0 に近づくので，この u を定義する級数は収束する．実際，この場合 u は 2 階微分可能で，方程式 (7) の解となる．

次は，境界条件に関する自然な問いである：t が 0 に近づくとき，$u(x, t) \to f(x)$ は成立するか？またどのような意味で？パーセヴァルの等式の簡単な応用として，極限は平均二乗収束の意味で成立することがわかる (練習 11)．われわれの解 (8) をよりよく理解するために，これを

$$u(x, t) = (f * H_t)(x)$$

と書くことにするが，ここで H_t は

(9) $$H_t(x) = \sum_{n=-\infty}^{\infty} e^{-4\pi^2 n^2 t} e^{2\pi i n x}$$

により定義される**円周上の熱核**であり，また周期 1 の関数どおしの畳み込みを

$$(f * g)(x) = \int_0^1 f(x - y) g(y) \, dy$$

により定義する．熱核とポアソン核 (第 2 章) の類似性は練習 12 で与えられる．しかしポアソン核の場合とは異なり，熱核に関する初等的な公式は存在しない．にもかかわらず，これは (第 2 章の意味で) 良い核であることがわかる．その証明

は明らかではなく，それには第 5 章で取り上げられる有名なポアソンの和公式を用いる必要がある．系として H_t はいたるところで正値であることがわかるが，これはその定義式 (9) からは明らかではない事実である．しかし，H_t の正値性に関しては以下の発見的方法で議論することができる．いたるところ 0 以下であるような初期温度分布 f から出発したとする．このとき，熱は暑いところから冷たいところへと流れるので，すべての $t > 0$ において $u(x, t) \leq 0$ となることを期待するのは物理的に自然である．今，

$$u(x, t) = \int_0^1 f(x-y) H_t(y) \, dy$$

である．もし，H_t がある点 x_0 で負であったとすると，$f \leq 0$ を x_0 の近くに台をもつように選んでもよく，このとき $u(x_0, t) > 0$ となって矛盾が導かれる．

5. 練習

1. $\gamma : [a, b] \to \mathbb{R}^2$ を閉曲線 Γ のパラメータ付けとする.

(a) γ が弧長によるパラメータ付けとなるのは，$\gamma(a)$ から $\gamma(s)$ までの曲線の長さがちょうど $s - a$ となるとき，すなわち

$$\int_a^s |\gamma'(t)| \, dt = s - a$$

となるときであり，またこのときに限る.

(b) 任意の曲線 Γ が弧長によりパラメータ付けられることを証明せよ.
[ヒント：η を任意のパラメータ付けとして，$h(s) = \int_a^s |\eta'(t)| \, dt$ とおき，$\gamma = \eta \circ h^{-1}$ を考えよ.]

2. $\gamma : [a, b] \to \mathbb{R}^2$ を閉曲線 Γ のパラメータ付けとし，$\gamma(t) = (x(t), y(t))$ とする.

(a)
$$\frac{1}{2} \int_a^b (x(s)y'(s) - y(s)x'(s)) \, ds = \int_a^b x(s)y'(s) \, ds$$
$$= -\int_a^b y(s)x'(s) \, ds$$

を示せ.

(b) γ の逆向きのパラメータ付け $\gamma^- : [a, b] \to \mathbb{R}^2$ を，$\gamma^-(t) = \gamma(b + a - t)$ で定義する．γ^- の像は Γ そのものであるが，点 $\gamma^-(t)$ と点 $\gamma(t)$ は逆向きに進行する．このように，γ^- は曲線の方向を「逆向きにする」.

$$\int_\gamma (x\,dy - y\,dx) = -\int_{\gamma^-} (x\,dy - y\,dx)$$

を証明せよ.

特に, (必要ならば向きを変えることにより)

$$\mathcal{A} = \frac{1}{2}\int_a^b (x(s)y'(s) - y(s)x'(s))\,ds = \int_a^b x(s)y'(s)\,ds$$

としてもよい.

3. Γ を平面上の曲線とし,また座標 x と y が存在して,x 軸がその曲線を $0 \leq x \leq 1$ での二つの連続関数 $y = f(x)$ および $y = g(x)$ で $f(x) \geq g(x)$ となるもののグラフの和集合に分割するものとする (図 6 を見よ). Ω で,これら二つの関数のグラフにはさまれる領域を表すものとする:

$$\Omega = \{(x, y) : 0 \leq x \leq 1 \quad かつ \quad g(x) \leq y \leq f(x)\}.$$

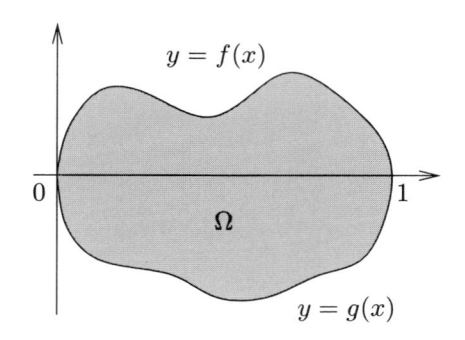

図 6　簡単な場合の面積公式.

積分 $\int h(x)\,dx$ が関数 h のグラフの下の部分の面積を表すというよく知られた解釈により,Ω の面積は $\int_0^1 f(x)\,dx - \int_0^1 g(x)\,dx$ であることがわかる.この定義が本文で与えられた面積公式 $\mathcal{A}$ と一致すること,すなわち,

$$\int_0^1 f(x)\,dx - \int_0^1 g(x)\,dx = \left|-\int_\Gamma y\,dx\right| = \mathcal{A}$$

を示せ.また,その曲線の向きを Ω が Γ の「左手に見える」ように選ぶとき,上の公式は絶対値をとらなくても成立することに注意せよ.

この公式は,上の Ω のような領域の有限個の和集合で表される,任意の集合にまで一般化可能である.

4. 本文中の ℓ および $\mathcal{A}$ の定義に関して,等周不等式は Γ が単純でないときであっても (同じ証明により) やはり成立することを見てみよう.

強い意味での等周不等式がヴィルティンガーの不等式と同値であること,すなわち f が 2π 周期で,C^1 級であり,$\int_0^{2\pi} f(t)\,dt = 0$ ならば,

$$\int_0^{2\pi} |f(t)|^2\,dt \le \int_0^{2\pi} |f'(t)|^2\,dt$$

が成り立ち,等号は $f(t) = A\sin t + B\cos t$ のときで,このときに限る (第 3 章,練習 11) ことを示せ.
[ヒント:一つの方針として,曲線の長さが 2π で γ が適当な弧長によるパラメータ付けであるとき,

$$2(\pi - \mathcal{A}) = \int_0^{2\pi} [x'(s) + y(s)]^2\,ds + \int_0^{2\pi} (y'(s)^2 - y(s)^2)\,ds$$

が成り立つことに注意せよ.変数変換により,$\int_0^{2\pi} y(s)\,ds = 0$ が保証される.別の方針としては,ヴィルティンガーの不等式の仮定をみたす実数値関数 f から出発して,2π 周期でかつ上の式で大括弧の中の項が消えるように g を構成せよ.]

5. γ_n を

$$\left(\frac{1+\sqrt{5}}{2}\right)^n$$

の非整数部分とするとき,列 $\{\gamma_n\}_{n=1}^{\infty}$ は $[0,1]$ で一様分布しないことを証明せよ.
[ヒント:$U_n = \left(\frac{1+\sqrt{5}}{2}\right)^n + \left(\frac{1-\sqrt{5}}{2}\right)^n$ は,差分方程式 $U_{r+1} = U_r + U_{r-1}$ の $U_0 = 2$ および $U_1 = 1$ としたときの解であることを示せ.U_n はフィボナッチ数と同じ差分方程式をみたす.]

6. $\theta = p/q$ を有理数とし,p と q は互いに素な整数であるもの (すなわち,θ は既約分数) とする.一般性を失うことなく,$q > 0$ としてよい.$[0,1)$ での数列を $\xi_n = \langle n\theta \rangle$ で定義する.ここで,$\langle \cdot \rangle$ は非整数部分を表す.列 $\{\xi_1, \xi_2, \cdots\}$ は

$$0,\ 1/q,\ 2/q,\ \cdots,\ (q-1)/q$$

の形の点の集合において,一様分布することを示せ.実際,任意の $0 \le a < q$ に対して,

$$\frac{\#\{n : 1 \le n \le N, \langle n\theta \rangle = a/q\}}{N} = \frac{1}{q} + O\left(\frac{1}{N}\right)$$

となることを証明せよ.
[ヒント:各整数 $k \ge 0$ に対し,整数 n で $kq \le n < (k+1)q$ をみたし $\langle n\theta \rangle = a/q$ となるものが唯一つ存在する.$k = 0$ とできるのはなぜか? n の存在は,p と q が互い

に素な整数のときある整数 x, y で $xp + yq = 1$ となるものが存在するという事実[1])を用いて証明せよ．次に N を q で割り算して余りを出す，すなわち $N = \ell q + r$, ただし $0 \leq \ell,\ 0 \leq r < q$ と書く．不等式
$$\ell \leq \#\{n : 1 \leq n \leq N, \langle n\theta \rangle = a/q\} \leq \ell + 1$$
を確かめよ．]

7. ワイルの規準の 2 番目の場合を証明せよ：$[0, 1)$ 上の数列 $\xi_1, \xi_2, \cdots$ が一様分布であるならば，任意の $k \in \mathbb{Z} - \{0\}$ に対して
$$\frac{1}{N} \sum_{n=1}^{N} e^{2\pi i k \xi_n} \to 0, \qquad N \to \infty \text{ のとき．}$$
[ヒント：任意の連続関数 f に対して，$\dfrac{1}{N} \sum_{n=1}^{N} f(\xi_n) \to \displaystyle\int_0^1 f(x)\,dx$ を示せば十分である．まず，f がある区間の定義関数である場合にこれを証明せよ．]

8. 任意の $a \neq 0$ および $0 < \sigma < 1$ となる σ に対して，列 $\langle an^\sigma \rangle$ は $[0, 1)$ で一様分布することを示せ．
[ヒント：$b \neq 0$ ならば $\displaystyle\sum_{n=1}^{N} e^{2\pi i b n^\sigma} = O(N^\sigma) + O(N^{1-\sigma})$ を証明せよ．]
実際，以下に注意せよ．
$$\sum_{n=1}^{N} e^{2\pi i b n^\sigma} - \int_1^N e^{2\pi i b x^\sigma}\,dx = O\Big(\sum_{n=1}^{N} n^{-1+\sigma}\Big).$$

9. 練習 8 の結果とは異なり，$\langle a \log n \rangle$ はいかなる a に対しても一様分布しないことを証明せよ．
[ヒント：和 $\displaystyle\sum_{n=1}^{N} e^{2\pi i b \log n}$ を，対応する積分と比較せよ．]

10. f を $\mathbb{R}$ 上の周期 1 の周期関数とし，$\{\xi_n\}$ を $[0, 1)$ で一様分布する列とする．以下を証明せよ：
 (a) f が連続かつ $\displaystyle\int_0^1 f(x)\,dx = 0$ をみたすとき，
$$\lim_{N \to \infty} \frac{1}{N} \sum_{n=1}^{N} f(x + \xi_n) = 0, \qquad x \text{ に関して一様．}$$
[ヒント：この結果を三角多項式に対して証明せよ．]

---
1) この練習で用いられる数論における初等的な結果は，第 8 章の冒頭にある．

(b) f は単に $[0,1]$ で可積分でかつ $\int_0^1 f(x)\,dx = 0$ をみたすとき，
$$\lim_{N\to\infty}\int_0^1 \Big|\frac{1}{N}\sum_{n=1}^N f(x+\xi_n)\Big|^2 dx = 0.$$

11. H_t は熱核，f はリーマン可積分関数とし，$u(x,t) = (f * H_t)(x)$ とするとき，
$$\int_0^1 |u(x,t) - f(x)|^2\,dx \to 0, \qquad t \to 0 \text{ のとき}$$
であることを示せ．

12. (8) で変数変換することにより，方程式
$$\frac{\partial u}{\partial \tau} = \frac{\partial^2 u}{\partial \theta^2}, \qquad 0 \le \theta \le 2\pi \quad \text{および} \quad \tau > 0$$
の境界条件 $u(\theta,0) = f(\theta) \sim \sum a_n e^{in\theta}$ に対する解として，
$$u(\theta,\tau) = \sum a_n e^{-n^2\tau} e^{in\theta} = (f * h_\tau)(\theta)$$
が得られる．ここで $h_\tau(\theta) = \sum\limits_{n=-\infty}^{\infty} e^{-n^2\tau} e^{in\theta}$ である．この $[0,2\pi]$ 上の熱核はポアソン核の類似物であり，$r = e^{-\tau}$ として $P_r(\theta) = \sum\limits_{n=-\infty}^{\infty} e^{-|n|\tau} e^{in\theta}$ と表される（そして，$0 < r < 1$ は $\tau > 0$ に対応する）．

13. 核 $H_t(x)$ が良い核であるという事実，したがって $u(x,t) \to f(x)$ が f が連続となる各点において成立することを証明するのは，容易なことではない．このことは，次の章において示される．しかしながら，$H_t(x)$ が $t \to 0$ のとき $x = 0$ において以下の意味において「とがる」ことは，直接証明することができる：

(a) $\int_{-1/2}^{1/2} |H_t(x)|^2\,dx$ が，$t \to 0$ のとき，$t^{-1/2}$ の規模の位数であることを示せ．より正確には，$t^{1/2}\int_{-1/2}^{1/2}|H_t(x)|^2\,dx$ が，$t \to 0$ のとき，0 ではない極限値に収束することを示せ．

(b) $t \to 0$ のとき，$\int_{-1/2}^{1/2} x^2 |H_t(x)|^2\,dx = O(t^{1/2})$ を証明せよ．

[ヒント：(a) については，$c > 0$ として和 $\sum\limits_{-\infty}^{\infty} e^{-cn^2 t}$ と積分 $\int_{-\infty}^{\infty} e^{-cx^2 t}\,dx$ を比較せよ．(b) については，$-1/2 \le x \le 1/2$ に対する $x^2 \le C(\sin \pi x)^2$ を用い，平均値の定理を $e^{-cx^2 t}$ に対して適用せよ．]

6. 問題

1.[*] この問題は，曲線の幾何とフーリエ級数のもう一つの関係を探るものである．$[-\pi, \pi]$ 上 $\gamma(t) = (x(t), y(t))$ によりパラメータ付けられた閉曲線 Γ の直径を

$$d = \sup_{P,Q \in \Gamma} |P - Q| = \sup_{t_1, t_2 \in [-\pi, \pi]} |\gamma(t_1) - \gamma(t_2)|$$

により定義する．a_n を $\gamma(t) = x(t) + iy(t)$ の第 n フーリエ級数とし，ℓ を Γ の長さとするとき，

(a) すべての $n \neq 0$ に対して $2|a_n| \leq d$.
(b) Γ が凸ならば，$\ell \leq \pi d$.

性質 (a) は $2a_n = \dfrac{1}{2\pi} \displaystyle\int_{-\pi}^{\pi} [\gamma(t) - \gamma(t + \pi/n)] e^{-int} \, dt$ となる事実から得られる．

等式 $\ell = \pi d$ は Γ が円周のときに成立するが，驚くべきことにこれが唯一の場合ではない．実際，$\ell = \pi d$ は $2|a_1| = d$ と同値であることがわかる．$a_1 = 1$ となるように正規化すれば，$d = 2$ が γ の導関数が

$$\gamma'(t) = ie^{it}(1 + r(t))$$

の形をもつときに成立し，このときに限ることがわかる．ただし，r は $r(t) + r(t+\pi) = 0$ および $|r(t)| \leq 1$ をみたす実数値関数である．(さらに，パラメータ付け γ は，各 $t \in [-\pi, \pi]$ における Γ との接方向が，y 軸に対して角度 t となるように選ばれているものとする．)

図 7(a) は $r(t) = \cos 5t$ とおいたときの曲線を表す．また図 7(b) は，$-\pi \leq s \leq 0$ では $h(s) = -1$ で $0 < s < \pi$ では $h(s) = 1$ として，$r(t) = h(3t)$ としたときの曲線からできている．この (区分的に C^1 級であるにすぎない) 曲線はルーローの三角形として知られており，幅が一定の曲線で円ではないものの古典的な例となっている．

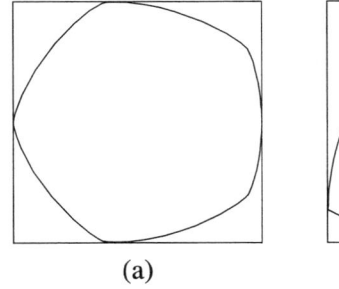

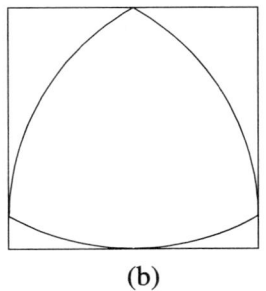

図 7 与えられた直径に対して長さが最大となるいくつかの曲線．

2.* ここで，興味深い結果へとつながる，ワイルによるある評価を示しておこう．

(a) $S_N = \sum_{n=1}^{N} e^{2\pi i f(n)}$ とする．$H \leq N$ に対して，N, H および f によらないある定数 $c > 0$ に関し

$$|S_N|^2 \leq c\frac{N}{H} \sum_{h=0}^{H} \Big| \sum_{n=1}^{N-h} e^{2\pi i (f(n+h)-f(n))} \Big|$$

となることを示せ．

(b) この評価を用いて，γ が無理数であれば列 $\langle n^2\gamma \rangle$ が $[0, 1)$ で一様分布することを示せ．

(c) より一般に，$\{\xi_n\}$ が実数列で，任意の正の整数 h に対し差 $\langle \xi_{n+h} - \xi_n \rangle$ が $[0, 1)$ で一様分布するならば，$\langle \xi_n \rangle$ もまた $[0, 1)$ で一様分布することを示せ．

(d) $P(x) = c_n x^n + \cdots + c_0$ は実係数の多項式であり，$c_1, \cdots, c_n$ のうち少なくとも一つは無理数であるとする．このとき，列 $\langle P(n) \rangle$ は $[0, 1)$ で一様分布する．

[ヒント：(a) については，$1 \leq n \leq N$ のときは $a_n = e^{2\pi i f(n)}$，それ以外では 0 とおく．ここで，$H \sum_n a_n = \sum_{k=1}^{H} \sum_n a_{n+k}$ と書いて，コーシー-シュヴァルツの不等式を適用せよ．(b) については，$(n+h)^2\gamma - n^2\gamma = 2nh\gamma + h^2\gamma$ に注意して，各整数 h に対して列 $\langle 2nh\gamma \rangle$ が一様分布する事実を用いよ．最後に，(d) を証明するためには，まず c_1 を無理数として $P(x) = Q(x) + c_1 x + c_0$ と仮定し，指数和 $\sum_{n=1}^{N} e^{2\pi i k P(n)}$ を評価せよ．そして，無理数係数をもつ項で最高次なものに関する帰納法により議論し，(c) を用いよ．]

3.* $\sigma > 0$ が整数でなく $a \neq 0$ ならば，$\langle an^\sigma \rangle$ は $[0, 1)$ で一様分布する．練習 8 も見よ．

4. 連続であるがいたるところ微分不可能な関数の初等的な構成法は，「特異性の積み上げ」によって以下のようにして得られる．

$[-1, 1]$ 上で関数

$$\varphi(x) = |x|$$

を考え，周期 2 の周期関数となるように φ を $\mathbb{R}$ まで拡張する．明らかに，φ は $\mathbb{R}$ 上連続かつ任意の x に対して $|\varphi(x)| \leq 1$ であり，したがって

$$f(x) = \sum_{n=0}^{\infty} \Big(\frac{3}{4}\Big)^n \varphi(4^n x)$$

により定義される関数 f は $\mathbb{R}$ 上連続である．

(a) $x_0 \in \mathbb{R}$ を固定する．任意の正の整数 m に対して，$\delta_m = \pm \frac{1}{2} 4^{-m}$ とおき，符号は $4^m x_0$ と $4^m(x_0 + \delta_m)$ との間には整数が来ないように選ぶ．商

$$\gamma_n = \frac{\varphi(4^n(x_0 + \delta_m)) - \varphi(4^n x_0)}{\delta_m}$$

を考える．$n > m$ ならば $\gamma_n = 0$ であり，$0 \leq n \leq m$ に対しては $|\gamma_n| \leq 4^n$，特に $|\gamma_m| = 4^m$ となることを証明せよ．

(b) 上での考察により，評価式

$$\left| \frac{f(x_0 + \delta_m) - f(x_0)}{\delta_m} \right| \geq \frac{1}{2}(3^m + 1)$$

を証明し，結論として f が x_0 で微分不可能であることを示せ．

5. f を，区間 $[-\pi, \pi]$ 上のリーマン可積分関数とする．f のフーリエ級数の一般化遅延平均を

$$\sigma_{N,K} = \frac{S_N + \cdots + S_{N+K-1}}{K}$$

により定義する．特に，$\triangle_N$ を第3節でとりあげた遅延平均として，

$$\sigma_{0,N} = \sigma_N, \quad \sigma_{N,1} = S_N, \quad \text{かつ} \quad \sigma_{N,N} = \triangle_N$$

となることに注意する．

(a)

$$\sigma_{N,K} = \frac{1}{K}((N+K)\sigma_{N+K} - N\sigma_N)$$

かつ

$$\sigma_{N,K} = S_N + \sum_{N+1 \leq |\nu| \leq N+K-1} \left(1 - \frac{|\nu| - N}{K}\right) \hat{f}(\nu) e^{i\nu\theta}$$

を示せ．この最後の $\sigma_{N,K}$ の表現から，任意の $N \leq M < N+K$ に対して

$$|\sigma_{N,K} - S_M| \leq \sum_{N+1 \leq |\nu| \leq N+K-1} |\hat{f}(\nu)|$$

を結論として示せ．

(b) 上の公式の一つとフェイェールの定理を用いて，f が θ で連続である限り，$N = kn$ および $K = n$ に関して，

$$\sigma_{kn,n}(f)(\theta) \to f(\theta), \quad n \to \infty \text{ のとき}$$

が成立し，また跳躍不連続性 (その適切な定義とそれに関する結果については，ここまでの章とその練習を参照せよ) をもつ点においては

$$\sigma_{kn,n}(f)(\theta) \to \frac{f(\theta^+) + f(\theta^-)}{2}, \quad n \to \infty \text{ のとき}$$

も成立する．f が $[-\pi, \pi]$ 上連続ならば，$n \to \infty$ のとき一様に $\sigma_{kn,n}(f) \to f$ となることを示せ．

(c) (a) を用いて，$\hat{f}(\nu) = O(1/|\nu|)$ かつ $kn \leq m < (k+1)n$ ならば，
$$|\sigma_{kn,n} - S_m| \leq \frac{C}{k}, \qquad \text{ある定数}\, C > 0 \text{に関して}$$
となることを示せ．

(d) $\hat{f}(\nu) = O(1/|\nu|)$ とする．f が θ で連続ならば
$$S_N(f)(\theta) \to f(\theta), \qquad N \to \infty \text{のとき}$$
であり，f が θ で跳躍不連続性をもつならば
$$S_N(f)(\theta) \to \frac{f(\theta^+) + f(\theta^-)}{2}, \qquad N \to \infty \text{のとき}$$
であることを示せ．また，f が $[-\pi, \pi]$ 上連続のときは，一様に $S_N(f) \to f$ となることを示せ．

(e) 上での議論から，$\sum c_n$ がチェザロ和 s をもち $c_n = O(1/n)$ ならば，$\sum c_n$ は s に収束することが示される．これはリトルウッドの定理の弱い形である (第 2 章，問題 3)．

6. ディリクレの定理は，実連続周期関数 f で極大と極小を有限個しかもたないもののフーリエ級数は，いたるところ (一様に)f に収束することを述べている．

この定理を，このような関数が $\hat{f}(n) = O(1/|n|)$ をみたすことを示して証明せよ．
[ヒント：第 3 章，練習 17 と同様に議論し，上の問題 5 の結論 (d) を用いよ．]

第5章　ℝ上のフーリエ変換

> フーリエ級数とフーリエ変換の理論は，収束の問題を扱うために，これまで常に大きな困難に直面し，強力な数学的道具を必要としてきた．それらは，この問題に対する完全に満足できる答には至らなかったが，総和法の発展をもたらしてきた．フーリエ変換のために，緩増加超関数 (よって急減少関数族 $\mathcal{S}$) を導入することは，表立った形であれ隠れた形であれ，必要不可欠である．その結果として，フーリエ変換の連続性と逆変換の視点から見て望ましいものはすべて導かれる．
>
> ——L. シュワルツ，1950

　フーリエ級数の理論は，円周上の関数，あるいは同じことであるが，実数直線 ℝ 上の周期関数に応用される．この章では，実数直線全体で定義されている周期的でない関数に対して，類似の理論を展開する．われわれが考える関数は，適当な意味で無限遠で「小さい」ものである．適当な意味で「小さい」という概念を定義するにはさまざまな方法があるが，何らかの意味で無限遠で 0 になることを仮定する必要がある．

　一方，周期関数のフーリエ級数は，数列すなわちフーリエ係数を関数と結びつけていることを思い起こそう．他方，実数直線上の与えられた関数 f に対して，f と結びつけられる対応物は，実際，ℝ 上の別の関数 $\hat{f}$ であり，f のフーリエ変換とよばれる．ℝ 上の関数のフーリエ変換は再び ℝ 上の関数となるので，フーリエ級数の場合には見られなかった関数とそのフーリエ変換の間の対称性を見ることができる．

粗くいうと，フーリエ変換はフーリエ係数の連続版である．円周上の関数 f のフーリエ係数 a_n は次式

$$(1) \qquad a_n = \int_0^1 f(x) e^{-2\pi i n x} dx$$

で与えられ，適当な意味で

$$(2) \qquad f(x) = \sum_{-\infty}^{\infty} a_n e^{2\pi i n x}$$

が成り立つことを思い起こそう．これまでしばしば行ったように，θ を $2\pi x$ に置き換えた．

今，以下でこの類似を考えるために，(整数全体や総和記号のような) 離散的な記号をすべて，(実数全体や積分記号のような) 連続的な対応物に置き換えてみよう．別の言い方をすると，$\mathbb{R}$ 全体で定義された関数 f に対して，積分領域を円周から $\mathbb{R}$ 全体にして，(1) において $n \in \mathbb{Z}$ を $\xi \in \mathbb{R}$ に置き換えることにより，フーリエ変換を定義しよう．すなわち，

$$(3) \qquad \hat{f}(\xi) = \int_{-\infty}^{\infty} f(x) e^{-2\pi i x \xi} dx$$

とおく．さらに類似的考察をすすめて，(2) の連続版を考えよう．総和を積分に，a_n を $\hat{f}(\xi)$ に置き換えると，フーリエ逆変換の公式

$$(4) \qquad f(x) = \int_{-\infty}^{\infty} \hat{f}(\xi) e^{2\pi i x \xi} d\xi$$

が導かれる．

f に対する適当な仮定の下で等式 (4) は実際に成り立つが，この章で扱う理論のほとんどは，この関係式を証明し使ってみることを目的としている．フーリエ逆変換の公式の正当性は，次の簡単な考察からも提起される．f の台は有限区間 $I = [-L/2, L/2]$ に含まれていると仮定すると，f は I 上のフーリエ級数に展開される．L を無限大に近づけると，(4) が導かれる (練習 1 を参照)．

フーリエ変換は，いくつかの特別な性質により，偏微分方程式の研究の重要な道具になっている．たとえば，後の節で学ぶように，フーリエ逆変換の公式によって，実数直線上で定式化されたいくつかの偏微分方程式を解析することができる．特に，円周上で展開されたアイデアにしたがって，無限の長さをもつ棒に対する時間に依存した熱方程式や，上半平面上における定常状態の熱方程式を解くことができる．

本章の最後で，ポアソンの和公式

$$\sum_{n\in\mathbb{Z}} f(n) = \sum_{n\in\mathbb{Z}} \hat{f}(n)$$

に関連した話題をさらに考察する．ポアソンの和公式は周期関数 (とそのフーリエ級数) および実数直線上の非周期的関数 (とそのフーリエ変換) のもう一つの特筆すべき関係を与えている．この等式により，前章で主張したこと，すなわち，熱核 $H_t(x)$ は良い核の性質をもつことが証明できる．さらに，ポアソンの和公式は数多くの他の設定，特に第 II 巻で見られる整数論のいくつかの部分に登場する．

最後に，われわれのとったアプローチの方法について述べる．われわれのフーリエ級数の研究では，円周上のリーマン積分可能な関数を考えると便利であることがわかった．特に，このような (関数の設定の) 一般性により，ある種の不連続性をもつ関数でさえも，本書の理論によって取り扱うことができた．対照的に，フーリエ変換の初等的性質のわれわれの解説は，テスト関数の全体のなすシュワルツ空間 $\mathcal{S}$ の言葉で述べられる．これらの関数は，何回でも微分可能で，導関数ともども無限遠で急激に減少する．この関数空間のおかげで，直接的で明快な形に定式化された主な結論に，すばやく至ることが可能になる．一旦このような理論展開をして，より一般的な設定に対するいくつかの簡単な拡張を述べる．フーリエ変換のさらなる一般論は (必然的にルベーグ積分に基づくことを余儀なくされるが)，第 III 巻で扱われる．

1. フーリエ変換の初等理論

積分の概念を実数直線全体で定義された関数に拡張することから始める．

1.1 実数直線上の関数の積分

有界閉区間上の関数の積分の概念が与えられているとして，その $\mathbb{R}$ 上の連続関数への最も自然な拡張は，

$$\int_{-\infty}^{\infty} f(x)dx = \lim_{N\to\infty} \int_{-N}^{N} f(x)dx$$

である．もちろん，この極限値は必ずしも存在するとは限らない．たとえば，$f(x) = 1$ または $f(x) = 1/(1+|x|)$ であっても，上の極限値は無限大であることは明らかである．すぐに思いつくことは，$|x|$ が無限大に近づくとき，f に十分な減衰を

仮定すると，極限値が存在するということである．次の条件は便利である．

$\mathbb{R}$ 上の関数が，**緩やかに減少する関数**であるとは，f が連続であり，ある定数 $A > 0$ が存在して，すべての $x \in \mathbb{R}$ に対して

$$|f(x)| \leq \frac{A}{1+x^2}$$

が成り立つことと定義する．この不等式は f が有界 (たとえば A が $|f|$ の上界) であることに加えて，$A/(1+x^2) \leq A/x^2$ により，無限遠で少なくとも $1/x^2$ と同じ速さで減衰することを主張している．

たとえば，関数 $f(x) = 1/(1+|x|^n)$ は，$n \geq 2$ である限り，緩やかに減少する関数である．もう一つの例として，$a > 0$ のときの $e^{-a|x|}$ が挙げられる．

緩やかに減少する関数の全体を $\mathcal{M}(\mathbb{R})$ で表すことにする．$\mathcal{M}(\mathbb{R})$ は関数の和とスカラー倍に関して，$\mathbb{C}$ 上のベクトル空間をなすことが確かめられるが，これは読者の練習とする．

次に，f が $\mathcal{M}(\mathbb{R})$ に属するときは，

(5) $$\int_{-\infty}^{\infty} f(x)dx = \lim_{N \to \infty} \int_{-N}^{N} f(x)dx$$

が定義され，極限値が存在することをみよう．実際，f は連続関数であるから，各 N に対して，積分 $I_N = \int_{-N}^{N} f(x)dx$ が定義される．今，$\{I_N\}$ がコーシー列であることを示せば十分であるが，それは，$M > N$ で $N \to \infty$ ならば

$$|I_M - I_N| \leq \left|\int_{N \leq |x| \leq M} f(x)dx\right|$$

$$\leq A \int_{N \leq |x| \leq M} \frac{dx}{x^2}$$

$$\leq \frac{2A}{N} \to 0$$

により従う．$N \to \infty$ のとき $\int_{|x| \geq N} f(x)dx \to 0$ であることも示されたことに注意しよう．緩やかに減少する関数の定義において，指数 2 を $1 + \varepsilon$ に置き換えてもよい．ここに $\varepsilon > 0$ とする．すなわち，

$$|f(x)| \leq \frac{A}{1+|x|^{1+\varepsilon}}$$

と定義してもよい．本章で展開する理論の目的のためには，この定義でうまくい

くであろう．簡単のため，$\varepsilon = 1$ のみを用いることにする．

$\mathbb{R}$ 上の積分のいくつかの基本的性質を命題にまとめておく．

命題 1.1 (5) によって定義される緩やかに減少する関数の積分は，次の性質をみたす．

(i) 線形性：$f, g \in \mathcal{M}(\mathbb{R})$ で $a, b \in \mathbb{C}$ ならば，
$$\int_{-\infty}^{\infty}(af(x)+bg(x))dx = a\int_{-\infty}^{\infty}f(x)dx + b\int_{-\infty}^{\infty}g(x)dx.$$

(ii) 平行移動に対する不変性：すべての $h \in \mathbb{R}$ に対して，
$$\int_{-\infty}^{\infty}f(x-h)dx = \int_{-\infty}^{\infty}f(x)dx.$$

(iii) スケールの伸張：$\delta > 0$ に対して，
$$\delta\int_{-\infty}^{\infty}f(\delta x)dx = \int_{-\infty}^{\infty}f(x)dx.$$

(iv) 連続性：$f \in \mathcal{M}(\mathbb{R})$ ならば，$h \to 0$ のとき，
$$\int_{-\infty}^{\infty}|f(x-h)-f(x)|dx \to 0.$$

証明について少し述べる．性質 (i) はただちに得られる．性質 (ii) を確かめるためには，$N \to \infty$ のとき
$$\int_{-N}^{N}f(x-h)dx - \int_{-N}^{N}f(x)dx \to 0$$
を示せば十分である．$\int_{-N}^{N}f(x-h)dx = \int_{-N-h}^{N-h}f(x)dx$ であるから，上の差は大きい N に対して，
$$\left|\int_{-N-h}^{-N}f(x)dx\right| + \left|\int_{N-h}^{N}f(x)dx\right| \leq \frac{A'}{1+N^2}$$
で評価され，N が無限大に近づくと 0 に近づく．

性質 (iii) は，すでに見た $\delta\int_{-N}^{N}f(\delta x)dx = \int_{-\delta N}^{\delta N}f(x)dx$ とほぼ同様である．

性質 (iv) を証明するためには，$|h| \leq 1$ をとれば十分である．与えられた $\varepsilon > 0$ に対して，はじめに N を
$$\int_{|x|\geq N}|f(x)|dx \leq \varepsilon/4, \qquad \int_{|x|\geq N}|f(x-h)|dx \leq \varepsilon/4$$
をみたすように大きくとる．ここで，N を固定して，f は連続であるから区間

$[-N-1, N+1]$ 上で一様連続であるという事実を用いる．ゆえに，h が 0 に近づくとき，$\sup_{|x| \leq N} |f(x-h) - f(x)| \to 0$ である．よって，この上限が $\varepsilon/4N$ 以下になるように，h を小さくとることができる．まとめると，

$$\int_{-\infty}^{\infty} |f(x-h) - f(x)| dx$$
$$\leq \int_{-N}^{N} |f(x-h) - f(x)| dx + \int_{|x| \geq N} |f(x-h)| dx + \int_{|x| \geq N} |f(x)| dx$$
$$\leq \varepsilon/2 + \varepsilon/4 + \varepsilon/4 = \varepsilon$$

であり，結論 (iv) が従う．

1.2 フーリエ変換の定義

$f \in \mathcal{M}(\mathbb{R})$ ならば，$\xi \in \mathbb{R}$ に対して，その**フーリエ変換**を

$$\hat{f}(\xi) = \int_{-\infty}^{\infty} f(x) e^{-2\pi i x \xi} dx$$

によって定義する．もちろん $|e^{-2\pi i x \xi}| = 1$ であるから，被積分関数は緩やかに減少する関数であり，積分は意味をもつ．

実際，この観察から，$\hat{f}$ が有界であることが従い，さらに簡単な考察から $\hat{f}$ が連続関数であり，$|\xi|$ が無限大に近づくとき 0 に収束することが示される (練習 5)．しかし，上の定義では，$\hat{f}$ が緩やかに減少する関数であることを保証するものは何もない．特に，この展開では，積分 $\int_{-\infty}^{\infty} \hat{f}(\xi) e^{2\pi i x \xi} d\xi$ およびその結果であるフーリエ逆変換の公式が，いかにして意味をなすようにするのかが明快でない．このことを改善するために，フーリエ変換の最も初等的性質を確立するのに有用な，シュワルツが考えたより選び抜かれた関数空間を導入する．

シュワルツ空間を選ぶことは，$\hat{f}$ の減衰を f の連続性や微分可能性に結びつける (およびその逆を結びつける) 重要な原理からの要請である．すなわち，$|\xi| \to \infty$ のとき $\hat{f}(\xi)$ が速く減衰すればするほど，f は「より滑らか」にならなくてはならない．この原理を反映する一例が練習 3 で与えられる．f と $\hat{f}$ の関係は，円周上の関数の滑らかさと，そのフーリエ係数の減衰との似通った関係を想起させる．第 2 章の系 2.4 の議論を見よ．

1.3 シュワルツ空間

$\mathbb{R}$ 上の**シュワルツ空間**とは，すべての無限回連続微分可能関数 f で，f およびすべての導関数 $f', f'', \cdots, f^{(\ell)}, \cdots$ が**急減少**しているもの，すなわち，すべての (非負整数) k, ℓ に対して，

$$\sup_{x\in\mathbb{R}} |x|^k |f^{(\ell)}(x)| < \infty$$

が成り立つものからなるものとする．この空間を $\mathcal{S} = \mathcal{S}(\mathbb{R})$ で表すことにする．読者は，$\mathcal{S}(\mathbb{R})$ は $\mathbb{C}$ 上のベクトル空間であり，さらに，$f \in \mathcal{S}(\mathbb{R})$ ならば，

$$f'(x) = \frac{df}{dx} \in \mathcal{S}(\mathbb{R}), \qquad xf \in \mathcal{S}(\mathbb{R})$$

が成り立つことを確かめよ．これは，シュワルツ空間が微分および多項式をかけることについて閉じているという重要な事実を表している．

$\mathcal{S}(\mathbb{R})$ の関数の簡単な例は，次の**ガウス関数**

$$f(x) = e^{-x^2}$$

である．これは他の分野 (たとえば，確率論や物理学) におけるのと同様に，フーリエ変換の理論においても中心的役割を果たす．f の (すべての) 導関数は，$P(x)$ を多項式として $P(x)e^{-x^2}$ の形になり，$f \in \mathcal{S}(\mathbb{R})$ であることがただちに示される．実際，$a > 0$ ならば必ず e^{-ax^2} は $\mathcal{S}(\mathbb{R})$ に属する．後に，ガウス関数を $a = \pi$ とおいて正規化する．

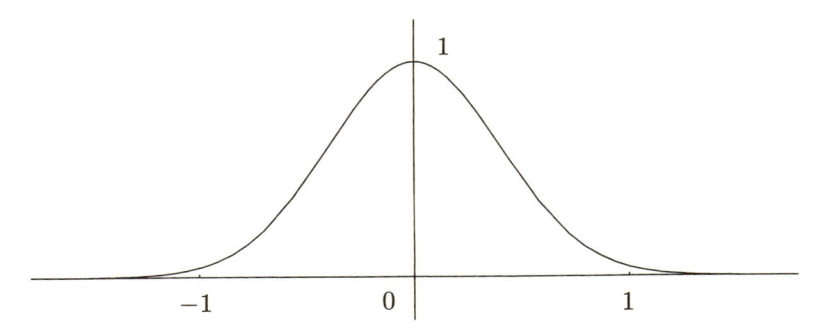

図 1　ガウス関数 $e^{-\pi x^2}$.

他の $\mathcal{S}(\mathbb{R})$ の例の重要なクラスには，有界区間の外で消える「バンプ関数」とよばれるものがある (練習 4).

最後に, $e^{-|x|}$ は無限遠で急減少するにもかかわらず, 0で微分可能でなく, それゆえに $\mathcal{S}(\mathbb{R})$ に属さないことに注意しよう.

1.4 $\mathcal{S}$ のフーリエ変換

関数 $f \in \mathcal{S}(\mathbb{R})$ の**フーリエ変換**を
$$\hat{f}(\xi) = \int_{-\infty}^{\infty} f(x) e^{-2\pi i x \xi} dx$$
によって定義する. フーリエ変換のいくつかの簡単な性質は次の命題にまとめることにする. 記号
$$f(x) \to \hat{f}(\xi)$$
によって, $\hat{f}$ は f のフーリエ変換を表すことにする.

命題 1.2 $f \in \mathcal{S}(\mathbb{R})$ ならば次が成り立つ.
 (i) 任意の $h \in \mathbb{R}$ に対して, $f(x+h) \to \hat{f}(\xi) e^{2\pi i h \xi}$.
 (ii) 任意の $h \in \mathbb{R}$ に対して, $f(x) e^{-2\pi i x h} \to \hat{f}(\xi + h)$.
 (iii) 任意の $\delta > 0$ に対して, $f(\delta x) \to \delta^{-1} \hat{f}(\delta^{-1} \xi)$.
 (iv) $f'(x) \to 2\pi i \xi \hat{f}(\xi)$.
 (v) $-2\pi i x f(x) \to \dfrac{d}{d\xi} \hat{f}(\xi)$.

特に, $2\pi i$ という係数を除き, フーリエ変換は微分と x をかけることを入れ替えてしまう. これは, フーリエ変換を微分方程式論の中心に位置づける重要な性質である. このことは, 後に考察する.

証明 性質 (i) は積分の平行移動に対する不変性からただちに従い, 性質 (ii) は (フーリエ変換の) 定義から従う. また, 命題 1.1 の 3 番目の性質から, (iii) が示される.

部分積分すると,
$$\int_{-N}^{N} f'(x) e^{-2\pi i x \xi} dx$$
$$= \left[f(x) e^{-2\pi i x \xi} \right]_{-N}^{N} + 2\pi i \xi \int_{-N}^{N} f(x) e^{-2\pi i x \xi} dx$$
であるから, N を無限大に近づけると (iv) を得る.

最後に, 性質 (v) を証明するために, $\hat{f}$ は微分可能であることを示して, その

導関数を求めなくてはならない．$\varepsilon > 0$ として，

$$\frac{\hat{f}(\xi+h) - \hat{f}(\xi)}{h} - (\widehat{-2\pi i x f})(\xi)$$
$$= \int_{-\infty}^{\infty} f(x) e^{-2\pi i x \xi} \left[\frac{e^{-2\pi i x h} - 1}{h} + 2\pi i x \right] dx$$

を考察する．$f(x)$ と $xf(x)$ は急減少関数であるから，ある正整数 N が存在して，$\int_{|x| \geq N} |f(x)| dx \leq \varepsilon$, $\int_{|x| \geq N} |x| |f(x)| dx \leq \varepsilon$ が成り立つ．さらに，$|x| \leq N$ に対して，ある h_0 が存在して，$|h| < h_0$ ならば，

$$\left| \frac{e^{-2\pi i x h} - 1}{h} + 2\pi i x \right| \leq \frac{\varepsilon}{N}$$

が成り立つ．ゆえに，$|h| < h_0$ ならば，

$$\left| \frac{\hat{f}(\xi+h) - \hat{f}(\xi)}{h} - (\widehat{-2\pi i x f})(\xi) \right|$$
$$\leq \int_{-N}^{N} \left| f(x) e^{-2\pi i x \xi} \left[\frac{e^{-2\pi i x h} - 1}{h} + 2\pi i x \right] \right| dx + C\varepsilon$$
$$\leq C' \varepsilon$$

を得る． ∎

定理 1.3 $f \in \mathcal{S}(\mathbb{R})$ ならば，$\hat{f} \in \mathcal{S}(\mathbb{R})$ である．

証明は，フーリエ変換が微分と (変数を) かけることを入れ替えるという事実の簡単な応用である．実際，$f \in \mathcal{S}(\mathbb{R})$ ならば，フーリエ変換 $\hat{f}$ は有界である．さらに，同様にして，非負整数 k, ℓ の各組に対して，

$$\xi^k \left(\frac{d}{d\xi} \right)^\ell \hat{f}(\xi)$$

は，前の命題により

$$\frac{1}{(2\pi i)^k} \left(\frac{d}{dx} \right)^k [(-2\pi i x)^\ell f(x)]$$

のフーリエ変換であるから，有界である．

次節で与える $f \in \mathcal{S}(\mathbb{R})$ に対する逆変換の公式

$$f(x) = \int_{-\infty}^{\infty} \hat{f}(\xi) e^{2\pi i x \xi} d\xi$$

の証明は，e^{-ax^2} を詳しく調べることに基づくが，すでに見たように，この関数は $a > 0$ ならば $\mathcal{S}(\mathbb{R})$ に属する．

良い核としてのガウス関数

正規化

$$\int_{-\infty}^{\infty} e^{-\pi x^2} dx = 1 \tag{6}$$

により，$a = \pi$ の場合を考察することからはじめる．(6) が正しいことを見るために，指数関数どうしの積の性質を使って，計算を 2 次元の積分に帰着させる．より詳しくは，次のように計算することができる．

$$\begin{aligned}
\left(\int_{-\infty}^{\infty} e^{-\pi x^2} dx\right)^2 &= \int_{-\infty}^{\infty}\int_{-\infty}^{\infty} e^{-\pi(x^2+y^2)} dxdy \\
&= \int_0^{2\pi}\int_0^{\infty} e^{-\pi r^2} r\,dr\,d\theta \\
&= \int_0^{\infty} 2\pi e^{-\pi r^2} r\,dr \\
&= \left[-e^{-\pi r^2}\right]_0^{\infty} \\
&= 1.
\end{aligned}$$

ここでは，極座標を用いて 2 次元の積分を計算した．

ガウス関数の基本的性質のうち，われわれにとって興味のあるもので，実際に (6) から従うのは，$e^{-\pi x^2}$ はそのフーリエ変換と等しいということである！ この重要な事実は定理として独立に述べる．

定理 1.4　$f(x) = e^{-\pi x^2}$ ならば，$\hat{f}(\xi) = f(\xi)$ である．

証明

$$F(\xi) = \hat{f}(\xi) = \int_{-\infty}^{\infty} e^{-\pi x^2} e^{-2\pi i x \xi} dx$$

とおくと，前の計算により $F(0) = 1$ である．命題 1.2 の性質 (v) および $f'(x) = -2\pi x f(x)$ により，

$$\begin{aligned}
F'(\xi) &= \int_{-\infty}^{\infty} f(x)(-2\pi i x) e^{-2\pi i x \xi} dx \\
&= i\int_{-\infty}^{\infty} f'(x) e^{-2\pi i x \xi} dx
\end{aligned}$$

である．命題 1.2 の性質 (iv) により，

$$F'(\xi) = i(2\pi i \xi)\hat{f}(\xi) = -2\pi \xi F(\xi)$$

が得られる．$G(\xi) = F(\xi)e^{\pi\xi^2}$ とおくと，上で見たことにより $G'(\xi) = 0$ であるから，G は定数である．$F(0) = 1$ であるから，G は恒等的に 1 であり，したがって $F(\xi) = e^{-\pi\xi^2}$ であり，これが示すべきことであった． ∎

伸張のもとでのフーリエ変換のもつ性質は，命題 1.2 の (iii)(において δ を $\delta^{-1/2}$ に置き換えること) から従う次の重要な変換則を導く．

系 1.5 $\delta > 0$, $K_\delta(x) = \delta^{-1/2}e^{-\pi x^2/\delta}$ ならば，$\widehat{K_\delta}(\xi) = e^{-\pi\delta\xi^2}$ である．

少し立ち止まって，重要な観察をする．δ が 0 に近づくと，関数 K_δ は原点で最大値をとるが，そのフーリエ変換 $\widehat{K_\delta}$ は平坦になる．よって，この簡単な例では，K_δ と $\widehat{K_\delta}$ の両方を原点に局所化 (つまり，集中) させることはできないことがわかる．これは，ハイゼンベルグの不確定性原理とよばれる一般的な現象の例であり，本章の最後で論ずることにする．

さて，実数直線上の良い核の族で，第 2 章で考察した円周上のそれと類似したものが構成された．実際，
$$K_\delta(x) = \delta^{-1/2}e^{-\pi x^2/\delta}$$
とおくと，次を得る．

(i) $\displaystyle\int_{-\infty}^{\infty} K_\delta(x)dx = 1$.

(ii) $\displaystyle\int_{-\infty}^{\infty} |K_\delta(x)|dx \leq M$.

(iii) すべての $\eta > 0$ に対して，$\delta \to 0$ のとき，$\displaystyle\int_{|x|>\eta} |K_\delta(x)|dx \to 0$ が成り立つ．

(i) を証明するには，変数変換をして (6) を用いるか，あるいは積分は $\widehat{K_\delta}(0)$ に等しく，その値は系 1.5 により 1 であることに注意すればよい．$K_\delta \geq 0$ であるから，(ii) も成立することは明らかである．最後に再び変数変換すると，$\delta \to 0$ のとき，
$$\int_{|x|>\eta} |K_\delta(x)|dx = \int_{|y|>\eta/\delta^{1/2}} e^{-\pi y^2}dy \to 0$$
となることがわかる．よって，次を証明したことになる．

定理 1.6 族 $\{K_\delta\}_{\delta>0}$ は，$\delta \to 0$ のとき良い核の族である．

次に，これらの良い核を，以下で与えられる畳み込みの作用に応用する．$f, g \in \mathcal{S}(\mathbb{R})$ ならば，それらの**畳み込み**を

$$(7) \qquad (f * g)(x) = \int_{-\infty}^{\infty} f(x-t)g(t)dt$$

によって定義する．固定された x に対して，関数 $f(x-t)g(t)$ は t について急減少であり，したがって積分は収束する．

第2章の第4節の議論 (を若干変更すること) により，次の系が得られる．

系 1.7 $f \in \mathcal{S}(\mathbb{R})$ ならば，$\delta \to 0$ のとき，x について一様に

$$(f * K_\delta)(x) \to f(x)$$

が成り立つ．

証明 まず，f は $\mathbb{R}$ 上で一様連続である．実際，与えられた $\varepsilon > 0$ に対して，ある $R > 0$ が存在して，$|x| \geq R$ のとき $|f(x)| \leq \varepsilon/4$ である．さらに f は連続であるから，有界閉区間 $[-R, R]$ 上で一様連続である．この二つを併せると，ある $\eta > 0$ をとることができて，$|x-y| < \eta$ のとき $|f(x) - f(y)| < \varepsilon$ となるようにできる．以下，標準的な方法で証明をしよう．良い核の1番目の性質を使うと，

$$(f * K_\delta)(x) - f(x) = \int_{-\infty}^{\infty} K_\delta(t)[f(x-t) - f(x)]dt$$

と書くことができて，$K_\delta \geq 0$ であるから，

$$|(f * K_\delta)(x) - f(x)| \leq \int_{|t|>\eta} + \int_{|t|\leq\eta} K_\delta(t)|f(x-t) - f(x)|dt$$

である．第1項の積分は，良い核の2番目の性質と f が有界であることにより，小さいことが従うが，一方，第2項の積分も，f が一様連続で，$\int K_\delta = 1$ であるから，小さいことがわかる．これにより，系の証明が終わった． ∎

1.5 フーリエ逆変換

次の結果は，乗法公式としばしばよばれる等式である．

命題 1.8 $f, g \in \mathcal{S}(\mathbb{R})$ ならば，

$$\int_{-\infty}^{\infty} f(x)\hat{g}(x)dx = \int_{-\infty}^{\infty} \hat{f}(y)g(y)dy$$

が成り立つ．

この命題を証明するために，少し横道にそれて，二重積分の順序交換について考察する必要がある．$F(x, y)$ は平面 $(x, y) \in \mathbb{R}^2$ 上の連続関数とする．F に対して，次の減衰条件

$$|F(x, y)| \leq A/(1+x^2)(1+y^2)$$

を仮定する．そのとき，各 x に対して，関数 $F(x, y)$ は y に関して緩やかに減少する関数で，同様に，固定された y に対して，関数 $F(x, y)$ は x に関して緩やかに減少する関数である．さらに，関数 $F_1(x) = \int_{-\infty}^{\infty} F(x,y)dy$ は連続かつ緩やかに減少する関数であり，関数 $F_2(y) = \int_{-\infty}^{\infty} F(x, y)dx$ についても同様である．最後に

$$\int_{-\infty}^{\infty} F_1(x)dx = \int_{-\infty}^{\infty} F_2(y)dy$$

が成り立つ．これらの事実の証明は，付録の中で見つかるであろう．

この等式を $F(x, y) = f(x)g(y)e^{-2\pi i x y}$ に適用する．$F_1(x) = f(x)\hat{g}(x), F_2(y) = \hat{f}(y)g(y)$ であり，命題の主張

$$\int_{-\infty}^{\infty} f(x)\hat{g}(x)dx = \int_{-\infty}^{\infty} \hat{f}(y)g(y)dy$$

が得られる．

乗法公式，およびガウス核がそれ自身のフーリエ変換であるという事実により，最初の重要な定理の証明に至る．

定理 1.9（フーリエ逆変換）　$f \in \mathcal{S}(\mathbb{R})$ ならば，
$$f(x) = \int_{-\infty}^{\infty} \hat{f}(\xi)e^{2\pi i x \xi}d\xi$$

である．

証明　まず，
$$f(0) = \int_{-\infty}^{\infty} \hat{f}(\xi)d\xi$$

を示す．$G_\delta(x) = e^{-\pi \delta x^2}$ とおくと，$\widehat{G}_\delta(\xi) = K_\delta(\xi)$ である．乗法公式により，

$$\int_{-\infty}^{\infty} f(x)K_\delta(x)dx = \int_{-\infty}^{\infty} \hat{f}(\xi)G_\delta(\xi)d\xi$$

である．K_δ は良い核であり，左辺の積分は $\delta \to 0$ のとき $f(0)$ に収束する．右辺

の積分は,明らかに,$\delta \to 0$ のとき $\int_{-\infty}^{\infty} \hat{f}(\xi)d\xi$ に収束するから,主張が証明された.一般に,$F(y) = f(y+x)$ とおくと,
$$f(x) = F(0) = \int_{-\infty}^{\infty} \widehat{F}(\xi)d\xi = \int_{-\infty}^{\infty} \hat{f}(\xi)e^{2\pi i x\xi}d\xi$$
が従う. ∎

定理1.9は,その名前がいうように,フーリエ変換を逆にする公式を与える.実際,フーリエ変換は x を $-x$ に変える以外はそれ自身が逆変換になっていることを見よう.より正確には,二つの写像 $\mathcal{F}: \mathcal{S}(\mathbb{R}) \to \mathcal{S}(\mathbb{R})$ と $\mathcal{F}^*: \mathcal{S}(\mathbb{R}) \to \mathcal{S}(\mathbb{R})$ を
$$\mathcal{F}(f)(\xi) = \int_{-\infty}^{\infty} f(x)e^{-2\pi i x\xi}dx$$
および
$$\mathcal{F}^*(g)(x) = \int_{-\infty}^{\infty} g(\xi)e^{2\pi i x\xi}d\xi$$
によって定義することができる.そのようにすると,$\mathcal{F}$ はフーリエ変換であり,定理1.9により $\mathcal{S}(\mathbb{R})$ 上で $\mathcal{F}^* \circ \mathcal{F} = I$ が成り立つ.ここに,I は恒等写像である.さらに,$\mathcal{F}$ および $\mathcal{F}^*$ の定義は,指数関数の符号のみ異なるので,$\mathcal{F}(f)(y) = \mathcal{F}^*(f)(-y)$ であり,したがって,$\mathcal{F} \circ \mathcal{F}^* = I$ も得られる.結果として,$\mathcal{F}^*$ は $\mathcal{S}(\mathbb{R})$ 上で,フーリエ変換の逆変換になっていることがわかり,次の結果を得る.

系 1.10 フーリエ変換はシュワルツ空間上の全単射である.

1.6 プランシュレルの公式

シュワルツ関数の畳み込みについて,さらにいくつかの結果を学ぶ.重要な事実は,フーリエ変換が畳み込みを各点的な積に置き換えることであり,フーリエ級数の場合と類似の結果である.

命題 1.11 $f, g \in \mathcal{S}(\mathbb{R})$ ならば,
(i) $f * g \in \mathcal{S}(\mathbb{R})$.
(ii) $f * g = g * f$.
(iii) $\widehat{(f*g)}(\xi) = \hat{f}(\xi)\hat{g}(\xi)$.

証明 $f * g$ が急減少であることを証明するために,まず最初に,g が急減少で

あることから，任意の $\ell \geq 0$ に対して，$\sup_{x}|x|^\ell |g(x-y)| \leq A_\ell (1+|y|)^\ell$ が成り立つことを見よ (この主張を確かめるために，$|x| \leq 2|y|$ および $|x| \geq 2|y|$ の二つの場合に分けて考えよ)．これにより，

$$\sup_{x}|x^\ell (f*g)(x)| \leq A_\ell \int_{-\infty}^{\infty} |f(y)|(1+|y|)^\ell dy$$

であるから，すべての $\ell \geq 0$ に対して，$x^\ell (f*g)(x)$ は有界な関数であることが従う．これらの評価は，$f*g$ のすべての導関数にわたって成り立つので，次の等式により，$f*g \in \mathcal{S}(\mathbb{R})$ が証明される．

$$\left(\frac{d}{dx}\right)^k (f*g)(x) = \left(f*\left(\frac{d}{dx}\right)^k g\right)(x), \qquad k=1,2,\cdots$$

この等式は，まず $k=1$ に対して，$f*g$ を定義する積分記号の下で微分をすることによって証明される．微分と積分の順序交換は，この場合，dg/dx の急減少性により正当化される．この議論を繰り返すことにより，すべての k に対して，等式が従う．

固定された x に対して，変数変換 $x-y=u$ により，

$$(f*g)(x) = \int_{-\infty}^{\infty} f(x-u)g(u)du = (g*f)(x)$$

が示される．この変数変換は，二つの変数変換 $y \mapsto -y$ と $y \mapsto y-h$ (で $h=x$ とおいたもの) の合成である．前者に対しては，任意のシュワルツ関数 F に対して，$\int_{-\infty}^{\infty} F(x)dx = \int_{-\infty}^{\infty} F(-x)dx$ が確かめられるので，これを用い，後者に対しては，命題 1.1 の (ii) を適用する．

最後に，$F(x,y) = f(y)g(x-y)e^{-2\pi ix\xi}$ を考える．f と g は急減少しているから，$|x| \leq 2|y|$ および $|x| \geq 2|y|$ の二つの場合に分けて考えると，命題 1.8 の直後の積分の順序交換の議論が F に適用されることがわかる．この場合，$F_1(x) = (f*g)e^{-2\pi ix\xi}$ で，$F_2(y) = f(y)e^{-2\pi iy\xi}\hat{g}(\xi)$ である．よって，$\int_{-\infty}^{\infty} F_1(x)dx = \int_{-\infty}^{\infty} F_2(y)dy$ であり，(iii) が導かれる．以上により，命題が証明された．■

さて，シュワルツ関数の畳み込みの性質を用いて，本節の主結果を証明しよう．この結果は，フーリエ級数に対するパーセヴァルの等式の，$\mathbb{R}$ 上の関数に対する類似物である．

シュワルツ空間に，エルミート内積

$$(f, g) = \int_{-\infty}^{\infty} f(x)\overline{g(x)}dx$$

と，それに付随したノルム

$$\|f\| = \left(\int_{-\infty}^{\infty} |f(x)|^2 dx\right)^{1/2}$$

を入れることができる．本節の理論の中で二つ目の重要な定理は，フーリエ変換が $\mathcal{S}(\mathbb{R})$ 上のユニタリー変換であることを述べている．

定理1.12（プランシュレル） $f \in \mathcal{S}(\mathbb{R})$ ならば，$\|f\| = \|\hat{f}\|$ が成り立つ．

証明 $f \in \mathcal{S}(\mathbb{R})$ に対して，$f^\flat(x) = \overline{f(-x)}$ とおくと，$\widehat{f^\flat}(\xi) = \overline{\hat{f}(\xi)}$ である．ここで，$h = f * f^\flat$ とおく．明らかに，

$$\hat{h}(\xi) = |\hat{f}(\xi)|^2, \qquad h(0) = \int_{-\infty}^{\infty} |f(x)|^2 dx$$

である．さて，定理は，フーリエ逆変換の公式に $x = 0$ を代入したもの，すなわち，

$$\int_{-\infty}^{\infty} \hat{h}(\xi) d\xi = h(0)$$

から従う． ■

1.7 緩やかに減少する関数への拡張

これまでの小節では，フーリエ逆変換やプランシュレルの公式を，関数がシュワルツ空間に含まれる場合に限定した．考える関数のフーリエ変換も緩やかに減少することを追加して仮定してしまえば，さらなるアイデアを実際に必要とせずともこれらの結果は緩やかに減少する関数へと拡張される．実際，鍵となる知見は，簡単に証明されることであるが，緩やかに減少する関数 f と g の畳み込み $f * g$ もまた緩やかに減少する関数になること (練習7)，および $\widehat{f * g} = \hat{f}\hat{g}$ も成り立つことである．さらに，乗法公式も成り立ち，f と $\hat{f}$ の両方が緩やかに減少する関数のとき，フーリエ逆変換やプランシュレルの公式が導かれる．

この一般化は，十分なものではないが，にもかかわらず，いくつかの状況下では有用である．

1.8 ワイエルシュトラスの近似定理

ここで少し横道にそれるが，われわれの良い核を利用してワイエルシュトラスの近似定理を証明しよう．この結果は，すでに第 2 章で簡単に触れたものである．

定理 1.13 f は有界閉区間 $[a,b] \subset \mathbb{R}$ 上の連続関数とする．このとき，任意の $\varepsilon > 0$ に対して，多項式 P が存在して，

$$\sup_{x \in [a,b]} |f(x) - P(x)| < \varepsilon$$

が成り立つ．別の言い方をすると，f は多項式によって一様に近似される．

証明 $[-M, M]$ は $[a, b]$ を内部に含む任意の区間とし，g は $\mathbb{R}$ 上の連続関数で $[-M, M]$ の外で 0 になり，$[a, b]$ 上で f に一致するものとする．たとえば，f を次のように拡張せよ．b から M までは $f(b)$ から 0 への線分によって，a から $-M$ までは $f(a)$ から 0 への線分によって，g を定義せよ．B を g の大きさの上界，すなわち，すべての x で $|g(x)| \le B$ をみたすものとする．このとき，$\{K_\delta\}_{\delta > 0}$ は良い核の族であり，g は台がコンパクトな連続関数であるから，系 1.7 の証明と同様に議論することができて，δ が 0 に近づくとき $g * K_\delta$ は g に一様収束することが示される．実際，すべての $x \in \mathbb{R}$ に対して，

$$|g(x) - (g * K_{\delta_0})(x)| < \varepsilon/2$$

が成り立つように δ_0 を選ぶ．ここで，e^x は，$\mathbb{R}$ 内の任意の有界閉区間で一様収束するべき級数 $e^x = \sum_{n=0}^{\infty} x^n/n!$ で与えられることを思い起こそう．よって，ある正整数 N が存在して，すべての $x \in [-2M, 2M]$ に対して

$$|K_{\delta_0}(x) - R(x)| \le \frac{\varepsilon}{4MB}$$

が成り立つ．ここに，$R(x) = \delta_0^{-1/2} \sum_{n=0}^{N} \frac{(-\pi x^2/\delta_0)^n}{n!}$ である．g は区間 $[-M, M]$ の外で消えていることに注意すると，すべての $x \in [-M, M]$ に対して

$$\begin{aligned}
|(g * K_{\delta_0})(x) - (g * R)(x)| &= \left| \int_{-M}^{M} g(t) [K_{\delta_0}(x-t) - R(x-t)] dt \right| \\
&\le \int_{-M}^{M} |g(t)| |K_{\delta_0}(x-t) - R(x-t)| dt \\
&\le 2MB \sup_{z \in [-2M, 2M]} |K_{\delta_0}(z) - R(z)| \\
&< \varepsilon/2
\end{aligned}$$

と評価されることがわかる．よって，三角不等式により，$|g(x) - (g*R)(x)| < \varepsilon$ が $x \in [-M, M]$ のときに従う．ゆえに，$|f(x) - (g*R)(x)| < \varepsilon$ が $x \in [a, b]$ のときに成り立つ．

最後に，$g*R(x)$ は x の多項式であることに注意しよう．実際，定義により $(g*R)(x) = \int_{-M}^{M} g(t)R(x-t)dt$ であるが，いくつかの (二項) 展開をすると，$R(x-t) = \sum_n a_n(t)x^n$ の有限和の形に表されるので，$R(x-t)$ は x の多項式である．これで定理の証明が終わった． ∎

2. いくつかの偏微分方程式への応用

フーリエ変換における重要な性質は，微分をするという操作と多項式をかける操作が入れ替わることであることは先に述べた．これから，この重要な事実とフーリエ逆変換の定理とを一緒に用いて，いくつかの具体的な偏微分方程式を解く．

2.1 実数直線上の時間依存熱方程式

第4章では，円周上の熱方程式を考察した．ここでは，実数直線上の類似問題を研究する．

無限に長い棒を考え，これを実数直線とみなし，時刻 $t = 0$ における棒の初期温度分布 $f(x)$ が与えられているものとする．これから，点 x，時刻 $t > 0$ における温度 $u(x, t)$ を決定したい．第1章で行ったのと同様の考察により，u を適当に正規化すると，**熱方程式**とよばれる次の偏微分方程式をみたす．

$$(8) \qquad \frac{\partial u}{\partial t} - \frac{\partial^2 u}{\partial x^2} = 0.$$

われわれの課す初期条件は $u(x, 0) = f(x)$ である．

円周上の場合と同様にして，解は畳み込みによって与えられる．実際，実数直線上の**熱核**を

$$\mathcal{H}_t(x) = K_\delta(x), \qquad \delta = 4\pi t$$

によって定義すると，

$$\mathcal{H}_t(x) = \frac{1}{(4\pi t)^{1/2}} e^{-x^2/4t}, \qquad \widehat{\mathcal{H}}_t(\xi) = e^{-4\pi^2 t \xi^2}$$

となる．

方程式 (8) の変数 x に関するフーリエ変換を (形式的に) とると，

$$\frac{\partial \hat{u}}{\partial t}(\xi, t) = -4\pi^2 \xi^2 \hat{u}(\xi, t)$$

が導かれる．ξ を固定すると，これは，独立変数 t (未知関数 $\hat{u}(\xi, \cdot)$) についての，常微分方程式であるから，定数 $A(\xi)$ が存在して，

$$\hat{u}(\xi, t) = A(\xi) e^{-4\pi^2 \xi^2 t}$$

である．初期条件のフーリエ変換もとって，$\hat{u}(\xi, 0) = \hat{f}(\xi)$ を得るから，$A(\xi) = \hat{f}(\xi)$ である．以上により，次の定理が従う．

定理 2.1 与えられた $f \in \mathcal{S}(\mathbb{R})$ に対して，

$$u(x, t) = (f * \mathcal{H}_t)(x), \qquad t > 0$$

とおく．ここに，$\mathcal{H}_t$ を熱核とする．このとき，

(i) 関数 u は，$x \in \mathbb{R}, t > 0$ で C^2 級であり，熱方程式の解になる．

(ii) $t \to 0$ のとき，x について一様に $u(x, t) \to f(x)$ である．ゆえに，$u(x, 0) = f(x)$ とおくと，u は上半平面の閉包 $\overline{\mathbb{R}^2_+} = \{(x, t) : x \in \mathbb{R}, t \geq 0\}$ で連続である．

(iii) $t \to 0$ のとき，$\int_{-\infty}^{\infty} |u(x, t) - f(x)|^2 dx \to 0$ である．

証明 $u = f * \mathcal{H}_t$ であるから，x についてのフーリエ変換をとると $\hat{u} = \hat{f} \widehat{\mathcal{H}_t}$ であり，よって $\hat{u}(\xi, t) = \hat{f}(\xi) e^{-4\pi^2 \xi^2 t}$ が得られる．フーリエ逆変換の公式を用いると，

$$u(x, t) = \int_{-\infty}^{\infty} \hat{f}(\xi) e^{-4\pi^2 \xi^2 t} e^{2\pi i \xi x} d\xi$$

である．積分記号下で微分をすることにより，(i) が確かめられる．実際，u は無限回連続微分可能であることを見ることができる．(ii) は系 1.7 からただちに従うことに注意しよう．最後に，プランシュレルの公式により，

$$\int_{-\infty}^{\infty} |u(x, t) - f(x)|^2 dx = \int_{-\infty}^{\infty} |\hat{u}(\xi, t) - \hat{f}(\xi)|^2 d\xi$$
$$= \int_{-\infty}^{\infty} |\hat{f}(\xi)|^2 |e^{-4\pi^2 t \xi^2} - 1|^2 d\xi$$

である．$t \to 0$ のとき，この最後の積分が 0 に収束することを見るために，次のように論ずる．まず，$|e^{-4\pi^2 t \xi^2} - 1| \leq 2$ で $f \in \mathcal{S}(\mathbb{R})$ であるから，ある N を見つけることができて，

$$\int_{|\xi|\geq N} |\hat{f}(\xi)|^2 \, |e^{-4\pi^2 t\xi^2} - 1|^2 d\xi < \varepsilon$$

が成り立つことがわかる．さらに $\hat{f}$ は有界であるから，すべての小さい t に対して $\sup_{|\xi|\leq N} |\hat{f}(\xi)|^2 \, |e^{-4\pi^2 t\xi^2} - 1|^2 < \varepsilon/2N$ が得られる．ゆえに，すべての小さい t に対して

$$\int_{|\xi|\leq N} |\hat{f}(\xi)|^2 \, |e^{-4\pi^2 t\xi^2} - 1|^2 d\xi < \varepsilon$$

が成り立つ．以上で定理の証明が終わった． ∎

上の定理は，初期値を f とする熱方程式の解の存在を保証する．一意性の意味を適当に定式化すると，この解は一意的でもある．これに関連して，$u = f * \mathcal{H}_t$, $f \in \mathcal{S}(\mathbb{R})$ は次の付加的性質をみたすことに注意しよう．

系 2.2 $u(\cdot, t)$ は次の意味で t について一様に $\mathcal{S}(\mathbb{R})$ に属する．すなわち，任意の $T > 0$ と各 $k, \ell \geq 0$ に対して，

(9) $$\sup_{\substack{x \in \mathbb{R} \\ 0 < t < T}} |x|^k \left| \frac{\partial^\ell}{\partial x^\ell} u(x, t) \right| < \infty$$

が成り立つ．

証明 この結果は次の評価

$$|u(x, t)| \leq \int_{|y| \leq |x|/2} |f(x-y)| \mathcal{H}_t(y) dy + \int_{|y| \geq |x|/2} |f(x-y)| \mathcal{H}_t(y) dy$$
$$\leq \frac{C_N}{(1+|x|)^N} + \frac{C}{\sqrt{t}} e^{-cx^2/t}$$

から直接導かれる．実際，f は急減少しているから，$|y| \leq |x|/2$ のとき，$|f(x-y)| \leq C_N/(1+|x|)^N$ と評価される．同様に，$|y| \geq |x|/2$ ならば，$\mathcal{H}_t(y) \leq Ct^{-1/2}e^{-cx^2/t}$ が成り立ち，よって，上の評価式が得られる．それにより，$u(x, t)$ は $0 < t < T$ で一様に急減少していることがわかる．

積分記号下で微分を実行し，上の評価式で f を f' やさらに高階導関数に置き換えるなどして，同様の議論を，u の x に関する導関数に適用することができる．∎

この系は次の一意性定理を導く．

定理 2.3 $u(x, t)$ は次をみたすとする．
 (i) u は上半平面の閉包で連続である．

(ii) u は $t > 0$ で熱方程式をみたす．
(iii) u は境界条件 $u(x, 0) = 0$ をみたす．
(iv) (9) の意味で，t について一様に $u(\cdot, t) \in \mathcal{S}(\mathbb{R})$ である．

このとき，$u = 0$ が従う．

以下では，$\partial_x^\ell u$ および $\partial_t u$ の短縮形によって $\partial^\ell u/\partial x^\ell$ や $\partial u/\partial t$ をそれぞれ表すものとする．

証明 解 $u(x, t)$ の時刻 t におけるエネルギーを
$$E(t) = \int_{\mathbb{R}} |u(x, t)|^2 dx$$
によって定義する．明らかに $E(t) \geq 0$ である．$E(0) = 0$ であるから，E が (広義の) 減少関数であることを示せば十分であり，このことは $dE/dt \leq 0$ を証明することにより達成される．u に対する仮定により，$E(t)$ を積分記号下で微分すること
$$\frac{dE}{dt} = \int_{\mathbb{R}} [\partial_t u(x, t)\bar{u}(x, t) + u(x, t)\partial_t \bar{u}(x, t)] dx$$
ができる．しかし，u は熱方程式の解であるから，$\partial_t u = \partial_x^2 u$, $\partial_t \bar{u} = \partial_x^2 \bar{u}$ であり，u およびその x に関する導関数が $|x| \to \infty$ のとき急減少することを用いて，部分積分を行うと，主張
$$\frac{dE}{dt} = \int_{\mathbb{R}} [\partial_x^2 u(x, t)\bar{u}(x, t) + u(x, t)\partial_x^2 \bar{u}(x, t)] dx$$
$$= -\int_{\mathbb{R}} [\partial_x u(x, t)\partial_x \bar{u}(x, t) + \partial_x u(x, t)\partial_x \bar{u}(x, t)] dx$$
$$= -2 \int_{\mathbb{R}} |\partial_x u(x, t)|^2 dx$$
$$\leq 0$$
が成り立つことがわかる．よって，すべての t に対して $E(t) = 0$ であり，ゆえに $u = 0$ である． ∎

熱方程式に対する他の一意性定理で (9) よりも制約の少ないものは，問題 6 の中に見つけることができる．一意性定理が破綻する例は，練習 12 と問題 4 で与えられている．

2.2 上半平面における定常熱方程式

これから考える方程式は,上半平面 $\mathbb{R}^2_+ = \{(x, y) : x \in \mathbb{R}, y > 0\}$ 上の

(10) $$\triangle u = \frac{\partial^2 u}{\partial x^2} + \frac{\partial^2 u}{\partial y^2} = 0$$

である.与える境界条件は $u(x, 0) = f(x)$ である.作用素 $\triangle$ はラプラシアンであり,上の偏微分方程式は,境界上で $u = f$ に従う半空間上の定常状態の温度分布を記述する.この問題の解を与える核は半空間上の**ポアソン核**とよばれ,

$$\mathcal{P}_y(x) = \frac{1}{\pi} \frac{y}{x^2 + y^2}, \qquad x \in \mathbb{R}, y > 0$$

で与えられる.これは,第 2 章の 5.4 節で論じた円板上のポアソン核の類似物である.

y を固定するごとに,核 $\mathcal{P}_y$ は x の関数としては,緩やかに減少する関数でしかないので,この種の関数に対してふさわしいフーリエ変換の理論を用いる (1.7 節をみよ).

時間依存熱方程式の場合と同様にして,方程式 (10) の変数 x に関する形式的フーリエ変換をとると,

$$-4\pi^2 \xi^2 \hat{u}(\xi, y) + \frac{\partial^2 \hat{u}}{\partial y^2}(\xi, y) = 0$$

と境界条件 $\hat{u}(\xi, 0) = \hat{f}(\xi)$ が導かれる.この (ξ を固定した) y に関する常微分方程式の一般解は,

$$\hat{u}(\xi, y) = A(\xi) e^{-2\pi|\xi|y} + B(\xi) e^{2\pi|\xi|y}$$

の形になる.第 2 項は急激に発散するので無視すると,$y = 0$ とおいてみることにより,

$$\hat{u}(\xi, y) = \hat{f}(\xi) e^{-2\pi|\xi|y}$$

を得る.よって,u は,f と,フーリエ変換が $e^{-2\pi|\xi|y}$ となる関数の畳み込みによって与えられる.これは,次に証明するように,正確には上で与えたポアソン核である.

補題 2.4 次の二つの等式が成り立つ.
$$\int_{-\infty}^{\infty} e^{-2\pi|\xi|y} e^{2\pi i \xi x} d\xi = \mathcal{P}_y(x),$$
$$\int_{-\infty}^{\infty} \mathcal{P}_y(x) e^{-2\pi i x \xi} dx = e^{-2\pi|\xi|y}.$$

証明 最初の公式は，積分を $-\infty$ から 0 までの積分と 0 から ∞ までの積分に分けることができるから，単純計算である．実際 $y > 0$ であるから，

$$\int_0^\infty e^{-2\pi\xi y} e^{2\pi i \xi x} d\xi = \int_0^\infty e^{2\pi i (x+iy)\xi} d\xi$$
$$= \left[\frac{e^{2\pi i (x+iy)\xi}}{2\pi i (x+iy)}\right]_0^\infty$$
$$= -\frac{1}{2\pi i (x+iy)}$$

が得られ，同様に，

$$\int_{-\infty}^0 e^{2\pi\xi y} e^{2\pi i \xi x} d\xi = \frac{1}{2\pi i (x-iy)}$$

が得られる．よって，

$$\int_{-\infty}^\infty e^{-2\pi|\xi|y} e^{2\pi i \xi x} d\xi = \frac{1}{2\pi i (x-iy)} - \frac{1}{2\pi i (x+iy)}$$
$$= \frac{y}{\pi(x^2+y^2)}.$$

さて，2 番目の公式は，フーリエ逆変換の定理を f および $\hat{f}$ が緩やかに減少する場合に適用すると得られる． ∎

補題 2.5 ポアソン核は，$y \to 0$ のとき，$\mathbb{R}$ 上の良い核になる．

証明 補題 2.4 の 2 番目の公式で $\xi = 0$ とおくと，$\int_{-\infty}^\infty \mathcal{P}_y(x) dx = 1$ が示され，明らかに $\mathcal{P}_y(x) \geq 0$ であるから，良い核の最後の性質を確かめることが残される．固定された $\delta > 0$ に対して，変数変換 $u = x/y$ を行うと，

$$\int_\delta^\infty \frac{y}{x^2+y^2} dx = \int_{\delta/y}^\infty \frac{du}{1+u^2}$$
$$= [\arctan u]_{\delta/y}^\infty = \pi/2 - \arctan(\delta/y)$$

で，これは $y \to 0$ のとき 0 に収束する．$\mathcal{P}_y(x)$ は偶関数であるから，証明が完了した． ∎

次の定理は，われわれの問題に対する解の存在を示している．

定理 2.6 与えられた $f \in \mathcal{S}(\mathbb{R})$ に対して，$u(x,y) = (f * \mathcal{P}_y)(x)$ とおく．このとき，

(i) $u(x,y)$ は $\mathbb{R}_+^2$ で C^2 級で，$\triangle u = 0$ をみたす．

(ii) $y \to 0$ のとき，一様に $u(x,y) \to f(x)$ が成り立つ．

(iii) $y \to 0$ のとき，$\int_{-\infty}^{\infty} |u(x,y) - f(x)|^2 dx \to 0$ が成り立つ．

(iv) もし $u(x,0) = f(x)$ ならば，u は上半平面の閉包 $\overline{\mathbb{R}_+^2}$ で連続であり，$|x| + y \to \infty$ のとき
$$u(x,y) \to 0$$
の意味で無限遠で消える．

証明 (i), (ii) および (iii) の証明は熱方程式の場合と同様であり，読者にまかせる．(iv) は，f が緩やかに減少する関数の場合の二つの簡単な評価から得られる．一つは，
$$|(f * \mathcal{P}_y)(x)| \leq C\left(\frac{1}{1+x^2} + \frac{y}{x^2+y^2}\right)$$
であり，これは (熱方程式の場合のように) 積分 $\int_{-\infty}^{\infty} f(x-t)\mathcal{P}_y(t)dt$ を $|t| \leq |x|/2$ の部分と $|t| \geq |x|/2$ の部分とに分けることによって証明される．もう一つは，$\sup_x \mathcal{P}_y(x) \leq c/y$ により，$|(f * \mathcal{P}_y)(x)| \leq C/y$ が得られる．

$|x| \geq |y|$ のとき，一つ目の評価を利用し，$|x| \leq |y|$ のとき，二つ目の評価を利用すると，求めるべき無限遠における減衰が得られる． ∎

次に，解が本質的に一意であることを示す．

定理 2.7 u は，上半平面の閉包 $\overline{\mathbb{R}_+^2}$ で連続で，$(x,y) \in \mathbb{R}_+^2$ で $\triangle u = 0$ をみたし，$u(x,0) = 0$ で，$u(x,y)$ は無限遠では消えるものとする．このとき，$u = 0$ である．

簡単な例 $u(x,y) = y$ により，無限遠での u の減衰に関する条件が必要なことが示される．明らかに，u は，定常熱方程式をみたし，実数直線上では消えるが，u は恒等的に零ではない．

定理の証明は，調和関数，すなわち $\triangle u = 0$ をみたす関数についての基本的事実による．この事実は調和関数のある点での値は，その点を中心とする任意の円周上の平均値に等しいというものである．

補題 2.8 (平均値の性質) Ω を $\mathbb{R}^2$ 内の開集合とし，u を Ω で C^2 級で $\triangle u = 0$ をみたす関数とする．(x,y) を中心とする半径 R の円板の閉包が Ω に含まれて

いるならば，$0 \leq r \leq R$ をみたすすべての r に対して，
$$u(x, y) = \frac{1}{2\pi} \int_0^{2\pi} u(x + r\cos\theta, y + r\sin\theta) \, d\theta$$
が成り立つ．

証明 $U(r, \theta) = u(x + r\cos\theta, y + r\sin\theta)$ とおく．ラプラシアンを極座標で表すと，$\triangle u = 0$ ならば，
$$0 = \frac{\partial^2 U}{\partial \theta^2} + r\frac{\partial}{\partial r}\left(r\frac{\partial U}{\partial r}\right)$$
である．$F(r) = \frac{1}{2\pi}\int_0^{2\pi} U(r, \theta) \, d\theta$ と定義すると，上の式から，
$$r\frac{\partial}{\partial r}\left(r\frac{\partial F}{\partial r}\right) = \frac{1}{2\pi}\int_0^{2\pi} -\frac{\partial^2 U}{\partial \theta^2}(r, \theta) d\theta$$
である．$\partial U / \partial \theta$ は周期関数なので，$\partial^2 U / \partial \theta^2$ の円周上の積分は消え，ゆえに $r\frac{\partial}{\partial r}\left(r\frac{\partial F}{\partial r}\right) = 0$ になり，その結果，$r\frac{\partial F}{\partial r}$ は定数でなくてはならない．$r = 0$ での値をかんがみて，$\frac{\partial F}{\partial r} = 0$ がわかる．よって，F は定数であるが，$F(0) = u(x, y)$ であるから，最終的にすべての $0 \leq r \leq R$ をみたす r に対して，$F(r) = u(x, y)$ であることがわかる．

最後に，上の議論は第 2 章の定理 5.7 において，隠れた形で現れたことに注意しよう． ∎

定理 2.7 の証明は背理法による．u の実部と虚部に分けて考えると，u 自体が実数値で，あるところで真に正である，すなわち，ある $x_0 \in \mathbb{R}$ と $y_0 > 0$ に対して，$u(x_0, y_0) > 0$ であると仮定してよい．これが矛盾を導くことを見よう．まず，u は無限遠で消えるから，半径 R の大きい半円板 $D_R^+ = \{(x, y) : x^2 + y^2 \leqslant R^2, y \geq 0\}$ をとることができて，その外では $u(x, y) \leq \frac{1}{2}u(x_0, y_0)$ となるようにできる．次に，u は D_R^+ で連続であるから，そこで最大値 M をとるので，ある点 $(x_1, y_1) \in D_R^+$ が存在して，$u(x_1, y_1) = M$ となり，半円板では $u(x, y) \leq M$ となる．さらに，半円板の外では $u(x, y) \leq \frac{1}{2}u(x_0, y_0) \leq M/2$ であるから，上半平面全体で $u(x, y) \leq M$ である．ここで，調和関数の平均値の性質により，上半平面に含まれるすべての円周に対して，
$$u(x_1, y_1) = \frac{1}{2\pi}\int_0^{2\pi} u(x_1 + \rho\cos\theta, y_1 + \rho\sin\theta) \, d\theta$$

であることが従う．特に，この式は $0 < \rho < y_1$ で成り立つ．$u(x_1, y_1)$ は最大値 M に等しく，$u(x_1 + \rho\cos\theta, y_1 + \rho\sin\theta) \leq M$ であるから，(u の) 連続性により，円板全体で $u(x_1 + \rho\cos\theta, y_1 + \rho\sin\theta) = M$ が従う．もしそうでなければ，円周上の長さ $\delta > 0$ の弧上で $u(x, y) \leq M - \varepsilon$ であり，

$$\frac{1}{2\pi}\int_0^{2\pi} u(x_1 + \rho\cos\theta, y_1 + \rho\sin\theta)\,d\theta \leq M - \frac{\varepsilon\delta}{2\pi} < M$$

となって，$u(x_1, y_1) = M$ であることに矛盾する．さて，$\rho \to y_1$ として，再び u の連続性を用いると，$u(x_1, 0) = M > 0$ が従うことがわかるが，これは，すべての x に対して $u(x, 0) = 0$ であることに矛盾する．

3. ポアソンの和公式

フーリエ変換の定義はフーリエ級数の連続版で，かつ実数直線上で定義された関数に応用可能な理論への要請からきたものであった．ここでは，円周上の関数の解析学と関連する実数直線上の関数の解析学には，さらなる特筆すべきつながりがあることを紹介する．

実数直線上の与えられた関数 $f \in \mathcal{S}(\mathbb{R})$ に対して，円周上の新しい関数を

$$F_1(x) = \sum_{n=-\infty}^{\infty} f(x+n)$$

によって構成することができる．f は急減少しているから，この級数は $\mathbb{R}$ のすべてのコンパクト集合上で絶対かつ一様収束し，したがって F_1 は連続である．上の和の中で n から $n+1$ へ進めると，F_1 を定義する級数の項がずれるだけなので，$F_1(x) = F_1(x+1)$ となることに注意しよう．ゆえに，F_1 は周期 1 の周期関数である．関数 F_1 は，f の**周期化**とよばれる．

f の「周期化関数」へたどり着くもう一つの方法があり，これはフーリエ解析によるものである．等式

$$f(x) = \int_{-\infty}^{\infty} \hat{f}(\xi) e^{2\pi i \xi x} d\xi$$

から出発して，その離散的類似物を，積分を和

$$F_2(x) = \sum_{n=-\infty}^{\infty} \hat{f}(n) e^{2\pi i n x}$$

に置き換えることによって考察しよう．再び $\hat{f}$ はシュワルツ空間に属するので，

和は絶対かつ一様収束する．さらに，各指数関数 $e^{2\pi inx}$ は，周期 1 の周期関数なので，F_2 も周期 1 の周期関数である．

重要なことは，F_1 と F_2 を作るこれら二つのアプローチが，実際には同じ関数へと至ることである．

定理 3.1（ポアソンの和公式） $f \in \mathcal{S}(\mathbb{R})$ ならば，
$$\sum_{n=-\infty}^{\infty} f(x+n) = \sum_{n=-\infty}^{\infty} \hat{f}(n) e^{2\pi inx}$$
が成り立つ．特に $x = 0$ とおくと，
$$\sum_{n=-\infty}^{\infty} f(n) = \sum_{n=-\infty}^{\infty} \hat{f}(n)$$
である．

別の言い方をすると，f の周期化のフーリエ係数は，f のフーリエ変換の整数全体での値によって正確に与えられるということである．

証明 最初の公式を確かめるには，第 2 章の定理 2.1 を使って，(連続関数である) 両辺が (円周上の関数としてみて) 同じフーリエ係数をもつことを示せば十分である．明らかに，右辺の m 番目のフーリエ係数は $\hat{f}(m)$ である．左辺については，
$$\int_0^1 \Big(\sum_{n=-\infty}^{\infty} f(x+n)\Big) e^{-2\pi imx} dx = \sum_{n=-\infty}^{\infty} \int_0^1 f(x+n) e^{-2\pi imx} dx$$
$$= \sum_{n=-\infty}^{\infty} \int_n^{n+1} f(y) e^{-2\pi imy} dy$$
$$= \int_{-\infty}^{\infty} f(y) e^{-2\pi imy} dy$$
$$= \hat{f}(m)$$
である．ここに，f は急減少しているから，和と積分の順序交換は許される．これで定理の証明が完了した． ∎

この定理は，仮定を弱めて f および $\hat{f}$ が緩やかに減少する関数である場合に拡張されることを見よう．実際，証明は変わらない．

周期化という操作は，数多くの問題において，たとえばポアソンの和公式が応用で

きないときでも，重要であることがわかる．初等関数 $f(x) = 1/x$, $x \neq 0$ 使って例を構成しよう．その周期化 $\sum_{n=-\infty}^{\infty} 1/(x+n)$ は，対称的に和をとると，余接関数の部分分数展開を与える．実際，この和は x が整数でないとき収束する．同様に，$f(x) = 1/x^2$ に対して，$x \notin \mathbb{Z}$ のときは，$\sum_{n=-\infty}^{\infty} 1/(x+n)^2 = \pi^2/(\sin \pi x)^2$ が得られる (練習 15 を見よ)．

3.1 テータ関数とゼータ関数

$s > 0$ に対して，**テータ関数** $\vartheta(s)$ を

$$\vartheta(s) = \sum_{n=-\infty}^{\infty} e^{-\pi n^2 s}$$

によって定義する．s に対する条件は，級数の絶対収束を保証する．この特殊関数について重要な事実は，次の関数等式をみたすことである．

定理 3.2 $s > 0$ のとき，

$$s^{-1/2} \vartheta(1/s) = \vartheta(s)$$

が成り立つ．

この等式の証明は，ポアソンの和公式を関数の組

$$f(x) = e^{-\pi s x^2}, \qquad \hat{f}(\xi) = s^{-1/2} e^{-\pi \xi^2/s}$$

に単純に応用することによる．

テータ関数 $\vartheta(s)$ は，$\mathrm{Re}(s) > 0$ をみたす複素変数 s にも拡張されて，関数等式はそのまま成立する．テータ関数は，整数論で重要な関数である**ゼータ関数**

$$\zeta(s) = \sum_{n=1}^{\infty} \frac{1}{n^s}, \qquad \mathrm{Re}(s) > 1$$

と密接な関係がある．この関数が素数に関する重要な情報をもたらすことを後で見てみよう (第 8 章を見よ)．

ζ, ϑ ともう一つの重要な関数 Γ は，次の等式

$$\pi^{-s/2} \Gamma(s/2) \zeta(s) = \frac{1}{2} \int_0^\infty t^{s/2-1} (\vartheta(s) - 1) dt$$

によって互いに関わりをもつ．ここに，この等式は $s > 1$ で成立する (練習 17 と 18)．

関数 ϑ に戻って, $\Theta(z|\tau)$ を $\mathrm{Im}(\tau) > 0, z \in \mathbb{C}$ に対して

$$\Theta(z|\tau) = \sum_{n=-\infty}^{\infty} e^{i\pi n^2 \tau} e^{2\pi i n z}$$

によって定義する. $z=0, \tau=is$ とおくと, $\Theta(z|\tau) = \vartheta(s)$ を得る.

3.2 熱核

ポアソンの和公式およびテータ関数に関連したもう一つの応用は, 円周上の時間依存熱方程式である. 方程式

$$\frac{\partial u}{\partial t} = \frac{\partial^2 u}{\partial x^2}$$

の解で, 周期1の周期関数 f に対して $u(x,0) = f(x)$ をみたす解は, 前章において

$$u(x,t) = (f * H_t)(x)$$

によって与えられた. ここに, $H_t(x)$ は円周上の熱核, すなわち,

$$H_t(x) = \sum_{n=-\infty}^{\infty} e^{-4\pi^2 n^2 t} e^{2\pi i n x}$$

である. 特に, 前節のテータ関数の一般化の定義を用いると, $\Theta(x|4\pi it) = H_t(x)$ となることに注意せよ. また, $\mathbb{R}$ 上の熱方程式は熱核

$$\mathcal{H}_t(x) = \frac{1}{(4\pi t)^{1/2}} e^{-x^2/4t}$$

をもたらし, $\widehat{\mathcal{H}_t}(\xi) = e^{-4\pi^2 \xi^2 t}$ であることを思い起こそう. これら二つの間の基本的な関係は, ポアソンの和公式からただちに得られる.

定理 3.3 円周上の熱核は実数直線上の熱核の周期化

$$H_t(x) = \sum_{n=-\infty}^{\infty} \mathcal{H}_t(x+n)$$

である.

$\mathcal{H}_t$ が良い核であることの証明はかなり簡単であったが, H_t が良い核であるかどうかというのはより難しい問題であり, そのままにしておいた. 上の定理はこの問題を解決させてくれる.

系 3.4 核 $H_t(x)$ は, $t \to 0$ のとき, 良い核である.

証明 $\int_{|x|\leq 1/2} H_t(x) = 1$ であることはすでに見た．また，$H_t \geq 0$ であることに注意しよう．これは $\mathcal{H}_t \geq 0$ であるから，上の公式からただちに得られる．最後に，$|x| \leq 1/2$ のとき，

$$H_t(x) = \mathcal{H}_t(x) + \mathcal{E}_t(x)$$

と分解され，誤差項は，ある定数 $c_1, c_2 > 0$ と変数 $0 < t \leq 1$ に対して $|\mathcal{E}_t(x)| \leq c_1 e^{-c_2/t}$ をみたすことを示そう．これを見るために，定理の公式により

$$H_t(x) = \mathcal{H}_t(x) + \sum_{|n|\geq 1} \mathcal{H}_t(x+n)$$

であり，よって，$|x| \leq 1/2$ であるから，

$$\mathcal{E}_t(x) = \frac{1}{\sqrt{4\pi t}} \sum_{|n|\geq 1} e^{-(x+n)^2/4t} \leq C t^{-1/2} \sum_{n\geq 1} e^{-cn^2/t}$$

であることに注意しよう．$0 < t \leq 1$ のとき，$n^2/t \geq n^2$，$n^2/t \geq 1/t$ であるから，$e^{-cn^2/t} \leq e^{-\frac{c}{2}n^2} e^{-\frac{c}{2}\frac{1}{t}}$ であることに注意しよう．これらにより，

$$|\mathcal{E}_t(x)| \leq C t^{-1/2} e^{-\frac{c}{2}\frac{1}{t}} \sum_{n\geq 1} e^{-\frac{c}{2}n^2} \leq c_1 e^{-c_1/t}$$

が従う．主張の証明は完了し，結果として，$t \to 0$ のとき $\int_{|x|\leq 1/2} |\mathcal{E}_t(x)|dx \to 0$ が得られる．以上により，H_t が $t \to 0$ のとき

$$\int_{\eta<|x|\leq 1/2} |H_t(x)|dx \to 0$$

をみたすことは，$\mathcal{H}_t$ もそうであることから，明らかである． ■

3.3 ポアソン核

熱核に対する上の議論と同様の方法で，円板上のポアソン核と上半平面上のポアソン核の関係を述べることができる．ここに，

$$P_r(\theta) = \frac{1-r^2}{1-2r\cos\theta+r^2}, \qquad \mathcal{P}_y(x) = \frac{1}{\pi}\frac{y}{x^2+y^2}$$

である．

定理 3.5 $r = e^{-2\pi y}$ とおくと，$P_r(2\pi x) = \sum_{n\in\mathbb{Z}} \mathcal{P}_y(x+n)$ が成り立つ．

これは，再び，ポアソンの和公式を $f(x) = \mathcal{P}_y(x)$ と $\hat{f}(\xi) = e^{-2\pi|\xi|y}$ に応用

すると，ただちに得られる系である．もちろん，ここではポアソンの和公式を f および $\hat{f}$ が緩やかに減少するという仮定の下に用いる．

4. ハイゼンベルグの不確定性原理

この原理の数学上の要点は，関数とそのフーリエ変換の関係によって定式化される．最も曖昧かつ一般的な形でいうと，関数とそのフーリエ変換の両方をともに本質的に局所化することはできないということが，根本にある基本法則である．いくらかより正確にいうならば，もし関数の零でない部分の大半が，長さ L の区間に集中しているならば，そのフーリエ変換の零でない部分の大半は，L^{-1} よりも本質的に小さい区間に横たわることはできない．正確な記述は以下の通りである．

定理 4.1 ψ は $\mathcal{S}(\mathbb{R})$ の関数で，正規化条件 $\int_{-\infty}^{\infty} |\psi(x)|^2 dx = 1$ をみたすものとする．このとき，
$$\left(\int_{-\infty}^{\infty} x^2 |\psi(x)|^2 dx\right)\left(\int_{-\infty}^{\infty} \xi^2 |\hat{\psi}(\xi)|^2 d\xi\right) \geq \frac{1}{16\pi^2}$$
であり，等号は $\psi(x) = Ae^{-Bx^2}$ で $B > 0$, $A^2 = \sqrt{2B/\pi}$ のときに成立し，そのときに限る．

さらに，任意の $x_0, \xi_0 \in \mathbb{R}$ に対して，
$$\left(\int_{-\infty}^{\infty} (x-x_0)^2 |\psi(x)|^2 dx\right)\left(\int_{-\infty}^{\infty} (\xi-\xi_0)^2 |\hat{\psi}(\xi)|^2 d\xi\right) \geq \frac{1}{16\pi^2}$$
が成り立つ．

証明 2番目の不等式は1番目の不等式で $\psi(x)$ を $e^{-2\pi i x \xi_0} \psi(x + x_0)$ で置き換えると実際に得られる．1番目の不等式を証明するために，次のように論ずる．正規化条件 $\int |\psi|^2 = 1$ から出発し，ψ および ψ' は急減少しているから，部分積分を用いると，
$$1 = \int_{-\infty}^{\infty} |\psi(x)|^2 dx$$
$$= -\int_{-\infty}^{\infty} x \frac{d}{dx} |\psi(x)|^2 dx$$
$$= -\int_{-\infty}^{\infty} \left(x\psi'(x)\overline{\psi(x)} + x\overline{\psi'(x)}\psi(x)\right) dx$$

が得られる．最後の等式は $|\psi|^2 = \psi\bar{\psi}$ より従う．よって，コーシー - シュヴァルツの不等式により

$$1 \leq 2\int_{-\infty}^{\infty} |x|\,|\psi(x)|\,|\psi'(x)|dx$$
$$\leq 2\Bigl(\int_{-\infty}^{\infty} x^2 |\psi(x)|^2 dx\Bigr)^{1/2} \Bigl(\int_{-\infty}^{\infty} |\psi'(x)|^2 dx\Bigr)^{1/2}$$

である．等式

$$\int_{-\infty}^{\infty} |\psi'(x)|^2 dx = 4\pi^2 \int_{-\infty}^{\infty} \xi^2 |\hat{\psi}(\xi)|^2 d\xi$$

は，フーリエ変換の性質とプランシュレルの公式により成り立つが，これにより定理の不等式の証明が終わる．

もし等式が成り立つならば，コーシー - シュヴァルツの不等式を適用したところでも等式が成り立たなくてはならず，その結果，ある定数 β に対して，$\psi'(x) = \beta x \psi(x)$ であることがわかる．この方程式の (一般) 解は (任意) 定数 A を用いて，$\psi(x) = Ae^{\beta x^2/2}$ で与えられる．ψ はシュワルツ関数であることを要請するので，$\beta = -2B < 0$ でなくてはならず，さらに，正規化条件 $\int_{-\infty}^{\infty} |\psi(x)|^2 dx = 1$ を課していることにより，示すべき $A^2 = \sqrt{2B/\pi}$ が得られる． ∎

定理 4.1 の正確な主張が明るみに出たのは，量子力学の研究においてであった．どの程度まで粒子の位置と運動量を同時に決めることができるのかを考察するとき，その問題が生じたのである．(たとえば) 実数直線上を動く電子を考察しているとすると，物理学の法則に従って，現象は「状態関数」ψ に支配される．ψ は，$\mathcal{S}(\mathbb{R})$ に属すると仮定することができて，

(11) $$\int_{-\infty}^{\infty} |\psi(x)|^2 dx = 1$$

の要請に従って正規化されている．粒子の位置は，確定点 x として決定されるのではなく，その確からしい位置が，次の量子力学の法則によって与えられる：

- 粒子が区間 (a, b) に存在する確率は $\int_a^b |\psi(x)|^2 dx$ である．

この法則に従って，粒子の確からしい位置を ψ を用いて計算することができる．実際，粒子が区間 (a', b') に存在する確率は，ほんの小さな確率かもしれないが，しかし，それにもかかわらず，$\int_{-\infty}^{\infty} |\psi(x)|^2 dx = 1$ であるから，それは実数直線上のどこかに存在するのである．

確率密度 $|\psi(x)|^2 dx$ に加えて，粒子が存在する位置の**期待値**というものがある．
この期待値は，$|\psi(x)|^2 dx$ によって定まる確率密度を与えられた粒子の位置に関する最もよい予想であり，

(12)
$$\bar{x} = \int_{-\infty}^{\infty} x|\psi(x)|^2 dx$$

によって定義される量である．

なぜ，これは最もよい推定なのであろうか？ 粒子が実数直線上の有限個の相異なる点 $x_1, x_2, \cdots, x_N$ 上に見出されるものとし，粒子が x_i に存在する確率が p_i で，$p_1 + p_2 + \cdots + p_N = 1$ であると仮定されたより単純な (理想化された) 状況を考えよう．このとき，もし他の情報が何も得られなくて，粒子の位置を選択させられることになったら，自然に $\bar{x} = \sum_{i=1}^{N} p_i x_i$ を選ぶであろう．これは，とり得る位置の適当な重み付きの平均値である．物理量 (12) は，この量の一般化され (積分され) たものである．

次に，**分散**という概念を導入する．これは，われわれの言葉でいうと，期待値に付随する**不確定性**のことである．粒子の期待される位置は ((12) で与えられる) $\bar{x}$ だと決定してしまうと，その結果から生ずる不確定性は

(13)
$$\int_{-\infty}^{\infty} (x - \bar{x})^2 |\psi(x)|^2 dx$$

という量になる．ψ が $\bar{x}$ の近傍に大きく集中していると，x が $\bar{x}$ の近くに存在する確率は高くなり，そのため (13) は小さくなることに注意する．なぜならば，積分へのほとんどの寄与は，$\bar{x}$ の近くの x の値をとるからである．この場合，不確定性は小さい．一方，ψ が，かなり平ら (すなわち，確率密度 $|\psi(x)|^2 dx$ が，あまり集中していない) ならば，積分 (13) は，かなり大きくなる．なぜならば，$(x - \bar{x})^2$ の大きい値が現れて，不確定性は比較的大きくなるからである．

期待値 $\bar{x}$ は不確定性 $\int_{-\infty}^{\infty} (x - \bar{x})^2 |\psi(x)|^2 dx$ を最小にする選択であることを見ることも重要である．実際，$\bar{x}$ についての導関数を 0 とすることによって，この量の最小値を求めようとすると，$2\int_{-\infty}^{\infty} (x - \bar{x})|\psi(x)|^2 dx = 0$ が得られて，これは (12) を与える．

これまで，粒子の位置に関連した「期待値」と「不確定性」について議論してきた．同等に考察すべき量は，運動量に関わる対応する概念である．量子力学の対応する法則は以下の通りである：

- 粒子の運動量 ξ が, 区間 (a, b) に属する確率は, $\int_a^b |\hat{\psi}(\xi)|^2 d\xi$ である. ここに, $\hat{\psi}$ は ψ のフーリエ変換である.

これら二つの法則と定理 4.1 を併せると, 粒子の位置の不確実性と運動量の不確実性の積の下限として, $1/16\pi^2$ を与える. よって, 粒子の位置について確実性が高いほど, 粒子の運動量については確実性が低下し, その逆も成り立つ. しかし, スケールを大きさを取り直して測定の単位を変えることにより, われわれは二つの法則の叙述を単純化してしまった. 実際には, プランク定数とよばれる, 基本的な小さい物理定数 $\hbar$ が入る. (物理学的に) 正しい考察をすると, 物理学的結論は

$$(\text{位置の不確定性}) \times (\text{運動量の不確定性}) \geq \hbar/16\pi^2$$

である.

5. 練習

1. 第 2 章の系 2.3 は, 次の簡単化されたフーリエ逆変換の公式を導く. f は, 台が $[-M, M]$ に含まれる連続関数で, そのフーリエ変換 $\hat{f}$ は緩やかに減少すると仮定する.

(a) $L/2 > M$ をみたす L を固定して, $f(x) = \sum_{n=-\infty}^{\infty} a_n(L) e^{2\pi inx/L}$ となることを示せ. ここに,

$$a_n(L) = \frac{1}{L}\int_{-L/2}^{L/2} f(x)\, e^{-2\pi inx/L} dx = \frac{1}{L}\hat{f}(n/L)$$

である. $\delta = 1/L$ とおいて, $f(x) = \delta \sum_{n=-\infty}^{\infty} \hat{f}(n\delta) e^{2\pi in\delta x}$ と書いてもよい.

(b) F が連続で緩やかに減少するならば,

$$\int_{-\infty}^{\infty} F(\xi)d\xi = \lim_{\substack{\delta \to 0 \\ \delta > 0}} \delta \sum_{n=-\infty}^{\infty} F(n\delta)$$

を証明せよ.

(c)
$$f(x) = \int_{-\infty}^{\infty} \hat{f}(\xi)\, e^{2\pi ix\xi} d\xi$$

を導出せよ.

[ヒント：(a) については, f の $[-L/2, L/2]$ 上のフーリエ級数は ($\hat{f}$ が緩やかに減少するので) 絶対収束することに注意せよ. (b) については, まず, 積分を $\int_{-N}^{N} F$ で, 和を

$\delta \sum_{|n| \leq N/\delta} F(n\delta)$ で近似せよ．さらに，その積分をリーマン和で近似せよ．]

2. f と g を

$$f(x) = \chi_{[-1,1]}(x) = \begin{cases} 1, & |x| \leq 1, \\ 0, & \text{その他}, \end{cases} \qquad g(x) = \begin{cases} 1-|x|, & |x| \leq 1, \\ 0, & \text{その他} \end{cases}$$

で定義される関数とする．f は連続でないが，そのフーリエ変換を定義する積分は意味をなす．

$$\hat{f}(\xi) = \frac{\sin 2\pi\xi}{\pi\xi}, \qquad \hat{g}(\xi) = \left(\frac{\sin \pi\xi}{\pi\xi}\right)^2$$

を示し，$\hat{f}(0) = 2, \hat{g}(0) = 1$ も確かめよ．

3. 次の練習は，$\hat{f}$ の減衰が f の連続性と関連する原理を説明するものである．

(a) f は $\mathbb{R}$ 上の緩やかに減少する関数で，そのフーリエ変換は連続で，ある $0 < \alpha < 1$ が存在して，$|\xi| \to \infty$ のとき

$$\hat{f}(\xi) = O\left(\frac{1}{|\xi|^{1+\alpha}}\right)$$

をみたすことを仮定する．f は α 次のヘルダー条件，すなわち，ある $M > 0$ が存在して，すべての $x, h \in \mathbb{R}$ に対して

$$|f(x+h) - f(x)| \leq M|h|^{\alpha}$$

をみたすことを証明せよ．

(b) f は $\mathbb{R}$ 上の連続関数で，$|x| \geq 1$ で消えていて，$f(0) = 0$ で，原点の近傍では $1/\log(1/|x|)$ に一致するものとする．$\hat{f}$ は緩やかに減少する関数でないことを証明せよ．実際，$|\xi| \to \infty$ のとき，$\hat{f}(\xi) = O(1/|\xi|^{1+\varepsilon})$ となる $\varepsilon > 0$ は存在しない．
[ヒント：(a) については，フーリエ逆変換の公式を用いて，$f(x+h) - f(x)$ を $\hat{f}$ の積分で表わし，この積分を，ξ の二つの領域 $|\xi| \leq 1/|h|$ と $|\xi| \geq 1/|h|$ に分けて評価せよ．]

4. バンプ関数． 台がコンパクトな $\mathcal{S}(\mathbb{R})$ の関数の例は，解析学において頻繁に利用される．いくつかの例をあげる．

(a) $a < b$ とし，f は $x \leq a$ または $x \geq b$ のとき $f(x) = 0, a < x < b$ のとき，

$$f(x) = e^{-1/(x-a)} \, e^{-1/(b-x)}$$

をみたす関数とする．f は $\mathbb{R}$ 上の無限回連続微分可能な関数であることを示せ．

(b) $\mathbb{R}$ 上の無限回連続微分可能な関数 F が存在して，$x \leq a$ のとき $F(x) = 0, x \geq b$ のとき $F(x) = 1$，$[a, b]$ 上で F は狭義単調増加関数，となることを証明せよ．

(c) $\delta > 0$ は $a + \delta < b - \delta$ をみたす小さい数とする．$\mathbb{R}$ 上の無限回連続微分可能な関数 g が存在して，$x \leq a$ または $x \geq b$ のとき $g(x) = 0$，$[a+\delta, b-\delta]$ 上で $g(x) = 1$,

$[a, a+\delta]$ および $[b-\delta, b]$ 上で g は狭義単調な関数,となることを示せ.
[ヒント:(b) については,c を適当な定数として,$F(x) = c\int_{-\infty}^{x} f(t)dt$ を考察せよ.]

5. f は連続で緩やかに減少すると仮定する.
  (a) $|\xi| \to \infty$ のとき,$\hat{f}(\xi) \to 0$ であることを証明せよ.
  (b) すべての ξ に対して $\hat{f}(\xi) = 0$ ならば,f は恒等的に 0 であることを示せ.

[ヒント:(a) については,$\hat{f}(\xi) = \dfrac{1}{2}\int_{-\infty}^{\infty}[f(x) - f(x - 1/(2\xi))]e^{-2\pi i x\xi}dx$ を示せ.(b) については,$g \in \mathcal{S}(\mathbb{R})$ ならば,乗法公式 $\int f(x)\hat{g}(x)dx = \int \hat{f}(y)g(y)dy$ が成り立つことを確かめよ.]

6. 関数 $e^{-\pi x^2}$ はそれ自身のフーリエ変換と一致する.(定数倍を除いて) それ自身のフーリエ変換と一致する他の関数を構成せよ.この場合,定数倍とは,どのようなものでなくてはならないだろうか? これを決めるために,$\mathcal{F}^4 = I$ を示せ.ここに,$\mathcal{F}(f) = \hat{f}$ はフーリエ変換で,$\mathcal{F}^4 = \mathcal{F} \circ \mathcal{F} \circ \mathcal{F} \circ \mathcal{F}$ で,I は恒等作用素 $(If)(x) = f(x)$ である (問題 7 も参照せよ).

7. 二つの緩やかに減少する関数の畳み込みは,緩やかに減少する関数であることを証明せよ.[ヒント:まず,
$$\int f(x-y)g(y)dy = \int_{|y|\leq |x|/2} + \int_{|y|\geq |x|/2}$$
と分解せよ.1 番目の積分では $f(x-y) = O(1/(1+x^2))$ であるが,2 番目の積分では $g(y) = O(1/(1+x^2))$ である.]

8. f が,連続で緩やかに減少する関数で,すべての $x \in \mathbb{R}$ に対して $\int_{-\infty}^{\infty} f(y)e^{-y^2}e^{2xy}dy = 0$ をみたすならば,$f = 0$ であることを証明せよ.
[ヒント:$f * e^{-x^2}$ を考えよ.]

9. f が緩やかに減少する関数ならば,
(14) $$\int_{-R}^{R}\left(1 - \frac{|\xi|}{R}\right)\hat{f}(\xi)e^{2\pi i x\xi}d\xi = (f * \mathcal{F}_R)(x)$$
である.ここに,実数直線上のフェイェール核 $\mathcal{F}_R$ は
$$\mathcal{F}_R(t) = \begin{cases} R\left(\dfrac{\sin \pi tR}{\pi tR}\right)^2, & t \neq 0, \\ R, & t = 0 \end{cases}$$
によって定義される.$R \to \infty$ のとき $\{\mathcal{F}_R\}$ は良い核の族であること,さらに,(14) は $R \to \infty$ のとき,一様に $f(x)$ に収束することを示せ.これは,フーリエ級数に対する

フェイェールの定理の，フーリエ変換における類似である．

10. 以下はワイエルシュトラスの近似定理の別証明の概要である．
ランダウ核を
$$L_n(x) = \begin{cases} \dfrac{(1-x^2)^n}{c_n}, & -1 \leq x \leq 1, \\ 0, & |x| \geq 1 \end{cases}$$
によって定義する．ここに，定数 c_n は，$\int_{-\infty}^{\infty} L_n(x)dx = 1$ となるように選ぶ．$n \to \infty$ のとき，$\{L_n\}_{n \geq 0}$ は良い核の族であることを証明せよ．その結果として，f が $[-1/2, 1/2]$ に含まれる台をもつ連続関数ならば，$(f * L_n)(x)$ は $[-1/2, 1/2]$ 上の多項式の列で，f に一様収束することを示せ．
[ヒント：まず，$c_n \geq 2/(n+1)$ を示せ．]

11. u は $u = f * \mathcal{H}_t$, $f \in \mathcal{S}(\mathbb{R})$ で与えられる熱方程式の解とする．$u(x,0) = f(x)$ とおくと，u は上半平面の閉包で連続であること，および，無限遠で消えること，すなわち，$|x| + t \to \infty$ のとき
$$u(x, t) \to 0$$
となることを証明せよ．
[ヒント：u が無限遠で消えることを証明するには，(i) $|u(x,t)| \leq C/\sqrt{t}$ と，(ii) $|u(x,t)| \leq C/(1+|x|^2) + Ct^{-1/2}e^{-cx^2/t}$ を示せ．(i) を $|x| \leq t$ の場合に，(ii) を他の場合に用いよ．]

12. 次で定義される関数
$$u(x, t) = \frac{x}{t}\mathcal{H}_t(x)$$
は $t > 0$ で熱方程式をみたし，すべての x に対して $\lim_{t \to 0} u(x,t) = 0$ をみたすが，u は原点では連続で ない ことを示せ．
[ヒント：c を (正) 定数として，放物線 $x^2/4t = c$ 上の (x,t) を原点に近づけよ．]

13. 帯状領域 $\{(x,y) : 0 < y < 1, -\infty < x < \infty\}$ 上の調和関数に対する，次の一意性定理を証明せよ：u が帯状領域で調和で，その閉包で連続で，すべての $x \in \mathbb{R}$ に対して $u(x,0) = u(x,1) = 0$ で，無限遠で消えているならば，$u = 0$ である．

14. 実数直線上のフェイェール核 $\mathcal{F}_N$(練習 9) の周期化は，周期 1 の周期関数に対するフェイェール核に等しいことを証明せよ．別の言い方をすると，N が整数で $N \geq 1$ のとき，

$$\sum_{n=-\infty}^{\infty} \mathcal{F}_N(x+n) = F_N(x)$$

が成り立つ．ここに，

$$F_N(x) = \sum_{n=-N}^{N} \left(1 - \frac{|n|}{N}\right) e^{2\pi i n x} = \frac{1}{N} \frac{\sin^2(N\pi x)}{\sin^2(\pi x)}$$

である．

15. この練習は周期化の別の例を与える．

(a) 練習 2 の関数 g にポアソンの和公式を適用して，整数でない任意の実数 α に対して

$$\sum_{n=-\infty}^{\infty} \frac{1}{(n+\alpha)^2} = \frac{\pi^2}{(\sin \pi\alpha)^2}$$

を導け．

(b) (a) の結果を利用して，整数でない任意の実数 α に対して

(15) $$\sum_{n=-\infty}^{\infty} \frac{1}{n+\alpha} = \frac{\pi}{\tan \pi\alpha}$$

を証明せよ．[ヒント：まず，$0 < \alpha < 1$ の場合に証明せよ．そのために，(a) の公式を積分せよ．(15) の左辺の級数の (収束の) 正確な意味は何か？ $\alpha = 1/2$ で考察してみよ．]

16. 実数直線上のディリクレ核を

$$\int_{-R}^{R} \hat{f}(\xi) e^{2\pi i x \xi} d\xi = (f * \mathcal{D}_R)(x), \qquad \mathcal{D}_R(x) = \widehat{\chi_{[-R,\,R]}}(x) = \frac{\sin(2\pi R x)}{\pi x}$$

によって定義する．また，周期 1 の周期関数に対する修正ディリクレ核を

$$D_N^*(x) = \sum_{|n| \leq N-1} e^{2\pi i n x} + \frac{1}{2}\left(e^{-2\pi i N x} + e^{2\pi i N x}\right)$$

によって定義する．練習 15 の結果は，$N \geq 1$ をみたす整数 N に対して

$$\sum_{n=-\infty}^{\infty} \mathcal{D}_N(x+n) = D_N^*(x)$$

を導くこと，および，無限和は対称にとらなくてはならないことを示せ．別の言い方をすると，$\mathcal{D}_N$ の周期化は，修正ディリクレ核 D_N^* である．

17. ガンマ関数は，$s > 0$ に対して

$$\Gamma(s) = \int_0^{\infty} e^{-x} x^{s-1} dx$$

によって定義される．

(a) $s > 0$ に対して，上の積分は意味をもつこと，すなわち，次の二つの極限値

$$\lim_{\substack{\delta \to 0 \\ \delta > 0}} \int_\delta^1 e^{-x} x^{s-1} dx, \qquad \lim_{A \to \infty} \int_1^A e^{-x} x^{s-1} dx$$

が存在することを示せ．

(b) $s > 0$ ならば $\Gamma(s+1) = s\Gamma(s)$ が成り立つことを証明し，$n \geq 1$ となるすべての整数 n に対して $\Gamma(n+1) = n!$ を導け．

(c) 次を示せ：

$$\Gamma\left(\frac{1}{2}\right) = \sqrt{\pi}, \qquad \Gamma\left(\frac{3}{2}\right) = \frac{\sqrt{\pi}}{2}.$$

[ヒント：(c) については，$\int_{-\infty}^\infty e^{-\pi x^2} dx = 1$ を用いよ．]

18. ゼータ関数は，$s > 1$ に対して $\zeta(s) = \sum_{n=1}^\infty 1/n^s$ によって定義される．$s > 1$ のとき，等式

$$\pi^{-s/2} \Gamma(s/2) \zeta(s) = \frac{1}{2} \int_0^\infty t^{\frac{s}{2}-1} (\vartheta(t) - 1) dt$$

が成り立つことを確かめよ．ここに，Γ および ϑ は，それぞれガンマ関数とテータ関数

$$\Gamma(s) = \int_0^\infty e^{-t} t^{s-1} dt, \qquad \vartheta(s) = \sum_{n=-\infty}^\infty e^{-\pi n^2 s}$$

である．ゼータ関数およびその素数定理との関連についてのさらなる話題は，第 II 巻で見ることができる．

19. 以下は，第 3 章の問題 4 の $\zeta(2m) = \sum_{n=1}^\infty 1/n^{2m}$ の別の計算方法である．

(a) ポアソンの和公式を，$f(x) = t/(\pi(x^2+t^2))$ と $\hat{f}(\xi) = e^{-2\pi t|\xi|}$ ($t > 0$) に適用して，

$$\frac{1}{\pi} \sum_{n=-\infty}^\infty \frac{t}{t^2+n^2} = \sum_{n=-\infty}^\infty e^{-2\pi t|n|}$$

を導け．

(b) 等式

$$\sum_{n=-\infty}^\infty e^{-2\pi t|n|} = \frac{2}{1-e^{-2\pi t}} - 1$$

および，等式

$$\frac{1}{\pi} \sum_{n=-\infty}^\infty \frac{t}{t^2+n^2} = \frac{1}{\pi t} + \frac{2}{\pi} \sum_{m=1}^\infty (-1)^{m+1} \zeta(2m) t^{2m-1}$$

を証明せよ．

(c) 次の公式
$$\frac{z}{e^z - 1} = 1 - \frac{z}{2} + \sum_{m=1}^{\infty} \frac{B_{2m}}{(2m)!} z^{2m}$$
を用いて，
$$2\zeta(2m) = (-1)^{m+1} \frac{(2\pi)^{2m}}{(2m)!} B_{2m}$$
を示せ．ここに，B_k は上の公式から求まるベルヌーイ数である．

20. 次の結果は，情報理論において，信号を抽出標本から再生するときに用いられる．

f を緩やかに減少する関数とし，そのフーリエ変換 $\hat{f}$ の台は $I = [-1/2, 1/2]$ に含まれているとする．このとき，f の $\mathbb{Z}$ 上への制限から，f は完全に決定される．これは，g が，フーリエ変換の台が I に含まれる別の緩やかに減少する関数で，すべての $n \in \mathbb{Z}$ に対して，$f(n) = g(n)$ ならば，$f = g$ が従うことを意味する．より詳しくは：

(a) 次の再生公式が成り立つことを証明せよ：
$$f(x) = \sum_{n=-\infty}^{\infty} f(n) K(x-n), \qquad K(y) = \frac{\sin \pi y}{\pi y}.$$
$|y| \to \infty$ のとき $K(y) = O(1/|y|)$ であることに注意しよう．

(b) $\lambda > 1$ ならば，
$$f(x) = \sum_{n=-\infty}^{\infty} \frac{1}{\lambda} f\left(\frac{n}{\lambda}\right) K_\lambda\left(x - \frac{n}{\lambda}\right), \qquad K_\lambda(y) = \frac{\cos \pi y - \cos \pi \lambda y}{\pi^2 (\lambda - 1) y^2}$$
が成り立つことを示せ．これにより，f の標本を「より頻繁に」抽出すれば，$|y| \to \infty$ のとき $K_\lambda(y) = O(1/|y^2|)$ であるから，再生公式は速く収束する．$\lambda \to 1$ のとき，$K_\lambda(y) \to K(y)$ であることに注意しよう．

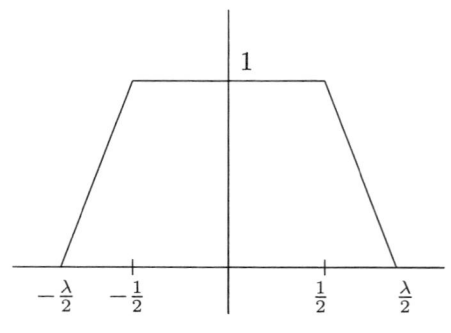

図2 練習 20 における関数．

(c) 等式
$$\int_{-\infty}^{\infty} |f(x)|^2 dx = \sum_{n=-\infty}^{\infty} |f(n)|^2$$
を証明せよ.

[ヒント：(a) については, χ が I の特性関数ならば, $\hat{f}(\xi) = \chi(\xi) \sum_{n=-\infty}^{\infty} f(n) e^{-2\pi i n \xi}$ であることを示せ. (b) については, $\chi(\xi)$ ではなく, 図 2 の関数を用いよ.]

21. f は $\mathbb{R}$ 上で連続とする. $f = 0$ でなければ, f と $\hat{f}$ の両方の台がコンパクトになることはできないことを示せ. このことは, 不確定性原理と同様の精神から見ることができる. [ヒント：f の台は $[0, 1/2]$ に含まれているとせよ. f を区間 $[0, 1]$ 上のフーリエ級数に展開して, この結果 f が三角多項式になることに注意せよ.]

22. 定理 4.1 の前に述べた発見的な考察による主張は, 次のように正確に述べることができる. F が $\mathbb{R}$ 上の関数のとき, その質量の大部分が (原点中心の) 区間 I に含まれているとは,

(16) $$\int_I x^2 |F(x)|^2 dx \geq \frac{1}{2} \int_{\mathbb{R}} x^2 |F(x)|^2 dx$$

が成り立つことと定義する. ここで, $f \in \mathcal{S}(\mathbb{R})$ であって, (16) が, $F = f, I = I_1$ および $F = \hat{f}, I = I_2$ で成り立つことを仮定する. このとき, L_j を I_j の長さとすると,
$$L_1 L_2 \geq \frac{1}{2\pi}$$
が成り立つことを示せ. 必ずしも区間が原点中心でなくとも, 同様の結論が成り立つ.

23. ハイゼンベルグの不確定性原理は, 微分作用素 $L = -\dfrac{d^2}{dx^2} + x^2$ を用いて定式化することができる. ここに, L は,
$$L(f) = -\frac{d^2 f}{dx^2} + x^2 f$$
であり, シュワルツ空間に作用する. この微分作用素は**エルミート作用素**とよばれ, 調和振動子の量子力学における対応物である. $\mathcal{S}$ 上の通常の内積
$$(f, g) = \int_{-\infty}^{\infty} f(x) \overline{g(x)} dx, \qquad f, g \in \mathcal{S}$$
を考えよう.

(a) ハイゼンベルグの不確定性原理は, すべての $f \in \mathcal{S}$ に対して
$$(Lf, f) \geq (f, f)$$
であることを導くことを証明せよ. これは, 通常 $L \geq I$ と表記される. [ヒント：部分積分せよ.]

(b) $\mathcal{S}$ 上の微分作用素
$$A(f) = \frac{df}{dx} + xf, \qquad A^*(f) = -\frac{df}{dx} + xf$$
を考える．微分作用素 A と A^* は，それぞれ，**消滅演算子**，**生成演算子**とよばれることがある．すべての $f, g \in \mathcal{S}$ に対して
 （i） $(Af, g) = (f, A^*g)$,
 （ii） $(Af, Af) = (A^*Af, f) \geq 0$,
 （iii） $A^*A = L - I$
が成り立つことを証明せよ．とくに，これは，$L \geq I$ を再び示している．

(c) ここで，$t \in \mathbb{R}$ に対して，
$$A_t(f) = \frac{df}{dx} + txf, \qquad A_t^*(f) = -\frac{df}{dx} + txf$$
とおく．$(A_t^*A_tf, f) \geq 0$ という事実を用いて，ハイゼンベルグの不確定性原理：
$\int_{-\infty}^{\infty} |f(x)|^2 dx = 1$ ならば
$$\left(\int_{-\infty}^{\infty} x^2 |f(x)|^2 dx\right)\left(\int_{-\infty}^{\infty} \left|\frac{df}{dx}\right|^2 dx\right) \geq 1/4$$
が成り立つ，の別証明を与えよ．
[ヒント：$(A_t^*A_tf, f)$ を t の 2 次多項式と考えよ．]

6. 問題

1. $0 < x < \infty, t > 0$ における偏微分方程式
(17) $$x^2 \frac{\partial^2 u}{\partial x^2} + ax \frac{\partial u}{\partial x} = \frac{\partial u}{\partial t}$$
で $u(x, 0) = f(x)$ をみたすものは，数多くの応用の場面に現れる熱方程式を少し変形したものである．(17) を解くために，変数変換 $x = e^{-y}$ をして $-\infty < y < \infty$ とする．$U(y, t) = u(e^{-y}, t)$ および $F(y) = f(e^{-y})$ とおく．このとき，もとの初期値問題は，次の偏微分方程式
$$\frac{\partial^2 U}{\partial y^2} + (1-a)\frac{\partial U}{\partial y} = \frac{\partial U}{\partial t}$$
と初期条件 $U(y, 0) = F(y)$ に帰着する．これは，通常の熱方程式 ($a = 1$ の場合) と同様に，変数 y についてのフーリエ変換をとることによって，解くことができる．このとき，積分 $\int_{-\infty}^{\infty} e^{(-4\pi^2\xi^2 + (1-a)2\pi i\xi)t} e^{2\pi i\xi v} d\xi$ を計算しなくてはならない．もとの問題の解は
$$u(x, t) = \frac{1}{(4\pi t)^{1/2}} \int_0^{\infty} e^{-(\log(v/x) + (1-a)t)^2/(4t)} f(v) \frac{dv}{v}$$

で与えられることを示せ.

2. 財政学に現れるブラック-ショールズ方程式は

(18) $$\frac{\partial V}{\partial t} + rs\frac{\partial V}{\partial s} + \frac{\sigma^2 s^2}{2}\frac{\partial^2 V}{\partial s^2} - rV = 0, \qquad 0 < t < T$$

であり,「最終時刻」の境界条件 $V(s,T) = F(s)$ に従う. 適当な変数変換により, この最終値問題は, 問題1の初期値問題に帰着する. あるいは, $x = \log s$, $\tau = \frac{\sigma^2}{2}(T-t)$, $a = \frac{1}{2} - \frac{r}{\sigma^2}$, $b = -\left(\frac{1}{2} + \frac{r}{\sigma^2}\right)^2$ とおいて, $V(s,t) = e^{ax+b\tau}U(x,\tau)$ を代入すると, (18) と最終値は, 1次元の熱方程式と初期値 $U(x,0) = e^{-ax}F(e^x)$ に帰着する. よって, ブラック-ショールズ方程式の解は

$$v(s,t) = \frac{e^{-r(T-t)}}{\sqrt{2\pi\sigma^2(T-t)}} \int_0^\infty e^{-\frac{(\log(s/s^*)+(r-\sigma^2/2)(T-t))^2}{2\sigma^2(T-t)}} F(s^*)ds^*$$

で与えられる.

3.* **帯状領域におけるディリクレ問題.** 偏微分方程式 $\triangle u = 0$ を水平な帯状領域

$$\{(x,y) : 0 < y < 1, -\infty < x < \infty\}$$

において, 境界条件 $u(x,0) = f_0(x)$ および $u(x,1) = f_1(x)$ のもとで考察しよう. ここに, f_0 と f_1 はともにシュワルツ空間に属するものとする.

(a) u がこの問題の解ならば, (形式的には)

$$\hat{u}(\xi,y) = A(\xi)e^{2\pi\xi y} + B(\xi)e^{-2\pi\xi y}$$

であることを示せ. A と B を $\widehat{f_0}$ と $\widehat{f_1}$ を用いて表し,

$$\hat{u}(\xi,y) = \frac{\sinh(2\pi(1-y)\xi)}{\sinh(2\pi\xi)}\widehat{f_0}(\xi) + \frac{\sinh(2\pi y\xi)}{\sinh(2\pi\xi)}\widehat{f_1}(\xi)$$

を示せ.

(b) (a)の結果を利用して, $y \to 0$ のとき

$$\int_{-\infty}^\infty |u(x,y) - f_0(x)|^2 dx \to 0$$

となること, および, $y \to 1$ のとき

$$\int_{-\infty}^\infty |u(x,y) - f_1(x)|^2 dx \to 0$$

となることを証明せよ.

(c) $\Phi(\xi) = (\sinh 2\pi a\xi)/(\sinh 2\pi\xi)$, $0 \le a < 1$ ならば, Φ は

$$\varphi(x) = \frac{\sin \pi a}{2} \frac{1}{\cosh \pi x + \cos \pi a}$$

のフーリエ変換である. これは, たとえば, 複素解析学における線積分と留数の公式を

用いて証明することができる (第 II 巻第 3 章を参照のこと).

(d) 上の結果を用いて，f_0 および f_1 を含むポアソン型の積分
$$u(x, y) = \frac{\sin \pi y}{2} \left(\int_{-\infty}^{\infty} \frac{f_0(x-t)}{\cosh \pi t - \cos \pi y} dt + \int_{-\infty}^{\infty} \frac{f_1(x-t)}{\cosh \pi t + \cos \pi y} dt \right)$$
で u を表せ．

(e) 最後に，上の式で定義される $u(x, y)$ は，帯状領域で調和で，$y \to 0$ のとき $f_0(x)$ に収束し，$y \to 1$ のとき $f_1(x)$ に収束することが確かめられる．さらに，$u(x, y)$ は無限遠で消えること，すなわち，$\lim_{|x| \to \infty} u(x, y) = 0$ が y について一様に成り立つことがわかる．

練習 12 では，上半平面での熱方程式と境界値 0 をみたしているが，恒等的に 0 でない関数の例を与えた．この場合，u は境界も含めると実際には連続でないことも見た．

問題 4 では，解の一意性が成り立たないが，同時に境界 $t = 0$ も含めて連続となることを示す，いくつかの例を与える．これらの例は，無限遠での増大条件，すなわち，任意の $\varepsilon > 0$ に対して $|u(x,t)| \leq Ce^{cx^{2+\varepsilon}}$ をみたしている．問題 5 と 6 は，より制約の強い増大条件 $|u(x,t)| \leq Ce^{cx^2}$ のもとでは，解の一意性が成り立つことを示すものである．

4.[*] g は $\mathbb{R}$ 上の滑らかな関数のとき，形式べき級数
$$u(x, t) = \sum_{n=0}^{\infty} g^{(n)}(t) \frac{x^{2n}}{(2n)!} \tag{19}$$
を定義する．

(a) u は熱方程式を形式的にみたすことを確かめよ．

(b) $a > 0$ に対して，関数
$$g(t) = \begin{cases} e^{-t^{-a}}, & t > 0, \\ 0, & t \leq 0 \end{cases}$$
を考えよう．a に依存して $0 < \theta < 1$ が存在して，$t > 0$ のとき，
$$|g^k(t)| \leq \frac{k!}{(\theta t)^k} e^{-\frac{1}{2} t^{-a}}$$
が成り立つことを示すことができる．

(c) 上の結果により，(19) は各 x と t に対して収束し，u は熱方程式の解になり，$t = 0$ で消えて，ある定数 C と c に対して，評価 $|u(x,t)| \leq Ce^{c|x|^{2a/(a-1)}}$ をみたす．

(d) すべての $\varepsilon > 0$ に対して，0 でない熱方程式の解で，$x \in \mathbb{R}, t \geq 0$ で連続であり，$u(x, 0) = 0$ および $|u(x,t)| \leq Ce^{c|x|^{2+\varepsilon}}$ をみたすものが存在する，という結論を導け．

5.* 熱方程式の解に対する次の「最大値原理」は問題 6 で用いられる．

定理． $u(x,t)$ は，上半平面上の熱方程式の実数値解で，その閉包上で連続であるとする．R は矩形

$$R = \{(x,t) \in \mathbb{R}^2 : a \le x \le b, 0 \le t \le c\}$$

を表すものとし，$\partial' R$ は R の境界の一部分で，二つの垂直な辺と $t=0$ 上の底辺からなるものとする (図 3 を見よ)．このとき，

$$\min_{(x,t)\in\partial' R} u(x,t) = \min_{(x,t)\in R} u(x,t), \qquad \max_{(x,t)\in\partial' R} u(x,t) = \max_{(x,t)\in R} u(x,t)$$

が成り立つ．

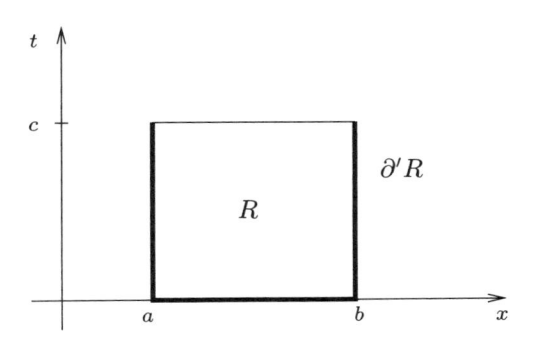

図 3 矩形 R とその境界の一部分 $\partial' R$．

この結果の証明の概略は以下の通りである．

(a) $\partial' R$ で $u \ge 0$ ならば，R で $u \ge 0$ であることが従うことを証明すれば十分であることを示せ．

(b) $\varepsilon > 0$ に対して，

$$v(x,t) = u(x,t) + \varepsilon t$$

とおく．このとき，v は，たとえば (x_1, t_1) で，R 上の最小値をとる．$x_1 = a$ または $x_1 = b$，あるいはそうでなければ，$t_1 = 0$ であることを示せ．そのために，それとは反対に，$a < x_1 < b$ で $0 < t_1 \le c$ を仮定して，$v_{xx}(x_1, t_1) - v_t(X_1, t_1) \le -\varepsilon$ を証明せよ．しかしながら，左辺は非負でなくてはならないことも示せ．

(c) (b) により，任意の $(x,t) \in R$ に対して，$u(x,t) \ge \varepsilon(t_1 - t)$ であることを導き，$\varepsilon \to 0$ とせよ．

6.* 問題 4 の例は，次のチコノフの一意性定理の意味で最良である．

定理． $u(x,t)$ は次の条件をみたすとする．

(i) $u(x,t)$ は，すべての $x \in \mathbb{R}$ とすべての $t > 0$ に対して，熱方程式の解である．
(ii) $u(x,t)$ は，すべての $x \in \mathbb{R}$ とすべての $0 \leq t < c$ に対して，連続である．
(iii) $u(x,0) = 0$．
(iv) ある正数 M と a が存在して，すべての $x \in \mathbb{R}$ とすべての $0 \leq t < c$ に対して，$|u(x,t)| \leq Me^{ax^2}$ である．

このとき，u は恒等的に 0 である．

7.* エルミート関数 $h_k(x)$ は，母関数
$$\sum_{k=0}^{\infty} h_k(x)\frac{t^k}{k!} = e^{-(x^2/2 - 2tx + t^2)}$$
によって定義される．

(a) エルミート関数の上による定義に変わるもう一つの定義が，公式
$$h_k(x) = (-1)^k e^{x^2/2}\Big(\frac{d}{dx}\Big)^k e^{-x^2}$$
で与えられることを示せ．
[ヒント：$e^{-(x^2/2 - 2tx + t^2)} = e^{x^2/2} e^{-(x-t)^2}$ と書き直して，テイラーの公式を用いよ．]
母関数の表示式から，各 $h_k(x)$ は，P_k を k 次多項式として，$P_k(x)e^{-x^2/2}$ の形になることを結論せよ．特に，エルミート関数はシュワルツ空間に属し，$h_0(x) = e^{-x^2/2}$, $h_1(x) = 2xe^{-x^2/2}$ である．

(b) 関数族 $\{h_k\}_{k=0}^{\infty}$ は完備であること，すなわち，f がシュワルツ関数で，すべての $k \geq 0$ に対して
$$(f, h_k) = \int_{-\infty}^{\infty} f(x)h_k(x)dx = 0$$
ならば，$f = 0$ であることを証明せよ．[ヒント：練習 8 を用いよ．]

(c) $h_k^*(x) = h_k((2\pi)^{1/2}x)$ と定義する．このとき，
$$\widehat{h_k^*}(\xi) = (-i)^k h_k^*(\xi)$$
である．よって，各 h_k^* は，フーリエ変換の固有関数である．

(d) h_k は，練習 23 で定義された作用素の固有関数であることを示せ．つまり，実際，
$$Lh_k = (2k+1)h_k$$
であることを証明せよ．特に，関数 h_k は，シュワルツ空間上の L^2 内積に関して，互いに直交していることが結論付けられる．

(e) 最後に，$\int_{-\infty}^{\infty} [h_k(x)]^2 dx = \pi^{1/2} 2^k k!$ を示せ．[ヒント：母関数の関係式を 2 乗せよ．]

8.* 第 4 章の結果を精密にして，

$$f_\alpha(x) = \sum_{n=0}^{\infty} 2^{-n\alpha} e^{2\pi i 2^n x}$$

は，$\alpha = 1$ であっても，いたるところ微分可能でないことを証明するために，遅延平均 $\triangle_N$ の変形を考察する必要がある．$\triangle_N$ はポアソンの和公式によって順々に解析される．

(a) 無限回連続微分可能関数 Φ で，

$$\Phi(\xi) = \begin{cases} 1, & |\xi| \leq 1, \\ 0, & |\xi| \geq 2 \end{cases}$$

をみたすものを固定する．フーリエ逆変換の公式により，ある $\varphi \in \mathcal{S}$ が存在して，$\hat{\varphi}(\xi) = \Phi(\xi)$ である．$\varphi_N(x) = N\varphi(Nx)$ とおくと，$\widehat{\varphi_N}(\xi) = \Phi(\xi/N)$ である．最後に，

$$\widetilde{\triangle}_N(x) = \sum_{n=-\infty}^{\infty} \varphi_N(x+n)$$

とおく．ポアソンの和公式によって，$\widetilde{\triangle}_N(x) = \sum_{n=-\infty}^{\infty} \Phi(n/N) e^{2\pi i n x}$ となって，$\widetilde{\triangle}_N$ は，次数が $2N$ 以下の三角多項式で，$|n| \leq N$ のときにはその係数が 1 であることを見よ．

$$\widetilde{\triangle}_N(f) = f * \widetilde{\triangle}_N$$

とする．

$$S_N(f_\alpha) = \widetilde{\triangle}_{N'}(f_\alpha)$$

に注意せよ．ここに，N' は，2^k の形の整数で，$N' \leq N$ をみたす最大のものである．

(b) $\widetilde{\triangle}_N(x) = \varphi_N(x) + E_N(x)$ とおく．ここに，

$$E_N(x) = \sum_{|n| \geq 1} \varphi_N(x+n)$$

である．このとき，次が成り立つ．

（ⅰ） $N \to \infty$ のとき $\sup_{|x| \leq 1/2} |E_N'(x)| \to 0$ である．

（ⅱ） $|\widetilde{\triangle}_N'(x)| \leq cN^2$．

（ⅲ） $|x| \leq 1/2$ に対して，$|\widetilde{\triangle}_N'(x)| \leq c/(N|x|^3)$ である．

さらに，$\int_{|x| \leq 1/2} \widetilde{\triangle}_N'(x) dx = 0$ であり，$N \to \infty$ のとき $-\int_{|x| \leq 1/2} x \widetilde{\triangle}_N'(x) dx \to 1$ である．

(c) 以上の評価により，$f'(x_0)$ が存在するならば，$|h_N| \leq C/N$ である限り，$N \to \infty$ のとき

$$(f * \widetilde{\triangle}_N')(x_0 + h_N) \to f'(x_0)$$

であることが従う．よって，第 4 章の第 3 節で与えた証明のようにして，f_1 の実部と虚部の両方とも，いたるところ微分可能でないことが結論付けられる．

第6章 $\mathbb{R}^d$ 上のフーリエ変換

> 私に起こったことは，治療方針の改善のために，体の細胞の減衰係数の分布を知らなくてはならなくなったということである．この情報がもしわかれば，診療目的には役に立つし，断層写真あるいは連続断層写真の構成要素となるであろう．
>
> ただちにわかったことは，これは数学の問題であるということである．強さ I_0 のガンマ線のきれいな光線を物体に投射し，物体を通過後の強さが I ならば，測定可能な量 g は $\log(I_0/I) = \int_L f ds$ に等しい．ここに f は，直線 L に沿う可変吸収係数である．ゆえに，f が 2 次元の関数で，g が物体と交わるすべての直線上でわかっているとしたら，問題は，g がわかれば f を決定することができるか？ということになる．
>
> ラドンが 1917 年にその問題を解決したと知るまでには，14 年が経過せねばならなかった．
>
> —— A. コールマック，1979

前章では，$\mathbb{R}$ 上のフーリエ変換を導入し，偏微分方程式へのいくつかの応用例を説明した．本章の目的は，多変数関数に対する類似物を与えることである．

実用上重要な $\mathbb{R}^d$ 上のいくつかの概念を簡単に復習したあと，シュワルツ空間 $\mathcal{S}(\mathbb{R}^d)$ 上のフーリエ変換についてのいくつかの一般的事実から始める．幸い，主なアイデアと手法はすでに 1 次元の場合に考察している．実際，適当な記号の変更の下に，フーリエ逆変換やプランシュレルの公式などの鍵となる定理の主張 (と証明) はそのまま成立する．

次に，数理物理学におけるいくつかの高次元の問題との関連に注目し，d 次元

の波動方程式について，特に $d=3$ と $d=2$ の場合を詳しく研究する．ここでは，フーリエ変換と回転不変性との豊かな相互作用を発見することになる．これは，$d \geq 2$ の場合の $\mathbb{R}^d$ においてのみ現れることである．

最後に，本章はラドン変換についての議論で終わる．この話題は，それ自身に本来のおもしろみがあるのであるが，他の数学の分野への応用だけでなく，X線検査法への応用にも著しい関連をもつ．

1. 準備

本章では $\mathbb{R}^d$ を扱うが，これは実数 $x_i \in \mathbb{R}$ の d 個の組 $(x_1, \cdots, x_d)$ 全体からなるベクトル空間[1]である．ベクトルの和は成分ごとに行うものとし，実数のスカラー倍も同様とする．与えられた $x = (x_1, \cdots, x_d) \in \mathbb{R}^d$ に対して，

$$|x| = (x_1^2 + \cdots + x_d^2)^{1/2}$$

と定義すると，$|x|$ は通常のユークリッド・ノルムにおける，ベクトルの長さである．実際，$\mathbb{R}^d$ には，

$$x \cdot y = x_1 y_1 + \cdots + x_d y_d$$

によって定義される標準的な内積が備わっており，$|x|^2 = x \cdot x$ である．第3章で用いた記号 (x, y) の代わりに $x \cdot y$ を用いることにする．

与えられた d 個の非負整数の組 $\alpha = (\alpha_1, \cdots, \alpha_d)$ （しばしば**多重指数**とよばれる）に対して，単項式 x^α を，

$$x^\alpha = x_1^{\alpha_1} x_2^{\alpha_2} \cdots x_d^{\alpha_d}$$

によって定義する．同様に，微分作用素 $(\partial/\partial x)^\alpha$ を，

$$\left(\frac{\partial}{\partial x}\right)^\alpha = \left(\frac{\partial}{\partial x_1}\right)^{\alpha_1} \left(\frac{\partial}{\partial x_2}\right)^{\alpha_2} \cdots \left(\frac{\partial}{\partial x_d}\right)^{\alpha_d} = \frac{\partial^{|\alpha|}}{\partial x_1^{\alpha_1} \cdots \partial x_d^{\alpha_d}}$$

によって定義する．ここに，$|\alpha| = \alpha_1 + \cdots + \alpha_d$ は多重指数 α の階数である．

---

[1] ベクトル空間と内積については，第3章に短くまとめてある．ここでは $\mathbb{R}^d$ 上にある点を表すのに（X に対して）小文字の x を用いるのが便利である．またユークリッド・ノルムを表すのに，$\|\cdot\|$ ではなく $|\cdot|$ を用いている．

1.1 対称性

$\mathbb{R}^d$ 上の解析は,特にフーリエ変換の理論においては,空間の対称性を記述する三つの重要な群によって進められる:

(i) 平行移動
(ii) 伸張
(iii) 回転

これまで見てきたように,固定した $h \in \mathbb{R}^d$ に対する平行移動 $x \mapsto x+h$ と,$\delta > 0$ に対する伸張 $x \mapsto \delta x$ は,1 次元の理論において重要な役割を果たす.$\mathbb{R}$ においては,回転は,恒等写像と -1 をかけることの二つしかない.しかし,$d \geq 2$ である $\mathbb{R}^d$ においては,より多くの回転が存在し,フーリエ変換と回転の相互作用を理解することは,球対称性についての深い理解へとつながる.

$\mathbb{R}^d$ における**回転**とは,線形変換 $R : \mathbb{R}^d \to \mathbb{R}^d$ で,内積を保存するものである.すなわち,

- すべての $x, y \in \mathbb{R}^d$ と,すべての $a, b \in \mathbb{R}$ に対して,$R(ax+by) = aR(x) + bR(y)$ が成り立つ.

- すべての $x, y \in \mathbb{R}^d$ に対して,$R(x) \cdot R(y) = x \cdot y$ が成り立つ.

最後の条件は,すべての $x \in \mathbb{R}^d$ に対して $|R(x)| = |x|$ が成り立つ,あるいは,$R^t = R^{-1}$ という条件とそれぞれ同等であり,これらに置き換えることができる.ここに,R^t と R^{-1} はそれぞれ R の転置と逆写像を表す[2].特に,$\det(R)$ で R の行列式を表すことにすると,$\det(R) = \pm 1$ を得る.$\det(R) = 1$ ならば,R は**固有回転**であるとよび,そうでないならば,R は**非固有回転**であるとよぶ.

例 1 実数直線 $\mathbb{R}$ 上には,二つの回転が存在する.恒等写像は固有で,-1 をかけることは非固有である.

例 2 平面 $\mathbb{R}^2$ 内の回転は,複素数で記述することができる.点 (x, y) を複素

---

[2] 線形変換 $A : \mathbb{R}^d \to \mathbb{R}^d$ の転置とは,線形変換 $B : \mathbb{R}^d \to \mathbb{R}^d$ であって,すべての $x, y \in \mathbb{R}^d$ に対して $A(x) \cdot y = x \cdot B(y)$ をみたすもののことであった.$B = A^t$ と書く.A の逆写像とは (もし存在するならば) 線形変換 $C : \mathbb{R}^d \to \mathbb{R}^d$ で $A \circ C = C \circ A = I$ (ここで I は恒等写像) をみたすもののことであり,$C = A^{-1}$ と書く.

数 $z = x + iy$ とおくことにより，$\mathbb{R}^2$ を $\mathbb{C}$ と同一視する．この同一視のもとで，すべての固有回転は，ある $\varphi \in \mathbb{R}$ を用いて，$z \mapsto ze^{i\varphi}$ と表され，すべての非固有回転は，ある $\varphi \in \mathbb{R}$ を用いて，$z \mapsto \bar{z}e^{i\varphi}$ と表される (ここに $\bar{z} = x - iy$ は z の共役複素数を表す)．この結論の導出については練習1を見よ．

例3 オイラーは $\mathbb{R}^3$ における回転に対する次の簡単な幾何学的記述法を与えた．与えられた固有回転 R に対して，単位ベクトル γ が存在して，次が成り立つ：
 (i) R は γ を固定する．すなわち，$R(\gamma) = \gamma$ である．
 (ii) $\mathcal{P}$ が，原点を通り，γ に垂直な平面ならば，$R : \mathcal{P} \to \mathcal{P}$ となり，R の $\mathcal{P}$ への制限は $\mathbb{R}^2$ における回転になる．

幾何学的には，ベクトル γ は回転軸の方向を与える．この事実の証明は，練習2で与えられる．最後に，R が非固有ならば $-R$ は固有であり (なぜならば，$\mathbb{R}^3$ において $\det(-R) = -\det(R)$ だから)，よって，R は固有回転と原点に関する対称変換の合成であることがわかる．

例4 与えられた $\mathbb{R}^d$ の<u>正規直交基底</u> $\{e_1, \cdots, e_d\}$ と $\{e'_1, \cdots, e'_d\}$ に対して，回転 R を $R(e_i) = e'_i, i = 1, \cdots, d$ とおくことにより定義することができる．逆に，R が回転で，$\{e_1, \cdots, e_d\}$ が正規直交基底ならば，$\{e'_1, \cdots, e'_d\}, e'_j = R(e_j)$ は，別の正規直交基底になる．

1.2 $\mathbb{R}^d$ 上の積分

$\mathbb{R}^d$ 上の関数を扱うので，そのような関数の積分についてのいくつかの性質を議論する必要がある．$\mathbb{R}^d$ 上の積分のより詳しい復習は付録にある．

$\mathbb{R}^d$ 上の連続な複素数値関数 f が**急減少**であるとは，すべての多重指数 α に対して，関数 $|x^{\alpha} f(x)|$ が有界であることと定義する．同等であるが，連続関数 f が急減少であるとは，すべての $k = 0, 1, 2, \cdots$ に対して，

$$\sup_{x \in \mathbb{R}^d} |x|^k |f(x)| < \infty$$

であることといってもよい．与えられた急減少な連続関数に対して，

$$\int_{\mathbb{R}^d} f(x) dx = \lim_{N \to \infty} \int_{Q_N} f(x) dx$$

と定義する．ここに，Q_N は原点中心の立方体で，辺は座標軸に平行で長さが N であるもの，すなわち，

$$Q_N = \{x \in \mathbb{R}^d : |x_i| \leq N/2, i = 1, \cdots, d\}$$

である．Q_N 上の積分は通常のリーマンの意味での重積分である．極限値が存在することは，N が無限大に近づくとき $I_N = \displaystyle\int_{Q_N} f(x)dx$ がコーシー列をなすことにより従う．

順に二つのことを見ておこう．一つは，定義を変えることなく，立方体 Q_N を球 $B_N = \{x \in \mathbb{R}^d : |x| \leq N\}$ に置き換えてよいことである．もう一つは，極限値の存在を示すのに，急減少であることをすべて使いきる必要はないことである．実際，f は連続であって，ある $\varepsilon > 0$ に対して，

$$\sup_{x \in \mathbb{R}^d} |x|^{d+\varepsilon} |f(x)| < \infty$$

をみたすことを仮定すれば十分である．たとえば，$\mathbb{R}$ 上の緩やかに減少する関数は，$\varepsilon = 1$ の場合に相当する．このことを念頭において，$\mathbb{R}^d$ 上の**緩やかに減少する関数**を，連続で上の不等式を $\varepsilon = 1$ でみたすものと定義しよう．

積分と三つの対称性を記述する重要な群との相互作用は次のようになる．f が緩やかに減少する関数ならば，

(i) すべての $h \in \mathbb{R}^d$ に対して，

$$\int_{\mathbb{R}^d} f(x+h)dx = \int_{\mathbb{R}^d} f(x)dx.$$

(ii) すべての $\delta > 0$ に対して，

$$\delta^d \int_{\mathbb{R}^d} f(\delta x)dx = \int_{\mathbb{R}^d} f(x)dx.$$

(iii) すべての回転 R に対して，

$$\int_{\mathbb{R}^d} f(R(x))dx = \int_{\mathbb{R}^d} f(x)dx$$

が成り立つ．

極座標

$\mathbb{R}^d$ の極座標を導入し，対応する積分公式を見出しておくと便利である．$d = 2$ と $d = 3$ に対応する二つの例から始めよう．(すべての d にあてはまるより混み入った議論は，付録に収められている．)

例1 $\mathbb{R}^2$ では，極座標は (r, θ), $r \geq 0, 0 \leq \theta \leq 2\pi$ によって与えられる．変

数変換のヤコビアンは r に等しく，よって

$$\int_{\mathbb{R}^2} f(x)dx = \int_0^{2\pi} \int_0^\infty f(r\cos\theta, r\sin\theta) r\, dr\, d\theta$$

となる．さて，円周 S^1 上の点は $\gamma = (\cos\theta, \sin\theta)$ と表すことができるので，与えられた円周上の関数 g に対して，S^1 上の積分を

$$\int_{S^1} g(\gamma) d\sigma(\gamma) = \int_0^{2\pi} f(\cos\theta, \sin\theta)\, d\theta$$

によって定義する．この記号を用いると，

$$\int_{\mathbb{R}^2} f(x)dx = \int_{S^1} \int_0^\infty f(r\gamma) r\, dr\, d\sigma(\gamma)$$

となる．

例2 $\mathbb{R}^3$ では，

$$\begin{cases} x_1 = r\sin\theta\cos\varphi, \\ x_2 = r\sin\theta\sin\varphi, \\ x_3 = r\cos\theta \end{cases}$$

によって与えられる球面座標を用いる．ここに，$0 < r, 0 \leq \theta \leq \pi, 0 \leq \varphi \leq 2\pi$ である．変数変換のヤコビアンは $r^2 \sin\theta$ であり，

$$\int_{\mathbb{R}^3} f(x)dx$$
$$= \int_0^{2\pi} \int_0^\pi \int_0^\infty f(r\sin\theta\cos\varphi, r\sin\theta\sin\varphi, r\cos\theta) r^2\, dr\, \sin\theta\, d\theta\, d\varphi$$

となる．g が単位球面 $S^2 = \{x \in \mathbb{R}^3 : |x| = 1\}$ 上の関数で，$\gamma = (\sin\theta\cos\varphi, \sin\theta\sin\varphi, \cos\theta)$ ならば，面積要素 $d\sigma(\gamma)$ を，

$$\int_{S^2} g(\gamma) d\sigma(\gamma) = \int_0^{2\pi} \int_0^\pi g(\gamma) \sin\theta\, d\theta\, d\varphi$$

によって定義する．その結果，

$$\int_{\mathbb{R}^3} f(x)dx = \int_{S^2} \int_0^\infty f(r\gamma) r^2\, dr\, d\sigma(\gamma)$$

となる．

一般に，$\mathbb{R}^d - \{0\}$ の任意の点は，

$$x = r\gamma$$

と一意的に表現される．ここに，γ は単位球面 $S^{d-1} \subset \mathbb{R}^d$ の点で，$r > 0$ であ

る．実際 $r=|x|, \gamma=x/|x|$ とおけばよい．ゆえに，$d=2$ や $d=3$ の場合と同様に，球面座標を定義することができる．ここで用いられる公式は，

$$\int_{\mathbb{R}^d} f(x)dx = \int_{S^{d-1}} \int_0^\infty f(r\gamma) r^{d-1} dr\, d\sigma(\gamma)$$

であり，緩やかに減少する関数 f に対して成り立つ．ここに，$d\sigma(\gamma)$ は球面 S^{d-1} の球面座標から導かれる面積要素である．

2. フーリエ変換の初等理論

シュワルツ空間 $\mathcal{S}(\mathbb{R}^d)$ (ときどき $\mathcal{S}$ と略記される) は，$\mathbb{R}^d$ 上の無限回連続微分可能関数で，すべての多重指数 α と β に対して，

$$\sup_{x \in \mathbb{R}^d} \left| x^\alpha \left(\frac{\partial}{\partial x}\right)^\beta f(x) \right| < \infty$$

をみたすものの全体とする．別の言い方をすると，f およびすべての導関数が急減少であることである．

例 1 $\mathcal{S}(\mathbb{R}^d)$ の関数の例は，$e^{-\pi|x|^2}$ で与えられる d 次元ガウス関数である．第 5 章ですでに明らかにしたように，1 次元の場合において，この関数は中心的役割を果たす．

シュワルツ関数 f の**フーリエ変換**は，$\xi \in \mathbb{R}^d$ として

$$\hat{f}(\xi) = \int_{\mathbb{R}^d} f(x) e^{-2\pi i x \cdot \xi} dx$$

によって定義される．$\mathbb{R}^d$ 上の積分であることと，x と ξ の積が二つのベクトルの内積に置き換えられていること以外は，1 次元の公式と同じであることに注意しよう．

さて，フーリエ変換のいくつかの基本的性質を列挙する．次の命題では，矢印はフーリエ変換をとることを意味する．すなわち，$F(x) \to G(\xi)$ は，$G(\xi) = \widehat{F}(\xi)$ を意味する．

命題 2.1 $f \in \mathcal{S}(\mathbb{R}^d)$ とする．
 (i) 任意の $h \in \mathbb{R}^d$ に対して，$f(x+h) \to \hat{f}(\xi) e^{2\pi i \xi \cdot h}$．
 (ii) 任意の $h \in \mathbb{R}^d$ に対して，$f(x) e^{-2\pi i x \cdot h} \to \hat{f}(\xi + h)$．

(iii) 任意の $\delta > 0$ に対して，$f(\delta x) \to \delta^{-d}\hat{f}(\delta^{-1}\xi)$.

(iv) $\left(\dfrac{\partial}{\partial x}\right)^{\alpha} f(x) \to (2\pi i\xi)^{\alpha}\hat{f}(\xi)$.

(v) $(-2\pi ix)^{\alpha} f(x) \to \left(\dfrac{\partial}{\partial \xi}\right)^{\alpha}\hat{f}(\xi)$.

(vi) 任意の回転 R に対して，$f(Rx) \to \hat{f}(R\xi)$.

最初の五つの性質は，1 次元の場合と全く同様に証明される．最後の性質を確かめるために，単純に積分変数を $y = Rx$ によって変換する．このとき，R は回転であるから，$|\det(R)| = 1$ で，$R^{-1}y \cdot \xi = y \cdot R\xi$ であることを思い起こそう．

命題の性質 (iv) と (v) は，$2\pi i$ を無視すれば，フーリエ変換は微分と単項式をかけることを交換するのである．このことがシュワルツ空間の定義の動機であり，次の命題へと導かれる．

系 2.2 フーリエ変換は $\mathcal{S}(\mathbb{R}^d)$ をそれ自身へ写す．

ここで，フーリエ変換と回転の関わりについての簡単な事実を見ておこう．関数 f が**球対称**であるとは，f が $|x|$ にのみ依存する関数であることと定義する．別の言い方をすると，f が球対称であるとは，$u \geq 0$ の関数 $f_0(u)$ が存在して，$f(x) = f_0(|x|)$ となることである．f が球対称であることは，すべての回転 R に対して $f(Rx) = f(x)$ が成り立つとき，そのときに限る，ということに注意しよう．必要であることは，$|Rx| = |x|$ であることから明らかである．逆に，すべての回転 R に対して $f(Rx) = f(x)$ が成り立つと仮定せよ．ここで，f_0 を

$$f_0(u) = \begin{cases} f(0), & u = 0 \text{ のとき}, \\ f(x), & |x| = u \text{ のとき} \end{cases}$$

によって定義する．x と x' が $|x| = |x'|$ をみたすとき，必ずある回転 R が存在して，$x' = Rx$ となるので，f_0 の定義は意味をなす．

系 2.3 球対称関数のフーリエ変換は球対称である．

これは，命題 2.2 の性質 (vi) から，ただちに従う．実際，すべての R に対して $f(Rx) = f(x)$ が成り立つことから，やはりすべての R に対して $\hat{f}(R\xi) = \hat{f}(\xi)$ が成立することがわかるので，f が球対称である限り $\hat{f}$ もそうであることがわかる．

$\mathbb{R}^d$ 上の球対称関数の例としては，ガウス関数 $e^{-\pi|x|^2}$ があげられる．また，$d = 1$

の場合,球対称関数は偶関数のこと,すなわち,$f(x) = f(-x)$ をみたすものである.

以上の準備のもとで,前章と同様にして,$\mathbb{R}^d$ のフーリエ反転公式(フーリエ逆変換の公式)とプランシュレルの定理を導く.

定理 2.4 $f \in \mathcal{S}(\mathbb{R}^d)$ とする.このとき,
$$f(x) = \int_{\mathbb{R}^d} \hat{f}(\xi) e^{2\pi i x \cdot \xi} d\xi$$
が成り立つ.さらに,
$$\int_{\mathbb{R}^d} |\hat{f}(\xi)|^2 d\xi = \int_{\mathbb{R}^d} |f(x)|^2 dx$$
が成り立つ.

証明は以下のように 4 段階に分けて行う.

第 1 段 $e^{-\pi|x|^2}$ のフーリエ変換は $e^{-\pi|\xi|^2}$ である.これを証明するために,次のことに注意しよう.指数関数の性質から
$$e^{-\pi|x|^2} = e^{-\pi x_1^2} \cdots e^{-\pi x_d^2}, \qquad e^{-2\pi i x \cdot \xi} = e^{-2\pi i x_1 \cdot \xi_1} \cdots e^{-2\pi i x_d \cdot \xi_d}$$
が従うので,フーリエ変換における被積分関数は,変数が $x_j\ (1 \leq j \leq d)$ の d 個の 1 変数関数の積になる.よって第 1 段の主張は,$\mathbb{R}^d$ 上の積分を,$\mathbb{R}$ 上の積分を繰り返すことによって示される.たとえば,$d = 2$ の場合,
$$\begin{aligned}
\int_{\mathbb{R}^2} e^{-\pi|x|^2} e^{-2\pi i x \cdot \xi} dx &= \int_{\mathbb{R}} e^{-\pi x_2^2} e^{-\pi i x_2 \cdot \xi_2} \Big(\int_{\mathbb{R}} e^{-\pi x_1^2} e^{-\pi i x_1 \cdot \xi_1} dx_1 \Big) dx_2 \\
&= \int_{\mathbb{R}} e^{-\pi x_2^2} e^{-\pi i x_2 \cdot \xi_2} e^{-\pi \xi_1^2} dx_2 \\
&= e^{-\pi \xi_1^2} e^{-\pi \xi_2^2} \\
&= e^{-\pi|\xi|^2}.
\end{aligned}$$

命題 2.1 を δ ではなく $\delta^{1/2}$ で用いると,$\widehat{(e^{-\pi\delta|x|^2})} = \delta^{-d/2} e^{-\pi|\xi|^2/\delta}$ を得る.

第 2 段 族 $K_\delta(x) = \delta^{-d/2} e^{-\pi|x|^2/\delta}$ は,$\mathbb{R}^d$ 上の良い核の族である.すなわち,

(i) $\displaystyle\int_{\mathbb{R}^d} K_\delta(x) dx = 1$,

(ii) $\displaystyle\int_{\mathbb{R}^d} |K_\delta(x)| dx \leq M$ 　　(実際 $K_\delta(x) \geq 0$ である),

(iii) すべての $\eta > 0$ に対して,$\delta \to 0$ のとき,$\displaystyle\int_{|x| \geq \eta} |K_\delta(x)| dx \to 0$ である.

これらの事実は $d = 1$ の場合とほとんど同様に証明することができる．その結果，$\delta \to 0$ のとき，
$$\int_{\mathbb{R}^d} K_\delta(x) F(x) dx \to F(0)$$
であることが，F がシュワルツ関数のとき，あるいは，もっと一般に F が有界で原点で連続であるとき，従う．

第3段 $f, g \in \mathcal{S}$ のとき，乗法公式
$$\int_{\mathbb{R}^d} f(x) \hat{g}(x) dx = \int_{\mathbb{R}^d} \hat{f}(y) g(y) dy$$
が成り立つ．この証明は，$f(x) g(y) e^{-2\pi i x \cdot y}$ の $(x, y) \in \mathbb{R}^{2d} = \mathbb{R}^d \times \mathbb{R}^d$ 上の積分を，累次積分と見て，$\mathbb{R}^d$ 上の各々の積分を評価することが必要である．計算の正当化は前章の命題1.8の証明と同様である (付録を見よ)．

フーリエ逆変換の公式は，第5章と同様に，乗法公式と良い核の族の性質からの単純な帰結である．また，フーリエ変換 $\mathcal{F}$ は $\mathcal{S}(\mathbb{R}^d)$ からそれ自身への全単射であることも従い，その逆写像は，
$$\mathcal{F}^*(g)(x) = \int_{\mathbb{R}^d} g(\xi) e^{2\pi i x \cdot \xi} d\xi$$
である．

第4段 次に，
$$(f * g)(x) = \int_{\mathbb{R}^d} f(y) g(x - y) dy, \qquad f, g \in \mathcal{S}$$
によって定義される畳み込みについて考察する．$f * g \in \mathcal{S}(\mathbb{R}^d)$，$f * g = g * f$，$\widehat{(f * g)}(\xi) = \hat{f}(\xi) \hat{g}(\xi)$ が従う．証明は1次元の場合と同様である．$f * g$ のフーリエ変換の計算は，$f(y) g(x - y) e^{-2\pi i x \cdot \xi}$ の ($\mathbb{R}^{2d} = \mathbb{R}^d \times \mathbb{R}^d$ 上の) 積分を累次積分として表すことによる．

前章と全く同様の議論をたどると，d 次元のプランシュレルの公式が得られ，定理2.4の証明が完結する．

3. $\mathbb{R}^d \times \mathbb{R}$ における波動方程式

次の目標は，フーリエ変換について学んだことを波動方程式の研究に応用することである．ここでは，再びシュワルツ・クラス $\mathcal{S}$ の関数に制限して考えよう．波動方程式のさらなる解析においては，より一般の挙動の関数，特に不連続関数

にまで拡げて考えることが重要であることに注意しよう．しかし，シュワルツ関数だけを考察することで，一般性は失われるが，見通しのよい考察ができる．このような制約のもとで考察することにより，いくつかの基本的な考え方を，極めて単純でわかりやすい形で説明することができるであろう．

3.1 フーリエ変換による解

振動する弦の運動は，波動方程式
$$\frac{\partial^2 u}{\partial x^2} = \frac{1}{c^2}\frac{\partial^2 u}{\partial t^2}$$
をみたす．これを1次元波動方程式とよぼう．

この方程式の d 個の空間変数への自然な一般化は
$$(1) \qquad \frac{\partial^2 u}{\partial x_1^2} + \cdots + \frac{\partial^2 u}{\partial x_d^2} = \frac{1}{c^2}\frac{\partial^2 u}{\partial t^2}$$
である．実際，$d=3$ の場合には ($c=$ 光速 とおくと) 真空中を伝わる電磁波の挙動を定める方程式であることが知られている．また，この方程式は音波の伝播を記述する．よって，(1) を d 次元波動方程式とよぼう．

最初に，必要ならば変数 t のスケールを取り直して，$c=1$ としてよい．同様に，d 次元のラプラス作用素を
$$\triangle = \frac{\partial^2}{\partial x_1^2} + \cdots + \frac{\partial^2}{\partial x_d^2}$$
によって定義すると，波動方程式は
$$(2) \qquad \triangle u = \frac{\partial^2 u}{\partial t^2}$$
と書き直すことができる．

本節の目的は，この方程式の解で，初期条件
$$u(x,0) = f(x), \qquad \frac{\partial u}{\partial t}(x,0) = g(x)$$
をみたすものを見つけることである．ここに，$f, g \in \mathcal{S}(\mathbb{R}^d)$ とする．これは，波動方程式に対するコーシー問題とよばれる．

この問題を解く前に，変数 t を時刻とみなしているが，$t > 0$ に限定しないことに注意しよう．後で見るように，求める解は，すべての $t \in \mathbb{R}$ に対して意味をなす．これは，波動方程式が (熱方程式とは異なり) 時間について可逆であることを示している．

われわれの問題に対する解の公式は次の定理で与えられる．この公式を導く発見的考察は，すでに見たように，いくつかの別の境界値問題にも応用されるので，重要である．

u を波動方程式のコーシー問題の解としよう．方程式と初期値を空間変数 $x_1, \cdots,$ x_d に関してフーリエ変換する方法を用いる．これにより，問題は時間変数に関する常微分方程式に帰着する．実際，x_j についての微分は $2\pi\xi_j$ を掛けることになり，t についての微分は空間変数についてのフーリエ変換と可換であることを思い出せば，(2) は，

$$-4\pi^2|\xi|^2\hat{u}(\xi, t) = \frac{\partial^2 \hat{u}}{\partial t^2}(\xi, t)$$

となる．各 $\xi \in \mathbb{R}^d$ を固定すると，これは t についての常微分方程式で，その解は

$$\hat{u}(\xi, t) = A(\xi)\cos(2\pi|\xi|t) + B(\xi)\sin(2\pi|\xi|t)$$

で与えられ，各 $\xi \in \mathbb{R}^d$ に対して，$A(\xi)$ と $B(\xi)$ は未知の定数であって，初期値によって定まる．実際，(x について) 初期値のフーリエ変換をとると，

$$\hat{u}(\xi, 0) = \hat{f}(\xi), \qquad \frac{\partial \hat{u}}{\partial t}(\xi, 0) = \hat{g}(\xi)$$

である．これは $A(\xi)$ と $B(\xi)$ について解くことができて，

$$A(\xi) = \hat{f}(\xi), \qquad 2\pi|\xi|B(\xi) = \hat{g}(\xi)$$

である．よって，

$$\hat{u}(\xi, t) = \hat{f}(\xi)\cos(2\pi|\xi|t) + \hat{g}(\xi)\frac{\sin(2\pi|\xi|t)}{2\pi|\xi|}$$

であり，ξ についてフーリエ逆変換をとると，解 u が与えられる．この形式的導出は，われわれの問題に対する解の存在についての厳密な定理を導く．

定理 3.1 波動方程式のコーシー問題の解は

(3) $$u(x, t) = \int_{\mathbb{R}^d} \left[\hat{f}(\xi)\cos(2\pi|\xi|t) + \hat{g}(\xi)\frac{\sin(2\pi|\xi|t)}{2\pi|\xi|}\right]e^{2\pi i x \cdot \xi} d\xi$$

である．

証明 まず，u が波動方程式の解であることを確かめよう．(f と g がシュワルツ関数なので) 積分記号のもとで x と t について微分することができて，u は少なくとも C^2 級であることに注意すると，証明は直接的である．指数関数を x について微分すると，

$$\triangle u(x,\,t) = \int_{\mathbb{R}^d} \left[\hat{f}(\xi) \cos(2\pi|\xi|t) + \hat{g}(\xi)\frac{\sin(2\pi|\xi|t)}{2\pi|\xi|} \right] (-4\pi^2|\xi|^2) e^{2\pi i x \cdot \xi} d\xi$$

であるが，一方，括弧の項を t について2回微分すると

$$\frac{\partial^2 u}{\partial t^2}(x,\,t)$$
$$= \int_{\mathbb{R}^d} \left[-4\pi^2|\xi|^2 \hat{f}(\xi) \cos(2\pi|\xi|t) - 4\pi^2|\xi|^2 \hat{g}(\xi)\frac{\sin(2\pi|\xi|t)}{2\pi|\xi|} \right] e^{2\pi i x \cdot \xi} d\xi$$

である．これにより，u は方程式 (2) の解であることがわかる．$t = 0$ とおくと，フーリエ逆変換の定理により，

$$u(x,\,0) = \int_{\mathbb{R}^d} \hat{f}(\xi) e^{2\pi i x \cdot \xi} d\xi = f(x)$$

を得る．最後に，t について1回微分して，$t = 0$ とおき，フーリエ逆変換を用いると，

$$\frac{\partial u}{\partial t}(x,\,0) = g(x)$$

が示される．ゆえに，u は初期値をみたしていることが確かめられて，定理の証明が完了する． ∎

読者は気づくであろうが，f と g を $\mathcal{S}$ の元であると仮定すると，$\hat{f}(\xi)\cos(2\pi|\xi|t)$ と $\hat{g}(\xi)\dfrac{\sin(2\pi|\xi|t)}{2\pi|\xi|}$ の両方が $\mathcal{S}$ の関数になる．これは $\cos u$ と $(\sin u)/u$ がともに無限回連続微分可能な偶関数であることによる．

波動方程式のコーシー問題の解の存在の証明が完了したので，一意性の問題を取り上げる．定理の公式によって与えられる解以外に，問題

$$\triangle u = \frac{\partial^2 u}{\partial t^2}, \qquad u(x,\,0) = f(x), \qquad \frac{\partial u}{\partial t}(x,\,0) = g(x)$$

の解が存在するであろうか？ 実際，答えは予想通り「いいえ」である．この事実の証明は，ここでは与えないが (問題3を見よ)，エネルギー保存の議論に基づいてなされる．これは，以下に述べる時間大域的エネルギー保存の，時間局所的な対応物である．

第3章練習10で見たように，1次元の場合，振動する弦の全エネルギーは時間に関して保存される．この事実の類似が高次元の場合にも成立する．解の**エネルギー**を

$$E(t) = \int_{\mathbb{R}^d} \left|\frac{\partial u}{\partial t}\right|^2 + \left|\frac{\partial u}{\partial x_1}\right|^2 + \cdots + \left|\frac{\partial u}{\partial x_d}\right|^2 dx$$

によって定義する．

定理 3.2 u を (3) で与えられる波動方程式の解とすると，$E(t)$ は保存される．すなわち，すべての $t \in \mathbb{R}$ に対して，
$$E(t) = E(0)$$
が成り立つ．

証明には，次の補題を用いる．

補題 3.3 a と b を複素数，α を実数とする．このとき，
$$|a\cos\alpha + b\sin\alpha|^2 + |-a\sin\alpha + b\cos\alpha|^2 = |a|^2 + |b|^2$$
が成り立つ．

これは，$e_1 = (\cos\alpha, \sin\alpha)$, $e_2 = (-\sin\alpha, \cos\alpha)$ が正規直交ベクトルの組になるので，$Z = (a,b) \in \mathbb{C}^2$ に対して，
$$|Z|^2 = |Z \cdot e_1|^2 + |Z \cdot e_2|^2$$
であることにより，ただちに従う．ここに，$\cdot$ は $\mathbb{C}^2$ の内積を表す．

さて，プランシュレルの定理により，
$$\int_{\mathbb{R}^d} \left|\frac{\partial u}{\partial t}\right|^2 dx = \int_{\mathbb{R}^d} \left|-2\pi|\xi|\hat{f}(\xi)\sin(2\pi|\xi|t) + \hat{g}(\xi)\cos(2\pi|\xi|t)\right|^2 d\xi$$
であり，同様に，
$$\int_{\mathbb{R}^d} \sum_{j=1}^d \left|\frac{\partial u}{\partial x_j}\right|^2 dx = \int_{\mathbb{R}^d} \left|2\pi|\xi|\hat{f}(\xi)\cos(2\pi|\xi|t) + \hat{g}(\xi)\sin(2\pi|\xi|t)\right|^2 d\xi$$
である．ここで，補題を
$$a = 2\pi|\xi|\hat{f}(\xi), \qquad b = \hat{g}(\xi), \qquad \alpha = 2\pi|\xi|t$$
とおいて用いると，
$$E(t) = \int_{\mathbb{R}^d} \left|\frac{\partial u}{\partial t}\right|^2 + \left|\frac{\partial u}{\partial x_1}\right|^2 + \cdots + \left|\frac{\partial u}{\partial x_d}\right|^2 dx$$
$$= \int_{\mathbb{R}^d} (4\pi^2|\xi|^2|\hat{f}(\xi)|^2 + |\hat{g}(\xi)|^2) d\xi$$
が得られる．これは，明らかに $t \in \mathbb{R}$ に無関係であり，定理 3.2 が示される．

公式 (3) は，確かに波動方程式の解を与えるが，f や g のフーリエ変換の計算

や，さらにはフーリエ逆変換の計算を含んでいて，全く直接的でないことが欠点である．しかし，すべての次元 d に対して，よりわかりやすい公式がある．この公式は $d=1$ のときは非常に簡単で，$d=3$ のときは若干複雑になる．より一般には，d が奇数のときは非常に簡単で，d が偶数のときはより複雑になる (問題 4 と 5 を見よ)．

以下では，$d=1$, $d=3$ および $d=2$ の場合を考察し，併せて一般の場合の状況を図示する．第 1 章では，区間 $[0, L]$ 上の波動方程式を考察した際に，f と g を $[-L, L]$ 上の<u>奇関数</u>で，実数直線上の周期 $2L$ の周期関数として，$[0, L]$ の外に拡張すると，解がダランベールの公式

(4) $$u(x, t) = \frac{f(x+t) + f(x-t)}{2} + \frac{1}{2}\int_{x-t}^{x+t} g(y)dy$$

で与えられることを学んだ．$d=1$ で 初期値が $\mathcal{S}(\mathbb{R})$ の関数のとき，(4) と同じ公式が成り立つ．実際，

$$\cos(2\pi|\xi|t) = \frac{1}{2}(e^{2\pi i|\xi|t} + e^{-2\pi i|\xi|t}),$$
$$\frac{\sin(2\pi|\xi|t)}{2\pi|\xi|} = \frac{1}{4\pi i|\xi|}(e^{2\pi i|\xi|t} - e^{-2\pi i|\xi|t})$$

に注意すると，(3) から直接得られる．

最後に，ダランベールの公式 (4) に現れる二つの項は，適当な平均からなっていることに注意しよう．実際，第 1 項は区間 $[x-t, x+t]$ の境界の 2 点における f の平均であり，第 2 項は t で割ってみると，g のこの区間における平均値 $(1/2t)\int_{x-t}^{x+t} g(y)dy$ である．これは，高次元への一般化を示唆していて，高次元でもわれわれの問題の解が初期値の平均値として表すことができることを期待してよいかもしれない．実際これは正しく，ここでは特別な場合である $d=3$ の場合を詳しく考察しよう．

3.2 $\mathbb{R}^3 \times \mathbb{R}$ における波動方程式

S^2 を $\mathbb{R}^3$ の単位球面とする．中心 x で半径 t の球面上における関数 f の**球面平均**を

(5) $$M_t(f)(x) = \frac{1}{4\pi}\int_{S^2} f(x - t\gamma)d\sigma(\gamma)$$

によって定義する．ここに $d\sigma(\gamma)$ は S^2 上の面積要素である．単位球面の面積は 4π であるから，$M_t(f)$ は f の中心 x で半径 t の球面上の平均値であると解釈することができる．

補題 3.4 $f \in \mathcal{S}(\mathbb{R}^3)$ ならば，$t \in \mathbb{R}$ を固定するごとに，$M_t(f) \in \mathcal{S}(\mathbb{R}^3)$ である．さらに，$M_t(f)$ は t に関して無限回連続微分可能で，t に関する各導関数も $\mathcal{S}(\mathbb{R}^3)$ に属する．

証明 $F(x) = M_t(f)(x)$ とおく．F が急減少であることを示すために，不等式 $|f(x)| \leq A_N/(1+|x|^N)$ が，すべての固定された $N \geq 0$ で成り立つことから出発しよう．単純な帰結として，t を固定するごとに，すべての $\gamma \in S^2$ に対して

$$|f(x - \gamma t)| \leq A'_N/(1+|x|^N)$$

が成り立つ．これを見るためには，$|x| \leq 2|t|$ のときと $|x| > 2|t|$ のときとに分けて考えればよい．よって，積分すると，

$$|F(x)| \leq A'_N/(1+|x|^N)$$

が得られて，これがすべての N で成り立つから，F は急減少である．次に，F は無限回連続微分可能であって，

(6) $$\left(\frac{\partial}{\partial x}\right)^\alpha F(x) = M_t(f^{(\alpha)})(x)$$

であることを見よう．ここに $f^{(\alpha)}(x) = (\partial/\partial x)^\alpha f$ である．$(\partial/\partial x)^\alpha = \partial/\partial x_k$ のとき，これを示せば十分であり，帰納的に一般の場合も示される．さらに，$k=1$ として示せば十分である．さて，

$$\frac{F(x_1+h, x_2, x_3) - F(x_1, x_2, x_3)}{h} = \frac{1}{4\pi}\int_{S^2} g_h(\gamma)\, d\sigma(\gamma),$$

$$g_h(\gamma) = \frac{f(x+e_1-\gamma t) - f(x-\gamma t)}{h}$$

が成り立つ．ただし，$e_1 = (1, 0, 0)$ である．ここで，$h \to 0$ のとき，γ について一様に $g_h \to \dfrac{\partial}{\partial x_1}f(x - \gamma t)$ であることを見ればよい．それにより，(6) が成り立つことがわかり，最初の議論により，$\left(\dfrac{\partial}{\partial x}\right)^\alpha F(x)$ も急減少であることが従うので，$F \in \mathcal{S}$ であることが示される．同じ議論が，t に関する各導関数にも適用される． ∎

ここで必要とする球面上の積分についての基本的事実は，次のフーリエ変換の

公式である．

補題 3.5
$$\frac{1}{4\pi}\int_{S^2}e^{-2\pi i\xi\cdot\gamma}d\sigma(\gamma)=\frac{\sin(2\pi|\xi|)}{2\pi|\xi|}.$$

次節で見るように，この公式は，球対称関数のフーリエ変換は球対称であるという事実と関連している．

証明 左辺の積分は ξ に関して球対称であることに注意しよう．実際，R が回転ならば，
$$\int_{S^2}e^{-2\pi iR(\xi)\cdot\gamma}d\sigma(\gamma)=\int_{S^2}e^{-2\pi i\xi\cdot R^{-1}(\gamma)}d\sigma(\gamma)=\int_{S^2}e^{-2\pi i\xi\cdot\gamma}d\sigma(\gamma)$$
であることが，変数変換 $\gamma\to R^{-1}(\gamma)$ により従う．（これについては，付録の公式 (4) を見よ．）よって，$|\xi|=\rho$ とおくと，$\xi=(0,0,\rho)$ として補題を示せば十分である．$\rho=0$ ならば，補題の主張は自明である．$\rho>0$ ならば，球面座標をとることにより，左辺は
$$\frac{1}{4\pi}\int_0^{2\pi}\int_0^{\pi}e^{-2\pi i\rho\cos\theta}\sin\theta\,d\theta\,d\varphi$$
に等しいことがわかる．変数変換 $u=-\cos\theta$ により，
$$\begin{aligned}\frac{1}{4\pi}\int_0^{2\pi}\int_0^{\pi}e^{-2\pi i\rho\cos\theta}\sin\theta\,d\theta\,d\varphi&=\frac{1}{2}\int_0^{\pi}e^{-2\pi i\rho\cos\theta}\sin\theta d\theta\\ &=\frac{1}{2}\int_{-1}^{1}e^{2\pi i\rho u}du\\ &=\frac{1}{4\pi i\rho}\left[e^{2\pi i\rho u}\right]_{-1}^{1}\\ &=\frac{\sin(2\pi\rho)}{2\pi\rho}\end{aligned}$$
となって，公式が証明される． ■

定義式 (5) により，$M_t(f)$ を関数 f と面積要素 $d\sigma$ の畳み込みと見ることができて，フーリエ変換は畳み込みを積に置き換えるので，$\widehat{M_t(f)}$ は対応するフーリエ変換の積になると考えられる．実際，等式

(7) $$\widehat{M_t(f)}(\xi)=\hat{f}(\xi)\frac{\sin(2\pi|\xi|t)}{2\pi|\xi|t}$$

が従う．これを示すためには，

$$\widehat{M_t(f)}(\xi) = \int_{\mathbb{R}^3} e^{-2\pi i x\cdot\xi} \left(\frac{1}{4\pi}\int_{S^2} f(x-\gamma t)d\sigma(\gamma)\right) dx$$

と書いて，積分の順序を交換し，簡単な変数変換を行うと，示すべき等式にたどり着く．

これを用いると，われわれの問題の解は，初期値の球面平均を用いて表されることがわかる．

定理 3.6 $d=3$ のとき，波動方程式のコーシー問題
$$\triangle u = \frac{\partial^2 u}{\partial t^2}, \qquad u(x,0)=f(x), \qquad \frac{\partial u}{\partial t}(x,0)=g(x)$$
の解は
$$u(x,t) = \frac{\partial}{\partial t}\Big(tM_t(f)(x)\Big) + tM_t(g)(x)$$
で与えられる．

証明 まず，問題
$$\triangle u = \frac{\partial^2 u}{\partial t^2}, \qquad u(x,0)=0, \qquad \frac{\partial u}{\partial t}(x,0)=g(x)$$
を考えよう．定理 3.1 により，この解 u_1 は
$$\begin{aligned}
u_1(x,t) &= \int_{\mathbb{R}^3}\left[\hat{g}(\xi)\frac{\sin(2\pi|\xi|t)}{2\pi|\xi|}\right]e^{2\pi i x\cdot\xi}d\xi \\
&= t\int_{\mathbb{R}^3}\left[\hat{g}(\xi)\frac{\sin(2\pi|\xi|t)}{2\pi|\xi|t}\right]e^{2\pi i x\cdot\xi}d\xi \\
&= tM_t(g)(x)
\end{aligned}$$
で与えられる．ここで，(7) を g に適用し，フーリエ逆変換を用いた．

再び，定理 3.1 により，問題
$$\triangle u = \frac{\partial^2 u}{\partial t^2}, \qquad u(x,0)=f(x), \qquad \frac{\partial u}{\partial t}(x,0)=0$$
の解は，
$$\begin{aligned}
u_2(x,t) &= \int_{\mathbb{R}^3}\left[\hat{f}(\xi)\cos(2\pi|\xi|t)\right]e^{2\pi i x\cdot\xi}d\xi \\
&= \frac{\partial}{\partial t}\left(t\int_{\mathbb{R}^3}\left[\hat{f}(\xi)\frac{\sin(2\pi|\xi|t)}{2\pi|\xi|t}\right]e^{2\pi i x\cdot\xi}d\xi\right) \\
&= \frac{\partial}{\partial t}\Big(tM_t(f)(x)\Big)
\end{aligned}$$
で与えられる．ここで，二つの解を重ね合わせると，もとの問題の解 $u=u_1+u_2$

が得られる．

ホイヘンスの原理

1次元と3次元の波動方程式の解は，それぞれ，
$$u(x,t) = \frac{f(x+t)+f(x-t)}{2} + \frac{1}{2}\int_{x-t}^{x+t} g(y)dy$$
および
$$u(x,t) = \frac{\partial}{\partial t}\Big(tM_t(f)(x)\Big) + tM_t(g)(x)$$
で与えられる．

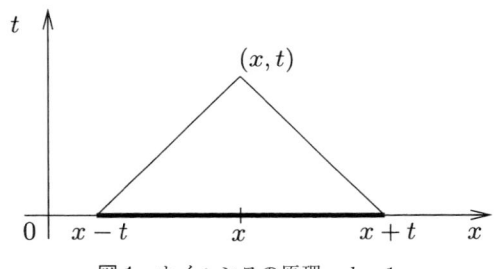

図1 ホイヘンスの原理，$d=1$．

1次元の問題では，解の (x,t) における値が，図1に示すように，中心 x で長さが $2t$ の区間における f と g の値だけに依存することがわかる．

さらに $g=0$ ならば，解は，この区間の境界の2点でのデータの値だけに依存する．3次元の場合，この境界値依存性がつねに成り立つ．より正確には，解 $u(x,t)$ は，中心 x で半径 t の球面のすぐ近くの近傍における f と g の値にのみ依存する．この状況を図示すれば，図2に示すように，(x,t) を頂点とし，中心 x で半径 t の球を底面とする錐が描かれる．この錐は，(x,t) を頂点とする**後向き光円錐**とよばれる．

あるいは，初期値の $t=0$ 平面の点 x_0 の値は，解の x_0 を頂点とする錐の境界上での値にのみ影響を与える．これは，**前向き光円錐**とよばれ，図3に図示されている．

ホイヘンスの原理として知られているこの現象は，上で与えた解 u の公式からただちに従う．

以上の考察と関連した波動方程式のもう一つの重要な側面は，**有限伝播速度**に

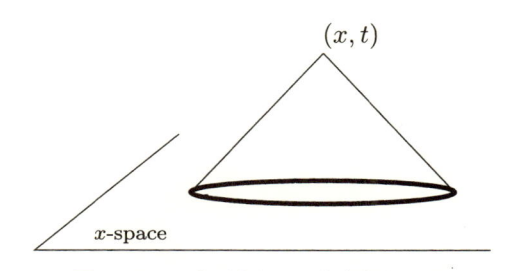

図2 (x, t) を頂点とする後向き光円錐.

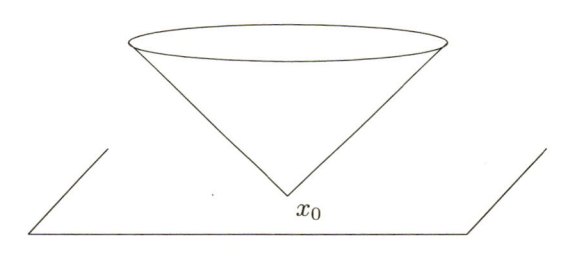

図3 x_0 を頂点とする前向き光円錐.

関することである．($c = 1$ の場合，速度は 1 である．) これは，$x = x_0$ に初期擾乱があると，有限時間 t 経過後に，その影響は，中心 x_0 で半径が $|t|$ の球の内部にのみ伝播する．このことを正確に述べるために，初期条件 f と g は，半径 δ で中心 x_0 の球に台をもつとする (小さい δ を考えよ)．このとき，$u(x, t)$ の台は，半径 $|t| + \delta$ で中心 x_0 球に含まれる．この主張は上の議論から明らかである．

3.3 $\mathbb{R}^2 \times \mathbb{R}$ における波動方程式：次元の低下

3 次元波動方程式の解が 2 次元波動方程式の解を導くことは，注目するべき事実である．対応する平均値を

$$\widetilde{M}_t(F)(x) = \frac{1}{2\pi} \int_{|y| \leq 1} F(x - ty)(1 - |y|^2)^{-1/2} dy$$

で定義しよう．

定理 3.7 初期値を $f, g \in \mathcal{S}(\mathbb{R}^2)$ とする 2 次元波動方程式のコーシー問題の解は

(8) $$u(x, t) = \frac{\partial}{\partial t}\left(t\widetilde{M}_t(f)(x)\right) + t\widetilde{M}_t(g)(x)$$

で与えられる．

この場合と $d=3$ の場合との違いに注意しよう. u の (x,t) での値は, f と g の (中心 x で半径 $|t|$ の) 円板全体での値に依存し, 円板の境界の近傍での初期値の値だけに依存するのではない.

形式的には, 定理の等式は次のようにして得られる. 初期値の組を $f, g \in \mathcal{S}(\mathbb{R}^2)$ とすると, x_3 について定数として f と g を拡張した $\mathbb{R}^3$ 上の関数 $\tilde{f}$ と $\tilde{g}$ について考える. すなわち,

$$\tilde{f}(x_1, x_2, x_3) = f(x_1, x_2), \qquad \tilde{g}(x_1, x_2, x_3) = g(x_1, x_2)$$

とする. ここで, $\tilde{u}$ を (前節で与えた) 3 次元波動方程式で初期値を $\tilde{f}$ と $\tilde{g}$ としたものの解であるとすると, $\tilde{u}$ も x_3 について定数になって, 2 次元波動方程式の解であることが期待される. この議論の難しいところは, $\tilde{f}$ と $\tilde{g}$ が x_3 について定数であるために, 急減少とはならないので, これまでの方法が適用できないことである. しかし, 定理 3.7 を導くように, 議論を修正することは容易である.

$T > 0$ を固定して, $|x_3| \leq 3T$ のとき $\eta(x_3) = 1$ となる関数 $\eta(x_3) \in \mathcal{S}(\mathbb{R})$ を考えよう. $\tilde{f}$ と $\tilde{g}$ を x_3 に関して切り落とすのがコツで, 代わりに

$$\tilde{f}^{\flat}(x_1, x_2, x_3) = f(x_1, x_2)\eta(x_3), \qquad \tilde{g}^{\flat}(x_1, x_2, x_3) = g(x_1, x_2)\eta(x_3)$$

を考えることにする. $\tilde{f}^{\flat}$ と $\tilde{g}^{\flat}$ は $\mathcal{S}(\mathbb{R}^3)$ であるから, 定理 3.6 により, 初期値を $\tilde{f}^{\flat}$ と $\tilde{g}^{\flat}$ とする波動方程式の解 u が得られる. 解の公式から, $\tilde{u}^{\flat}(x,t)$ が, $|x_3| \leq T$ かつ $|t| \leq T$ のとき, x_3 に依存しないことを見るのは容易である. 特に, $u(x_1, x_2, t) = \tilde{u}^{\flat}(x_1, x_2, 0, t)$ とおくと, $|t| \leq T$ のとき, u は 2 次元波動方程式をみたす. T は任意であるから, u はわれわれの問題の解であることがわかる. あとは, なぜ u が求める形になるのかを見ればよい.

球面座標の定義により, 関数 H の球面 S^2 上の積分は

$$\frac{1}{4\pi} \int_{S^2} H(\gamma) d\sigma(\gamma) = \frac{1}{4\pi} \int_0^{2\pi} \int_0^{\pi} H(\sin\theta\cos\varphi, \sin\theta\sin\varphi, \cos\theta) \sin\theta d\theta d\varphi$$

で与えられることを思い出そう. もし, H が 3 番目の変数に依存しないなら, すなわち, ある 2 変数関数 h によって, $H(x_1, x_2, x_3) = h(x_1, x_2)$ と表されるならば,

$$M_t(H)(x_1, x_2, 0)$$
$$= \frac{1}{4\pi} \int_0^{2\pi} \int_0^{\pi} h(x_1 - t\sin\theta\cos\varphi, x_2 - t\sin\theta\sin\varphi) \sin\theta \, d\theta \, d\varphi$$

である．最後の積分を計算するために，θ での積分を，0 から $\pi/2$ までと，$\pi/2$ から π までに分ける．変数変換 $r = \sin\theta$ を施したあと，最後に極座標とみなすことにより，

$$M_t(H)(x_1, x_2, 0) = \frac{1}{2\pi} \int_{|y|\leq 1} h(x-ty)(1-|y|^2)^{-1/2} dy$$
$$= \widetilde{M_t}(h)(x_1, x_2)$$

となることがわかる．これを，$H = \tilde{f}^\flat, h = f$ および $H = \tilde{g}^\flat, h = g$ に適用すると，u は (8) で与えられることがわかる．以上で，定理 3.7 の証明が終わった．

注意 一般の次元 d の場合の波動方程式の解も同様に，特別な場合 $d = 1, 2, 3$ ですでに考察した性質の多くを備えている．

- 時刻 t を与えるごとに，点 x における初期値の値は，解 u に対して特定の領域でのみ影響を与える．$d > 1$ で奇数次元の場合，初期値は点 x を頂点とする前向き光円錐の境界上の点にのみ影響を与えるが，$d = 1$ または偶数次元の場合，前向き光円錐の全体に影響を及ぼす．あるいは，点 (x, t) における解の値は，点 (x, t) を頂点とする後向き光円錐の底面における初期値にのみ依存する．実際，$d > 1$ で奇数次元の場合には，底面の境界付近の初期値の値のみ，解 $u(x, t)$ に影響を与える．

- 波は有限の速さで伝播する．すなわち，初期値の台が有界ならば，解の台は速度 1 (あるいは，より一般には，波動方程式が正規化されていなければ，速度 c) で広がる．

3 次元と 2 次元の波の伝播のふるまいの違いに関する以下の観察によって，これらの事実のいくつかを説明することができる．光の伝播は 3 次元波動方程式に従うので，$t = 0$ で光が原点で光ったとすると，次の現象が起こる．任意の観測者は (有限時間後に) 一瞬だけ光を観測する．それとは対照的に，2 次元ではどうなるか考えてみよう．石を湖に落とすと，湖面の任意の点は (適当な時間経過後に) 波打ち始め，振幅が時間とともに小さくなるにもかかわらず，(原理的には) いつまでも波打ち続けるのである．

$d = 1$ と $d = 3$ の場合と $d = 2$ の場合の波動方程式の解の公式の性質の違いは，d 次元のフーリエ解析における一般原理を例証している．非常に数多くの公

式が, 偶数次元の場合と比べると奇数次元の場合にはより簡単である. 以下では, そのいくつかの例を見ることにしよう.

4. 球対称性とベッセル関数

先に見たように, $\mathbb{R}^d$ の球対称関数のフーリエ変換は再び球対称関数になる. 別の言い方をすると, ある f_0 によって $f(x) = f_0(|x|)$ となるとき, ある F_0 が存在して $\hat{f}(\xi) = F_0(|\xi|)$ となる. f_0 と F_0 の関係を決定することは自然な問題である.

この問題の答えは, 1 または 3 次元の場合には簡単である. $d = 1$ のとき, 求めるべき関係式は

$$(9) \qquad F_0(\rho) = 2 \int_0^\infty \cos(2\pi\rho r) f_0(r) dr$$

である. $\mathbb{R}$ には, 恒等変換と -1 をかけるという二つの回転しかないことに注意すると, 関数が偶関数のとき球対称になる. この考察により, f が球対称で $|\xi| = \rho$ ならば,

$$\begin{aligned}
F_0(\rho) = \hat{f}(|\xi|) &= \int_{-\infty}^\infty f(x) e^{-2\pi i x |\xi|} dx \\
&= \int_0^\infty f_0(r)(e^{-2\pi i r |\xi|} + e^{2\pi i r |\xi|}) dr \\
&= 2 \int_0^\infty \cos(2\pi\rho r) f_0(r) dr
\end{aligned}$$

であることは容易に確かめられる.

$d = 3$ の場合も, f_0 と F_0 の関係式は非常に簡単で,

$$(10) \qquad F_0(\rho) = 2\rho^{-1} \int_0^\infty \sin(2\pi\rho r) f_0(r) r\, dr$$

で与えられる. この等式の証明は, 補題 3.5 で与えた面積要素のフーリエ変換の公式に基づいて,

$$\begin{aligned}
F_0(\rho) = \hat{f}(\xi) &= \int_{\mathbb{R}^3} f(x) e^{-2\pi i x \cdot \xi} dx \\
&= \int_0^\infty f_0(r) \int_{S^2} e^{-2\pi i r \gamma \cdot \xi} d\sigma(\gamma) r^2 dr \\
&= \int_0^\infty f_0(r) \frac{2\sin(2\pi\rho r)}{\rho r} r^2 dr \\
&= 2\rho^{-1} \int_0^\infty \sin(2\pi\rho r) f_0(r) r dr
\end{aligned}$$

のように示される．

より一般には，f_0 と F_0 の関係は，球対称性を示す問題に自然に現れる特殊関数族を用いて記述される．

$n \in \mathbb{Z}$ のとき，n 次のベッセル関数 $J_n(\rho)$ は，$e^{i\rho\sin\theta}$ の n 番目のフーリエ係数として定義される．つまり，

$$J_n(\rho) = \frac{1}{2\pi}\int_0^{2\pi} e^{i\rho\sin\theta} e^{-in\theta} d\theta$$

であり，したがって，

$$e^{i\rho\sin\theta} = \sum_{n=-\infty}^{\infty} J_n(\rho) e^{in\theta}$$

である．この定義により，$d=2$ のときの f_0 と F_0 の関係式は

(11) $$F_0(\rho) = 2\pi\int_0^\infty J_0(2\pi r\rho) f_0(r) r dr$$

である．実際，$\hat{f}(\xi)$ は球対称であるから，$\xi = (0, -\rho)$ ととると，

$$\hat{f}(\xi) = \int_{\mathbb{R}^2} f(x) e^{2\pi ix\cdot(0,\rho)} dx$$
$$= \int_0^{2\pi}\int_0^\infty f_0(r) e^{2\pi ir\rho\sin\theta} r\, dr\, d\theta$$
$$= 2\pi\int_0^\infty J_0(2\pi r\rho) f_0(r) r\, dr$$

となる．

一般に，$\mathbb{R}^d$ においても，$d/2-1$ 次のベッセル関数を用いた f_0 と F_0 を対応づける関係式が知られている (問題 2 を見よ)．偶数次元の場合，これらは上で定義したベッセル関数である．奇数次元では，半整数次のベッセル関数を含む，より一般の定義が必要になる．球対称関数のフーリエ変換の公式は，奇数次元と偶数次元の違いを，別の角度から説明している．$d=1$ または $d=3$ (さらに $d>3$ の奇数) のとき，公式は初等関数を用いて表されるが，偶数次元の場合にはそうではない．

5. ラドン変換といくつかの応用

次に考察するのは，1917 年にジョアン・ラドンによって考案された積分変換で，これには数学や数学以外の科学において，医療における目覚ましい業績をも含む

数多くの応用がある．その定義および中心的課題である再生の問題に対して動機付けをするために，まず最初に，ラドン変換と医療用画像処理の理論における X 線検査 (あるいは CAT 検査) の発達との極めて密接な関係について述べる．再生の問題の解決法，新しいアルゴリズムやより高速の計算機の導入は，すべて，計算機援用の断層写真撮影法の急速な進歩に貢献した．実際の場において，X 線検査は内臓の「画像」を与え，さまざまな種類の異常を発見し位置を特定することを補助している．

2 次元の X 線検査について少し述べた後で，X 線変換を定義し，この写像の逆を求める問題を定式化する．この問題は $\mathbb{R}^2$ では具体的な表示解をもつにもかかわらず，3 次元の類似の問題よりも複雑になるので，再生の問題の完全な解法は $\mathbb{R}^3$ の場合のみ与える．ここでは，偶数次元よりも奇数次元の方が結果が簡単になるもう一つの例を与えている．

5.1 $\mathbb{R}^2$ における X 線変換

$\mathbb{R}^2$ に横たわる 2 次元物体 $\mathcal{O}$ を考えよう．人間の臓器の平らな断面はそのようなものとみなしてよいであろう．

まず最初に，$\mathcal{O}$ は均質とし，X 線光子の非常に細い束がこの物体を透過するものと仮定する．

I_0 と I が光線の束が物体 $\mathcal{O}$ を通過する前と後の強さをそれぞれ表すとすると，次の関係

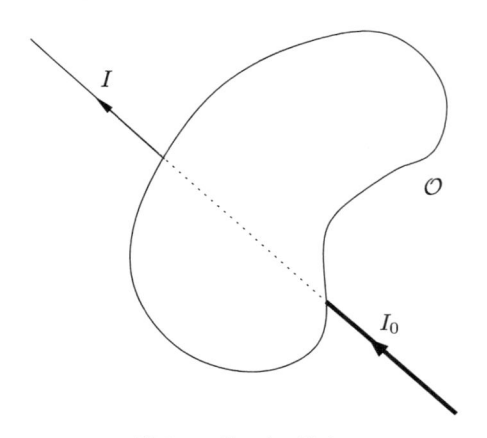

図 4   X 線の束の減衰．

$$I = I_0 e^{-d\rho}$$

が成り立つ．ここに，d は物体中を光線束が伝わる距離で，ρ は**減衰係数** (あるいは吸収係数) で，$\mathcal{O}$ の密度やその他の物理的特性に依存する．物体が均質でなく，減衰係数を ρ_1 と ρ_2 とする二つの素材からできているならば，観測される光線束の強さの減少は，

$$I = I_0 e^{-d_1\rho_1 - d_2\rho_2}$$

で与えられる．ここに d_1 と d_2 は，各素材の中で光線束が伝わる距離を表す．密度や物理特性が点ごとに変化する一般の物体の場合，吸収係数は $\mathbb{R}^2$ 上の関数 ρ であり，上の関係は

$$I = I_0 e^{\int_L \rho}$$

となる．ここに L は光線束が描く $\mathbb{R}^2$ 上の直線で，$\int_L \rho$ は ρ の L 上の線積分である．I_0 と I を観測するので，直線 L に沿って物体中に X 線束を送った後に集まるデータは，

$$\int_L \rho$$

という量になる．初めは任意の与えられた方向に光束を送ってよいので，$\mathbb{R}^2$ 内の任意の直線に対して，上の積分を計算することができる．ρ の **X 線変換** (あるいは $\mathbb{R}^2$ における**ラドン変換**) を，

$$X(\rho)(L) = \int_L \rho$$

によって定義する．この変換は，各々の適当な $\mathbb{R}^2$ 上の関数 ρ (たとえば $\rho \in \mathcal{S}(\mathbb{R}^2)$) に，$\mathbb{R}^2$ 内の直線の全体のなす集合を定義域とする別の関数 $X(\rho)$ を割り当てていることに注意しよう．

ここでは未知関数は ρ である．もともとの興味は物体の構成を知ることにあるので，ここでの問題は，集めたデータである ρ の X 線変換から ρ を再生すること，ということになる．よって，次の 再生 の問題が提起される：$X(\rho)$ から ρ を与える公式を見つけよ．

数学的には，これは X の逆変換を求める問題である．このような逆変換が果たして存在するのであろうか？まず第 1 段階として，次の簡単な 一意性 の問題を考えよう：$X(\rho) = X(\rho')$ ならば，$\rho = \rho'$ となるか？

$X(\rho)$ が実際に ρ を決定するという，もっともな 先験的 期待を，関連する次元

(自由度)を数えることによって見ることができる．$\mathbb{R}^2$ 上の関数 ρ は，二つのパラメータ (たとえば，座標 x_1 と x_2) に依存する．同様に，関数 $X(\rho)$ は，直線 L の関数であるから，やはり二つのパラメータ (たとえば，L の傾きと x_2 切片) によって定まる関数である．この意味で，ρ と $X(\rho)$ は，同等の情報量を伝えるので，$X(\rho)$ が ρ を決定するとしても何ら不合理ではない．

再生の問題に対する満足のいく解答と，$\mathbb{R}^2$ における一意性の問題に対する明確な解答があるが，それらをここでは割愛する．(しかし，練習 13 と問題 8 を見よ．) かわりに，$\mathbb{R}^3$ における類似のしかもより簡単な状況を扱うことにしよう．

最後に，現実的には，有限個の X 線変換の見本をとって，有限個の直線に対してしか $X(\rho)(L)$ を決められないことに注意しておく．よって，実際上行われる再生の方法は，一般理論のみならず，見本抽出，数値的近似，および計算機上の計算手順にも基づいている．有効かつ妥当な計算手順を開発するためには，高速フーリエ変換が用いられるが，それについては次章において，ついでに取り上げる．

5.2　$\mathbb{R}^3$ におけるラドン変換

前節で述べた試みは 3 次元でも同様にあてはまる．$\mathcal{O}$ が $\mathbb{R}^3$ における物体で，その密度や物理特性を記述する関数 ρ で決まるならば，X 線束を $\mathcal{O}$ に送ることによって，すべての $\mathbb{R}^3$ の直線に対して，

$$\int_L \rho$$

が定まる．$\mathbb{R}^2$ では，この量がわかれば ρ を一意に決定するのに十分であるが，$\mathbb{R}^3$ では，それほど多くのデータを必要としない．実際，先の自由度を数えるという発見的考察により，$\mathbb{R}^3$ の関数 ρ に対する自由度の数は 3 であることがわかる．一方，$\mathbb{R}^3$ の直線 L を決定するパラメータの数は 4 である (たとえば，二つは (x_1, x_2) 平面の切片のパラメータで，もう二つは直線の方向である)．ゆえに，この意味で，問題は過剰決定問題になっている．

そこで，2 次元問題の数学的に自然な一般化へと話を転じよう．ここでは，$\mathbb{R}^3$ の関数を，すべての $\mathbb{R}^3$ の中の <u>平面</u>[3] 上での積分を知ることによって，決定したい．正確にいうと，平面というときは，必ずしも原点を通らない平面を意味する．$\mathcal{P}$ がそのような平面ならば，ラドン変換 $\mathcal{R}(f)$ を

---

3)　$\mathbb{R}^3$ 上の点を表す次元と，$\mathbb{R}^3$ 内の平面を表す次元は，どちらも 3 に等しいことに注意せよ．

$$\mathcal{R}(f)(\mathcal{P}) = \int_{\mathcal{P}} f$$

によって定義する．表現を簡単にするために，これまでと同様に，$\mathcal{S}(\mathbb{R}^3)$ の関数を扱うものとする．しかし，以下で導かれる結果の多くは，より広い関数の枠組みでも成り立つ．

まず最初に，平面上の f の積分の意味するところを説明しよう．$\mathbb{R}^3$ の中の平面について，次のような記述法を用いる．与えられた単位ベクトル $\gamma \in S^2$ と実数 $t \in \mathbb{R}$ に対して，平面 $\mathcal{P}_{t,\gamma}$ を

$$\mathcal{P}_{t,\gamma} = \{x \in \mathbb{R}^3 \,:\, x \cdot \gamma = t\}$$

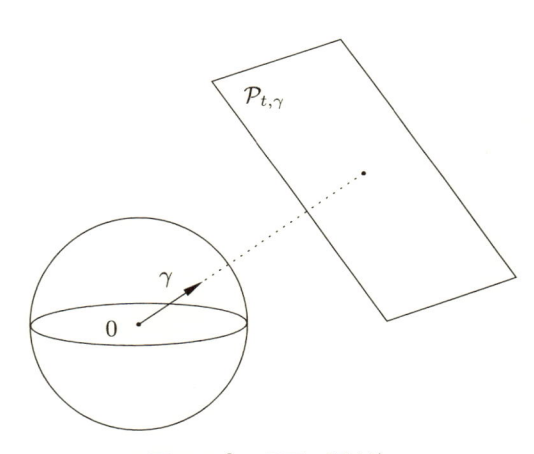

図 5　$\mathbb{R}^3$ の平面の記述法．

と定義する．平面を，それに垂直な単位ベクトル γ と，原点との「距離」t（図 5 を見よ）によってパラメータ付けする．$\mathcal{P}_{t,\gamma} = \mathcal{P}_{-t,-\gamma}$ であること，および t は負の値もとることができることに注意しよう．

与えられた関数 $f \in \mathcal{S}(\mathbb{R}^d)$ に対して，$\mathcal{P}_{t,\gamma}$ 上の積分が意味をもつようにする必要がある．そこで次のようにする．単位ベクトル e_1, e_2 を e_1, e_2, γ が $\mathbb{R}^3$ の正規直交基底をなすようにとる．このとき，任意の $x \in \mathcal{P}_{t,\gamma}$ は，

$$x = t\gamma + u, \qquad u = u_1 e_1 + u_2 e_2, \qquad u_1, u_2 \in \mathbb{R}$$

と一意的に書き表すことができる．$f \in \mathcal{S}(\mathbb{R}^3)$ に対して，

(12) $$\int_{\mathcal{P}_{t,\gamma}} f = \int_{\mathbb{R}^2} f(t\gamma + u_1 e_1 + u_2 e_2) du_1 du_2$$

と定義する．矛盾のないようにするために，この定義がベクトル e_1, e_2 の選び方に依存しないことを確かめなくてはならない．

命題 5.1 $f \in \mathcal{S}(\mathbb{R}^3)$ ならば，各 $\gamma \in S^2$ に対して，$\int_{\mathcal{P}_{t,\gamma}} f$ の定義は，e_1, e_2 の選び方に依存しない．さらに，

$$\int_{-\infty}^{\infty} \left(\int_{\mathcal{P}_{t,\gamma}} f \right) dt = \int_{\mathbb{R}^3} f(x) dx$$

が成り立つ．

証明 e_1', e_2' を別の基底で，γ, e_1', e_2' が正規直交基底となるものとする．$\mathbb{R}^2$ の回転 R で，e_1 を e_1' に，e_2 を e_2' に移すものとする．変数変換 $u' = R(u)$ により，定義式 (12) は基底の選び方によらないことがわかる．

等式を証明するために，R は回転で，$\mathbb{R}^3$ の標準基底[4]を γ, e_1, e_2 に移すものとする．このとき，

$$\int_{\mathbb{R}^3} f(x) dx = \int_{\mathbb{R}^3} f(Rx) dx$$
$$= \int_{\mathbb{R}^3} f(x_1 \gamma + x_2 e_1 + x_3 e_2) dx_1 dx_2 dx_3$$
$$= \int_{-\infty}^{\infty} \left(\int_{\mathcal{P}_{t,\gamma}} f \right) dt$$

となる． ∎

注意 話が横道にそれるが，X 線変換はラドン変換を決定する．なぜならば，2 次元の積分は，1 次元の積分の繰り返しとして表されるからである．別の言い方をすると，関数のすべての直線上の積分がわかれば，その関数の任意の平面上の積分が定まる．

以上の予備的考察はこの程度にして，もとの問題へと戻ろう．関数 $f \in \mathcal{S}(\mathbb{R}^3)$ の**ラドン変換**を

$$\mathcal{R}(f)(t, \gamma) = \int_{\mathcal{P}_{t,\gamma}} f$$

によって定義する．特に，ラドン変換は $\mathbb{R}^3$ の中の平面全体のなす集合上の関数であることを見よう．平面に対して与えられたパラメータの取り方により，$\mathcal{R}(f)$

---

[4] ここでは，ベクトル $(1, 0, 0), (0, 1, 0), (0, 0, 1)$ のことを指す．

を直積 $\mathbb{R} \times S^2 = \{(t, \gamma) : t \in \mathbb{R}, \gamma \in S^2\}$ 上の関数と見ることができる．ここに S^2 は $\mathbb{R}^3$ における単位球面である．$\mathbb{R} \times S^2$ 上の妥当な関数族としては，γ について一様に t についてのシュワルツ条件をみたす関数から構成される．別の言い方をすると，$\mathcal{S}(\mathbb{R} \times S^2)$ は，連続関数 $F(t, \gamma)$ のうち，t について無限回微分可能で，すべての整数 $k, \ell \geq 0$ に対して，

$$\sup_{t \in \mathbb{R}, \gamma \in S^2} |t|^k \left| \frac{d^\ell F}{dt^\ell}(t, \gamma) \right| < \infty$$

をみたすものの全体として定義する．目標は次の問題を解決することである．

一意性の問題：$\mathcal{R}(f) = \mathcal{R}(g)$ ならば，$f = g$ となるか？
再生の問題：f を $\mathcal{R}(f)$ によって表せ．

これらの問題は，フーリエ変換を用いることによって解決される．実際，その鍵となるのは，ラドン変換とフーリエ変換との間の，とても美しくかつ本質的な関係である．

補題 5.2 $f \in \mathcal{S}(\mathbb{R}^3)$ ならば，各 γ を固定するごとに $\mathcal{R}(f)(t, \gamma) \in \mathcal{S}(\mathbb{R})$ である．さらに，

$$\widehat{\mathcal{R}}(f)(s, \gamma) = \hat{f}(s\gamma)$$

が成り立つ．

正確にいうと，$\hat{f}$ は f の (3 次元の) フーリエ変換で，$\widehat{\mathcal{R}}(f)(s, \gamma)$ は $\mathcal{R}(f)(t, \gamma)$ の γ を固定したときの t の関数としての 1 次元フーリエ変換である．

証明 $f \in \mathcal{S}(\mathbb{R}^3)$ であるから，$x = t\gamma + u$ と表すとき，γ は u に垂直であることを思い起こすと，すべての正の整数 N に対して，定数 $A_N < \infty$ が存在して，

$$(1 + |t|)^N (1 + |u|)^N |f(t\gamma + u)| \leq A_N$$

が成り立つ．よって，$N \geq 3$ の場合には，ただちに

$$(1 + |t|)^N |\mathcal{R}(f)(t, \gamma)| \leq A_N \int_{\mathbb{R}^2} \frac{du}{(1 + |u|)^N} < \infty$$

が得られる．導関数について同様の議論を行うと，各 γ を固定するごとに，$\mathcal{R}(f)(t, \gamma) \in \mathcal{S}(\mathbb{R})$ が示される．

さて，等式を証明するために，まず，

$$\widehat{\mathcal{R}}(f)(s,\gamma) = \int_{-\infty}^{\infty}\left(\int_{\mathcal{P}_{t,\gamma}} f\right)e^{-2\pi ist}dt$$
$$= \int_{-\infty}^{\infty}\int_{\mathbb{R}^2} f(t\gamma + u_1 e_1 + u_2 e_2)du_1 du_2 e^{-2\pi ist}dt$$

に注意しよう.しかし,$\gamma \cdot u = 0, |\gamma| = 1$ であるから,
$$e^{-2\pi ist} = e^{-2\pi is\gamma \cdot (t\gamma + u)}$$

と書くことができる.これにより,
$$\widehat{\mathcal{R}}(f)(s,\gamma) = \int_{-\infty}^{\infty}\int_{\mathbb{R}^2} f(t\gamma + u_1 e_1 + u_2 e_2)e^{-2\pi is\gamma \cdot (t\gamma + u)}du_1 du_2 dt$$
$$= \int_{-\infty}^{\infty}\int_{\mathbb{R}^2} f(t\gamma + u)e^{-2\pi is\gamma \cdot (t\gamma + u)}du\, dt$$

となる.最後に,γ, e_1, e_2 を $\mathbb{R}^3$ の標準基底に移す回転を施すと,求めるべき $\widehat{\mathcal{R}}(f)(s,\gamma) = \hat{f}(s\gamma)$ が示される. ∎

この等式によって,$\mathbb{R}^3$ におけるラドン変換の一意性について,肯定的な解答を得ることができる.

系 5.3 $f, g \in \mathcal{S}(\mathbb{R}^3)$ で,$\mathcal{R}(f) = \mathcal{R}(g)$ ならば,$f = g$ である.

系の証明は,補題を $f - g$ に適用して,フーリエ逆変換を用いることによりなされる.

最後に,関数 f をそのラドン変換から再生する公式を与えよう.$\mathcal{R}(f)$ は,$\mathbb{R}^3$ の中の平面全体のなす集合上の関数で,f は空間変数 $x \in \mathbb{R}^3$ の関数であるから,f を再生するために,平面の族の上の関数を $\mathbb{R}^3$ へ移す双対ラドン変換を導入する.

与えられた $\mathbb{R} \times S^2$ 上の関数 F に対して,その**双対ラドン変換**を
$$\tag{13} \mathcal{R}^*(F)(x) = \int_{S^2} F(x \cdot \gamma, \gamma)d\sigma(\gamma)$$
によって定義する.x が $\mathcal{P}_{t,\gamma}$ に属するとは,$x \cdot \gamma = t$ をみたすことであったから,ここでのアイデアは,与えられた $x \in \mathbb{R}^3$ に対して,x を通る平面の全体のなす部分族上で F を積分することによって,$\mathcal{R}^*(F)(x)$ を導こうというものである.すなわち,
$$\mathcal{R}^*(F)(x) = \int_{\{\mathcal{P}_{t,\gamma}|x \in \mathcal{P}_{t,\gamma}\}} F$$
ということである.ここに,右辺の積分の正確な意味は (13) で与えられる.「双

対」という専門用語が用いられるのは次の理由による．$V_1 = \mathcal{S}(\mathbb{R}^3)$ を通常のエルミート内積
$$(f, g)_1 = \int_{\mathbb{R}^3} f(x)\overline{f(x)}dx$$
を備えた内積空間とし，$V_2 = \mathcal{S}(\mathbb{R} \times S^2)$ をエルミート内積
$$(F, G)_2 = \int_{\mathbb{R}} \int_{S^2} F(t, \gamma)\overline{G(t, \gamma)}\, d\sigma(\gamma)dt$$
を備えた内積空間とすると，
$$\mathcal{R} : V_1 \to V_2, \quad \mathcal{R}^* : V_2 \to V_1,$$
(14) $$(\mathcal{R}f, F)_2 = (f, \mathcal{R}^*F)_1$$
が成り立つ．この等式の正当性は以下の議論では必要ないので，その確認は練習として読者にゆだねることにする．

ここで，ようやく再生定理を述べることができる．

定理 5.4 $f \in \mathcal{S}(\mathbb{R}^3)$ ならば，
$$\triangle(\mathcal{R}^*\mathcal{R}(f)) = -8\pi^2 f$$
が成り立つ．ここに $\triangle = \dfrac{\partial^2}{\partial x_1^2} + \dfrac{\partial^2}{\partial x_2^2} + \dfrac{\partial^2}{\partial x_3^2}$ はラプラス作用素である．

証明 補題 5.2 により，
$$\mathcal{R}(f)(t, \gamma) = \int_{-\infty}^{\infty} \hat{f}(s\gamma)e^{2\pi its}ds$$
である．よって，
$$\mathcal{R}^*\mathcal{R}(f)(x) = \int_{S^2} \int_{-\infty}^{\infty} \hat{f}(s\gamma)e^{2\pi ix\cdot\gamma s}ds\, d\sigma(\gamma)$$
であるから，
$$\triangle(\mathcal{R}^*\mathcal{R}(f))(x) = \int_{S^2} \int_{-\infty}^{\infty} \hat{f}(s\gamma)(-4\pi^2 s^2)e^{2\pi ix\cdot\gamma s}ds\, d\sigma(\gamma)$$
$$= -4\pi^2 \int_{S^2} \int_{-\infty}^{\infty} \hat{f}(s\gamma)e^{2\pi ix\cdot\gamma s}s^2\, ds\, d\sigma(\gamma)$$
$$= -4\pi^2 \int_{S^2} \int_{-\infty}^{0} \hat{f}(s\gamma)e^{2\pi ix\cdot\gamma s}s^2\, ds\, d\sigma(\gamma)$$
$$\quad -4\pi^2 \int_{S^2} \int_{0}^{\infty} \hat{f}(s\gamma)e^{2\pi ix\cdot\gamma s}s^2\, ds\, d\sigma(\gamma)$$

$$= -8\pi^2 \int_{S^2} \int_0^\infty \hat{f}(s\gamma) e^{2\pi i x \cdot \gamma s} s^2 \, ds \, d\sigma(\gamma)$$
$$= -8\pi^2 f(x)$$

となる．ここで，まず最初に積分記号のもとでの微分を実行し，次に $|\gamma|=1$ に注意して，$\triangle(e^{2\pi i x \cdot \gamma s}) = (-4\pi^2 s^2) e^{2\pi i x \cdot \gamma s}$ であることを用いた．さらに，最後の段階は，$\mathbb{R}^3$ の極座標とフーリエ逆変換の公式を用いた． ∎

5.3 平面波についての注意

ラドン変換と波動方程式の解との間のみごとな関係について少し述べて，本章を終わることにする．この関係は次のようにして起こる．$d=1$ のとき，波動方程式の解は進行波 (第1章を見よ) の和で表すことができるが，高次元でも進行波の類似物は存在するかという問いは自然なものである．その答えは次のようになる．F を一変数関数で，十分滑らか (たとえば C^2) として，

$$u(x,t) = F((x \cdot \gamma) - t)$$

で与えられる関数 $u(x,t)$ について考えよう．ここに，$x \in \mathbb{R}^d$ で，γ は $\mathbb{R}^d$ の単位ベクトルとする．u が $\mathbb{R}^d$ の ($c=1$ とした) 波動方程式の解であることは容易に確かめられる．このような解は**平面波**とよばれる．実際，u は γ に垂直なすべての平面上で定数であって，時間 t が進むに従って，波は γ 方向に進行することに注意しよう．($d>1$ のとき，平面波は γ に垂直な方向に定数であるから，決して $\mathcal{S}(\mathbb{R}^d)$ の関数にはならないことに注意するべきである．)[5]

基本的な事実は，$d>1$ のとき，波動方程式の解は平面波の積分として ($d=1$ のときには和になるのとは対照的に)，書き表すことができるということである．実際，これは初期値 f と g のラドン変換によってなされる．$d=3$ のときの関連の公式については問題6を見よ．

6. 練習

1. R を平面 $\mathbb{R}^2$ における回転で，標準基底 $e_1=(1,0), e_2=(0,1)$ に関する表現行列を

---

[5] ついでながら，このことは，波動方程式のより充分なる取り扱いのためには，関数が $S(\mathbb{R}^d)$ に属するという制限を取りはずす必要性があることの，よりはっきりとした証拠となっている．

$$R = \begin{pmatrix} a & b \\ c & d \end{pmatrix}$$

とする.
  (a) 条件 $R^t = R^{-1}$ と $\det(R) = \pm 1$ を a, b, c, d の方程式として表せ.
  (b) ある $\varphi \in \mathbb{R}$ が存在して, $a + ib = e^{i\varphi}$ となることを示せ.
  (c) R が固有回転ならば, $z \mapsto z e^{i\varphi}$ と表すことができて, R が非固有回転ならば, $z \mapsto \bar{z} e^{i\varphi}, \bar{z} = x - iy$ と表すことができることを確かめよ.

2. $R : \mathbb{R}^3 \to \mathbb{R}^3$ を固有回転とする.
  (a) $p(t) = \det(R - tI)$ は 3 次多項式であることを示せ. さらに, ある $\gamma \in S^2$ (S^2 は $\mathbb{R}^3$ における単位球面を表す) が存在して,

$$R(\gamma) = \gamma$$

となることを証明せよ. [ヒント:$p(0) > 0$ ならば, ある $\lambda > 0$ が存在して $p(\lambda) = 0$ となることを用いよ. このとき $R - \lambda I$ は正則行列でないので, その核は自明でない.]
  (b) $\mathcal{P}$ が γ に垂直で原点を通る平面ならば,

$$R : \mathcal{P} \to \mathcal{P}$$

であって, この線型写像は回転であることを示せ.

3. 公式

$$\int_{\mathbb{R}^d} F(x)dx = \int_{S^{d-1}} \int_0^\infty F(r\gamma) r^{d-1} dr d\sigma(\gamma)$$

を思い起こそう. この公式を $F(x) = g(r)f(\gamma), x = r\gamma$ という特別な場合に適用することにより, f が S^{d-1} 上の連続関数ならば, 任意の回転 R に対して,

$$\int_{S^{d-1}} f(R(\gamma))d\sigma(\gamma) = \int_{S^{d-1}} f(\gamma)d\sigma(\gamma)$$

が成り立つことを証明せよ.

4. A_d と V_d を, それぞれ $\mathbb{R}^d$ における単位球面の面積と単位球の体積とする.
  (a) 公式

$$A_d = \frac{2\pi^{d/2}}{\Gamma(d/2)}$$

を証明せよ. これにより, $A_2 = 2\pi, A_3 = 4\pi, A_4 = 2\pi^2, \cdots$ となる. ここに, $\Gamma(x) = \int_0^\infty e^{-t} t^{x-1} dt$ はガンマ関数である. [ヒント:極座標, および $\int_{\mathbb{R}^d} e^{-\pi|x|^2} dx = 1$ という事実を用いよ.]
  (b) $dV_d = A_d$ を示せ. これにより

$$V_d = \frac{\pi^{d/2}}{\Gamma(d/2+1)}$$

である．特に $V_2 = \pi$, $V_3 = 4\pi/3$, $\cdots$ である．

5. A を $d \times d$ の正定値実対称行列とする．
$$\int_{\mathbb{R}^d} e^{-\pi(x, A(x))} dx = (\det(A))^{-1/2}$$
を示せ．これは，A が単位行列の場合の $\int_{\mathbb{R}^d} e^{-\pi|x|^2} dx = 1$ という事実の一般化である．[ヒント：スペクトル定理を適用すれば，$\{\lambda_i\}$ を A の固有値，D を対角成分が $\lambda_1, \cdots, \lambda_d$ の対角行列とするとき，ある回転 R を用いて $A = RDR^{-1}$ となる．]

6. $\psi \in \mathcal{S}(\mathbb{R}^d)$ は，$\int |\psi(x)|^2 dx = 1$ をみたすとする．
$$\left(\int_{\mathbb{R}^d} |x|^2 |\psi(x)|^2 dx\right)\left(\int_{\mathbb{R}^d} |\xi|^2 |\hat{\psi}(\xi)|^2 d\xi\right) \geq \frac{d^2}{16\pi^2}$$
を示せ．これは d 次元におけるハイゼンベルグの不確定性原理である．

7. $\mathbb{R}^d$ における時間に依存した熱方程式

(15) $$\frac{\partial u}{\partial t} = \frac{\partial^2 u}{\partial x_1^2} + \cdots + \frac{\partial^2 u}{\partial x_d^2}, \qquad t > 0$$

を境界条件 $u(x, 0) = f(x) \in \mathcal{S}(\mathbb{R}^d)$ のもとで考察しよう．
$$\mathcal{H}_t^{(d)}(x) = \frac{1}{(4\pi t)^{d/2}} e^{-|x|^2/4t} = \int_{\mathbb{R}^d} e^{-4\pi^2 t |\xi|^2} e^{2\pi i x \cdot \xi} d\xi$$
を，d 次元**熱核**とすると，畳み込み
$$u(x, t) = (f * \mathcal{H}_t^{(d)})(x)$$
は $x \in \mathbb{R}^d$, $t > 0$ で無限回微分可能であることを示せ．さらに，u は (15) の解で，境界 $t = 0$ 上まで含めて連続関数で $u(x, 0) = f(x)$ であることを示せ．

読者は第 5 章の定理 2.1 と 2.3 の類似を定式化されたし．

8. 第 5 章では，上半平面上の定常熱方程式の解で，境界値が f であるものは，ポアソン核
$$\mathcal{P}_y(x) = \frac{1}{\pi} \frac{y}{x^2 + y^2}, \qquad x \in \mathbb{R}, y > 0$$
を用いて，畳み込み $u = f * \mathcal{P}_y$ によって与えられることを見た．より一般には，d 次元のポアソン核は，フーリエ変換を用いて，以下のように計算することができる．

(a) **従属操作原理**により，関数 e^{-x} を含めた表現を，関数 e^{-x^2} を含めた対応する表現を使って書き表すことができる．この一つの形として，等式

$$e^{-\beta} = \int_0^\infty \frac{e^{-u}}{\sqrt{\pi u}} e^{-\beta^2/4u} du, \qquad \beta \geq 0$$

がある．この等式の $\beta = 2\pi|x|$ の場合を，両辺のフーリエ変換をとることによって証明せよ．

(b) 上半空間 $\{(x,y) : x \in \mathbb{R}^d,\ y > 0\}$ における定常熱方程式

$$\sum_{j=1}^d \frac{\partial^2 u}{\partial x_j^2} + \frac{\partial^2 u}{\partial y^2} = 0$$

を，ディリクレ境界条件 $u(x,0) = f(x)$ のもとで考えよう．この問題の解は，d 次元のポアソン核

$$P_y^{(d)}(x) = \int_{\mathbb{R}^d} e^{2\pi i x \cdot \xi} e^{-2\pi |\xi| y} d\xi$$

を用いて，畳み込み $u(x,y) = (f * P_y^{(d)})(x)$ で与えられる．従属操作原理と d 次元の熱核を用いて $P_y^{(d)}(x)$ を計算せよ (練習 7 を見よ)．

$$P_y^{(d)}(x) = \frac{\Gamma((d+1)/2)}{\pi^{(d+1)/2}} \frac{y}{(|x|^2 + y^2)^{(d+1)/2}}$$

を示せ．

9. $\mathbb{R}^d$ における波動方程式のコーシー問題の解 $u(x,t)$ で，x の球対称関数であるものを，**球面波**とよぶ．u が球面波であるための必要十分条件は，$f, g \in \mathcal{S}$ がともに球対称関数であることを証明せよ．

10. $u(x,t)$ を波動方程式の解，$E(t)$ をこの波のエネルギー

$$E(t) = \int_{\mathbb{R}^d} \left|\frac{\partial u}{\partial t}(x,t)\right|^2 + \sum_{j=1}^d \int_{\mathbb{R}^d} \left|\frac{\partial u}{\partial x_j}(x,t)\right|^2 dx$$

とする．プランシュレルの定理を用いて，$E(t)$ が定数であることはすでに見た．この積分を t について微分して，

$$\frac{dE}{dt} = 0$$

を示すことにより，この事実の別証明を与えよ．[ヒント：部分積分を用いよ．]

11. $f, g \in \mathcal{S}(\mathbb{R}^3)$ とする．3 次元波動方程式のコーシー問題

$$\frac{\partial^2 u}{\partial t^2} = \frac{\partial^2 u}{\partial x_1^2} + \frac{\partial^2 u}{\partial x_2^2} + \frac{\partial^2 u}{\partial x_3^2}, \qquad u(x,0) = f(x), \qquad \frac{\partial u}{\partial t}(x,0) = g(x)$$

の解は，

$$u(x,t) = \frac{1}{|S(x,t)|} \int_{S(x,t)} [tg(y) + f(y) + \nabla f(y) \cdot (y-x)] d\sigma(y)$$

で与えられる．ここに，$S(x,t)$ は中心 x 半径 t の球面で，$|S(x,t)|$ はその面積を表す．これは，定理 3.6 で与えた波動方程式の解の別表現である．この式は**キルヒホフの公式**とよばれることがある．

12. 本文中に与えられている双対変換に関する等式 (14) を示せ．別の言い方をすれば，
$$(16) \qquad \int_{\mathbb{R}} \int_{S^2} \mathcal{R}(f)(t,\gamma) \overline{F(t,\gamma)} d\sigma(\gamma) dt = \int_{\mathbb{R}^3} f(x) \overline{\mathcal{R}^*(F)(x)} dx$$
を証明せよ．ここに，$f \in \mathcal{S}(\mathbb{R}^3)$, $F \in \mathcal{S}(\mathbb{R} \times S^2)$,
$$\mathcal{R}(f) = \int_{\mathcal{P}_{t,\gamma}} f, \qquad \mathcal{R}^*(F)(x) = \int_{S^2} F(x \cdot \gamma, \gamma) d\sigma(\gamma)$$
とする．

[ヒント：積分 $\iiint f(t\gamma + u_1 e_1 + u_2 e_2) \overline{F(t,\gamma)} \, dt \, d\sigma(\gamma) \, du_1 \, du_2$ を考えよ．初めに u に関して積分すれば (16) の左辺が得られ，一方 u と t に関して積分して，$x = t\gamma + u_1 e_1 + u_2 e_2$ とおけば右辺が得られる．]

13. 各 $(t,\theta) \in \mathbb{R} \times [-\pi, \pi]$ に対して，$L = L_{t,\theta}$ を
$$x\cos\theta + y\sin\theta = t$$
で与えられる (x,y) 平面上の直線とする．これは，方向 $(\cos\theta, \sin\theta)$ に垂直で，原点からの「距離」が t (t は負でもよい) の直線である．$f \in \mathcal{S}(\mathbb{R}^2)$ に対して，f の X 線変換，あるいは，2次元のラドン変換を，
$$X(f)(t,\theta) = \int_{L_{t,\theta}} f = \int_{-\infty}^{\infty} f(t\cos\theta + u\sin\theta, t\sin\theta - u\cos\theta) du$$
によって定義する．関数 $f(x,y) = e^{-\pi(x^2+y^2)}$ の X 線変換を計算せよ．

14. X は X 線変換を表すことにする．1 変数のフーリエ変換をとることによって，$f \in \mathcal{S}$ で $X(f) = 0$ ならば，$f = 0$ であることを示せ．

15. $F \in \mathcal{S}(\mathbb{R} \times S^1)$ に対して，**双対 X 線変換** $X^*(F)$ を，点 (x,y) を通るすべての直線 (すなわち，$x\cos\theta + y\sin\theta = t$ となる $L_{t,\theta}$) 上の F の積分
$$X^*(F)(x,y) = \int F(x\cos\theta + y\sin\theta, \theta) d\theta$$
によって定義する．このとき，$f \in \mathcal{S}(\mathbb{R}^2)$, $F \in \mathcal{S}(\mathbb{R} \times S^1)$ に対して，
$$\iint X(f)(t,\theta) \overline{F(t,\theta)} \, dt \, d\theta = \iint f(x,y) \overline{X^*(F)(x,y)} \, dx \, dy$$
であることを確かめよ．

7. 問題

1. $n \in \mathbb{Z}$ に対して, J_n を n 次ベッセル関数とする. (a)-(i) を証明せよ.
- (a) すべての実数 ρ に対して, $J_n(\rho)$ は実数値である.
- (b) $J_{-n}(\rho) = (-1)^n J_n(\rho)$.
- (c) $2J_n'(\rho) = J_{n-1}(\rho) - J_{n+1}(\rho)$.
- (d) $\left(\dfrac{2n}{\rho}\right) J_n(\rho) = J_{n-1}(\rho) + J_{n+1}(\rho)$.
- (e) $(\rho^{-n} J_n(\rho))' = -\rho^{-n} J_{n+1}(\rho)$.
- (f) $(\rho^n J_n(\rho))' = \rho^n J_{n-1}(\rho)$.
- (g) $J_n(\rho)$ は 2 階の微分方程式

$$J_n''(\rho) + \rho^{-1} J_n'(\rho) + (1 - n^2/\rho^2) J_n(\rho) = 0$$

をみたす.
- (h) べき級数展開

$$J_n(\rho) = \left(\frac{\rho}{2}\right)^n \sum_{m=0}^{\infty} (-1)^m \frac{\rho^{2m}}{2^{2m} m! (n+m)!}$$

が成り立つ.
- (i) すべての整数 n と, すべての実数 a と b に対して,

$$J_n(a+b) = \sum_{l \in \mathbb{Z}} J_l(a) J_{n-l}(b)$$

が成り立つ.

2. 非整数 n ($n > -1/2$) に対してもベッセル関数 $J_n(\rho)$ を定義する公式は,

$$J_n(\rho) = \frac{(\rho/2)^n}{\Gamma(n+1/2)\sqrt{\pi}} \int_{-1}^{1} e^{i\rho t} (1-t^2)^{n-(1/2)} dt$$

である.
- (a) 上の公式は整数 $n \geq 0$ に対しては, ベッセル関数 $J_n(\rho)$ の定義と一致することを確かめよ. [ヒント: $n = 0$ の場合を示して, 両辺が問題 1(e) の再帰公式をみたすことを確かめよ.]
- (b) $J_{1/2}(\rho) = \sqrt{\dfrac{2}{\pi}} \rho^{-1/2} \sin \rho$ を確かめよ.
- (c) 次を示せ:

$$\lim_{n \to -1/2} J_n(\rho) = \sqrt{\frac{2}{\pi}} \rho^{-1/2} \cos \rho.$$

- (d) 本文中で証明した (球対称関数のフーリエ変換を記述するときの) f_0 から F_0 を与える公式は, $d = 1, 2, 3$ に対して,

(17) $$F_0(\rho) = 2\pi \rho^{-(d/2)+1} \int_0^\infty J_{(d/2)-1}(2\pi \rho r) f_0(r) r^{d/2} dr$$

であることを，上の公式と $J_{-1/2}(\rho) = \lim_{n \to -1/2} J_n(\rho)$ とを用いて証明せよ．(17) で与えられる F_0 と f_0 の関係式は，すべての次元 d で正しいことがわかる．

3. 公式 (3) で与えられる波動方程式のコーシー問題の解 $u(x, t)$ は，後向き光円錐の底面における初期値にのみ依存することを見た．この性質は波動方程式のすべての解が共有するのか，という問題意識は自然なものである．これに対する答えが肯定的ならば，解の一意性が従うであろう．

$B(x_0, r_0)$ を超平面 $t = 0$ における中心 x_0 半径 r_0 の閉球とする．$B(x_0, r_0)$ を底面とする**後向き光円錐**を

$$\mathcal{L}_{B(x_0,r_0)} = \{(x, t) \in \mathbb{R}^d \times \mathbb{R} : |x - x_0| \le r_0 - t, 0 \le t \le r_0\}$$

とする．

定理 $u(x, t)$ を閉じた上半平面 $\{(x, t) : x \in \mathbb{R}^d, t \ge 0\}$ 上の C^2 級関数で，波動方程式

$$\frac{\partial^2 u}{\partial t^2} = \triangle u$$

をみたすものとする．すべての $x \in B(x_0, r_0)$ に対して $u(x, 0) = \frac{\partial u}{\partial t}(x, 0) = 0$ ならば，すべての $(x, t) \in \mathcal{L}_{B(x_0, r_0)}$ に対して $u(x, t) = 0$ である．

言葉でいうと，波動方程式のコーシー問題の初期値が球 B で消えているならば，任意の解は B を底面とする後向き光円錐の中で消えている，ということである．以下の各段階は定理の証明の概略を与える．

(a) u を実数値としよう．$t \in [0, r_0]$ に対して，$B_t(x_0, r_0) = \{x : |x - x_0| \le r_0 - t\}$ とし，また

$$\nabla u(x, t) = \left(\frac{\partial u}{\partial x_1}, \cdots, \frac{\partial u}{\partial x_d}, \frac{\partial u}{\partial t}\right)$$

とする．エネルギー積分

$$E(t) = \frac{1}{2} \int_{B_t(x_0, r_0)} |\nabla u|^2 dx$$

$$= \frac{1}{2} \int_{B_t(x_0, r_0)} \left(\frac{\partial u}{\partial t}\right)^2 + \sum_{j=1}^d \left(\frac{\partial u}{\partial x_j}\right)^2 dx$$

を考えよう．$E(t) \ge 0$，$E(0) = 0$ である．さて，

$$E'(t) = \int_{B_t(x_0,r_0)} \frac{\partial u}{\partial t} \frac{\partial^2 u}{\partial t^2} + \sum_{j=1}^d \frac{\partial u}{\partial x_j} \frac{\partial^2 u}{\partial x_j \partial t} dx - \frac{1}{2} \int_{\partial B_t(x_0,r_0)} |\nabla u|^2 d\sigma(\gamma)$$

を示せ．

(b) 次を示せ：
$$\frac{\partial}{\partial x_j}\left[\frac{\partial u}{\partial x_j}\frac{\partial u}{\partial t}\right] = \frac{\partial u}{\partial x_j}\frac{\partial^2 u}{\partial x_j \partial t} + \frac{\partial^2 u}{\partial x_j^2}\frac{\partial u}{\partial t}.$$

(c) (b) の等式，(ガウスの) 発散定理，および u が波動方程式の解であることを用いて，
$$E'(t) = \int_{\partial B_t(x_0,r_0)} \sum_{j=1}^{d} \frac{\partial u}{\partial x_j}\frac{\partial u}{\partial t}\nu_j d\sigma(\gamma) - \frac{1}{2}\int_{\partial B_t(x_0,r_0)} |\nabla u|^2 d\sigma(\gamma)$$
を示せ．ここに，ν_j は $B_t(x_0,r_0)$ に関する外向き単位法線ベクトルの j 番目の座標である．

(d) コーシー - シュヴァルツの不等式を用いて，
$$\sum_{j=1}^{d} \frac{\partial u}{\partial x_j}\frac{\partial u}{\partial t}\nu_j \leq \frac{1}{2}|\nabla u|^2$$
を示し，これにより $E'(t) \leq 0$ を導け．これにより，$E(t) = 0$ および $u = 0$ を証明せよ．

4.* $\mathbb{R}^d \times \mathbb{R}$ における波動方程式のコーシー問題
$$\frac{\partial^2 u}{\partial t^2} = \frac{\partial^2 u}{\partial x_1^2} + \cdots + \frac{\partial^2 u}{\partial x_d^2}, \quad u(x,0) = f(x), \quad \frac{\partial u}{\partial t}(x,0) = g(x)$$
の解を球面平均によって与える公式で，本文中に与えた $d = 3$ の公式の一般化になっているものがある．実際，偶数次元の場合の解は奇数次元の解から演繹されるので，まず奇数次元の場合を考察する．

$d > 1$ を奇数とし，$h \in \mathcal{S}(\mathbb{R}^d)$ とする．中心 x 半径 t の球上の h の球面平均は，
$$M_r h(x) = Mh(x,r) = \frac{1}{A_d}\int_{S^{d-1}} h(x - r\gamma)d\sigma(\gamma)$$
によって定義される．ここに，A_d は $\mathbb{R}^d$ における単位球面 S^{d-1} の面積である．

(a) $\triangle_x$ を空間変数 x についてのラプラス作用素で，$\partial_r = \partial/\partial r$ とする．
$$\triangle_x Mh(x,r) = \left[\partial_r^2 + \frac{d-1}{r}\right]Mh(x,r)$$
を示せ．

(b) 2 回連続微分可能関数 $u(x,t)$ が波動方程式の解であるのは，
$$\left[\partial_r^2 + \frac{d-1}{r}\right]Mu(x,r,t) = \partial_t^2 Mu(x,r,t)$$
のとき，そのときに限ることを示せ．ここに $Mu(x,r,t)$ は関数 $u(x,t)$ の球面平均である．

(c) $d = 2k+1$ のとき, $T\varphi(r) = (r^{-1}\partial_r)^{k-1}[r^{2k-1}\varphi(r)]$ と定義して, $\tilde{u} = TMu$ とおく. このとき, この関数は, x を固定するごとに, 1次元波動方程式

$$\partial_t^2 \tilde{u}(x, r, t) = \partial_r^2 \tilde{u}(x, r, t)$$

の解である. ダランベールの公式を用いて, この問題の解 $\tilde{u}(x, r, t)$ を, 初期値によって書き表すことができる.

(d) さて, $\alpha = 1 \cdot 3 \cdots (d-2)$ とするとき,

$$u(x, t) = Mu(x, 0, t) = \lim_{r \to 0} \frac{\tilde{u}(x, r, t)}{\alpha r}$$

が成り立つことを示せ.

(e) d 次元波動方程式のコーシー問題の解は, $d > 1$ が奇数のとき,

$$u(x, t) = \frac{1}{1 \cdot 3 \cdots (d-2)}[\partial_t(t^{-1}\partial_t)^{(d-3)/2}(t^{d-2}M_t f(x)) + (t^{-1}\partial_t)^{(d-3)/2}(t^{d-2}M_t g(x))]$$

で与えられることを証明せよ.

5.* 次元の低下法を用いて, d が偶数の場合の波動方程式のコーシー問題の解が

$$u(x, t) = \frac{1}{1 \cdot 3 \cdots (d-1)}[\partial_t(t^{-1}\partial_t)^{(d-2)/2}(t^{d-1}\widetilde{M}_t f(x)) + (t^{-1}\partial_t)^{(d-2)/2}(t^{d-1}\widetilde{M}_t g(x))]$$

で与えられることを証明することができる. ここに, $\widetilde{M}_t$ は

$$\widetilde{M}_t h(x) = \frac{2}{A_{d+1}} \int_{B^d} \frac{f(x+ty)}{\sqrt{1-|y|^2}} dy$$

によって定義される変形された球面平均である.

6.* 与えられた次の形の初期値

$$f(x) = F(x \cdot \gamma), \qquad g(x) = G(x \cdot \gamma)$$

に対して, 平面波

$$u(x, t) = \frac{F(x \cdot \gamma + t) + F(x \cdot \gamma - t)}{2} + \frac{1}{2}\int_{x \cdot \gamma - t}^{x \cdot \gamma + t} G(s) ds$$

は, d 次元波動方程式のコーシー問題の解であることを確かめよ.

一般に, 解は平面波の重ね合わせで与えられる. $d = 3$ の場合, これはラドン変換によって次のように表現される.

$$\widetilde{\mathcal{R}}(f)(t, \gamma) = -\frac{1}{8\pi^2}\left(\frac{d}{dt}\right)^2 \mathcal{R}(f)(t, \gamma)$$

とすると,

$$u(x,t) = \frac{1}{2}\int_{S^2}\Big[\widetilde{\mathcal{R}}(f)(x\cdot\gamma-t,\gamma) + \widetilde{\mathcal{R}}(f)(x\cdot\gamma+t,\gamma) + \int_{x\cdot\gamma-t}^{x\cdot\gamma+t}\widetilde{\mathcal{R}}(g)(s,\gamma)ds\Big]d\sigma(\gamma)$$

で与えられる．

7. 任意の実数 $a > 0$ に対して，作用素 $(-\triangle)^a$ を
$$(-\triangle)^a f(x) = \int_{\mathbb{R}^d}(2\pi|\xi|)^{2a}\hat{f}(\xi)e^{2\pi i\xi\cdot x}d\xi, \qquad f \in \mathcal{S}(\mathbb{R}^d)$$
によって定義する．

 (a) a が正の整数のとき，$(-\triangle)^a$ は $-\triangle$ の a 乗 (すなわち，$-\triangle$ を a 回合成したもの) の通常の定義と一致することを確かめよ．

 (b) $(-\triangle)^a(f)$ は無限回連続微分可能であることを確かめよ．

 (c) a が整数でないとき，一般に $(-\triangle)^a(f)$ は急減少でないことを証明せよ．

 (d) $u(x,y)$ を $u(x,0) = f(x)$ をみたす定常熱方程式
$$\frac{\partial^2 u}{\partial y^2} + \sum_{j=1}^{d}\frac{\partial^2 u}{\partial x_j^2} = 0$$
の解で，f とポアソン核との畳み込みによって与えられるものとする (練習 8 を見よ)．このとき，
$$(-\triangle)^{1/2}f(x) = \lim_{y\to 0}\frac{\partial u}{\partial y}(x,y)$$
であること，さらに，より一般には，任意の正の整数 k に対して，
$$(-\triangle)^{k/2}f(x) = \lim_{y\to 0}\frac{\partial^k u}{\partial y^k}(x,y)$$
であることを確かめよ．

8.* $\mathbb{R}^d$ におけるラドン変換の再生公式は以下のようになる：

 (a) $d = 2$ のとき，
$$\frac{(-\triangle)^{1/2}}{4\pi}\mathcal{R}^*(\mathcal{R}(f)) = f$$
が成り立つ．ここに $(-\triangle)^{1/2}$ は問題 7 で定義されたものとする．

 (b) ラドン変換とその双対変換を $d = 2, d = 3$ の場合と同様に定義すると，一般の d に対して，
$$\frac{(2\pi)^{1-d}}{2}(-\triangle)^{(d-1)/2}\mathcal{R}^*(\mathcal{R}(f)) = f$$
が成り立つ．

第7章　有限フーリエ解析

> この1年間に，フーリエ変換の数値計算に関するぞくぞくするような大変革が誕生，というよりは復活した．高速フーリエ変換あるいは FFT として知られるあるアルゴリズムのクラスが，従来行われてきた多くの計算過程に完全な見直しを迫ったのである．それは周波数解析だけではなく，フーリエ変換それに畳み込み積を使うありとあらゆる分野に及んでいる……
>
> ——C. ビンガム, J. W. チューキー, 1966

　これまでの章では，円周上の関数のフーリエ級数とユークリッド空間 $\mathbb{R}^d$ 上に定義された関数のフーリエ変換について学んできた．本章では，それらとは別のタイプのフーリエ解析について述べる．それは有限集合，もう少し正確にいえば有限アーベル群上のフーリエ解析である．この理論は非常にエレガントかつ単純である．というのは無限和や積分が有限和に置き換えられてしまうため，収束の問題がなくなるからである．

　有限フーリエ解析の話をするにあたっては，最も単純な例 $\mathbb{Z}(N)$ からはじめたい．これは円周上の1の N 乗根からなる(乗法)群である．この群は N を法とした整数の同値類からなる加法群 $\mathbb{Z}/N\mathbb{Z}$ としても表すことができる．群 $\mathbb{Z}(N)$ は (N を無限大に近づければ) 円周の自然な近似を与えている．なぜならば，$\mathbb{Z}(N)$ を1の N 乗根からなる集合とみなす立場に立てば，$\mathbb{Z}(N)$ の N 個の点は円周上に一様に分布していると考えられるからである．この理由から実際的な応用上，群 $\mathbb{Z}(N)$ は円周上の関数に関する情報を記録し，さらにフーリエ級数の数値計算をする設定として自然な候補の一つになっている．特に N が大きく，$N = 2^n$ の形をしている場合がよい設定になっている．この場合，フーリエ係数の計算に「高

速フーリエ変換」が使えるのである．これは，$N=1$ から $N=2^n$ へ行く際に約 $\log N$ 回のステップのみを要する n に関するある帰納法を用いる計算方法である．これにより，実用的な場面で著しい計算時間の節約をすることができる．

本章ではさらにより一般的な有限アーベル群上のフーリエ解析の理論も扱う．その基本的な例は乗法群 $\mathbb{Z}^*(q)$ である．$\mathbb{Z}^*(q)$ に対するフーリエ反転公式は，等差数列内の素数に関するディリクレの定理の証明において，鍵となるステップを与えることになる．これについては次章で取り上げる．

1. $\mathbb{Z}(N)$ 上のフーリエ解析

1 の N 乗根からなる群について述べる．この群は最も簡単な有限アーベル群として自然に現れるものである．それは円周を等分割しており，したがって円周上の関数の適切なサンプリングをしようとする場合には，良い点の選び方となっている．さらにこの分割は N を無限大に近づけていくと，より細かくなるので，ここで述べる離散フーリエ解析は円周上のフーリエ級数の連続理論に近づいていくことも期待できる．このことは広い意味において正しいのだが，詳しいことは本書では触れない．

1.1 群 $\mathbb{Z}(N)$

N を正の整数とする．複素数 z が 1 の N 乗根であるとは，$z^N = 1$ をみたすことである．1 の N 乗根全体からなる集合は

$$\{1, e^{2\pi i/N}, e^{2\pi i 2/N}, \cdots, e^{2\pi i(N-1)/N}\}$$

である．これを示すため $z = re^{i\theta}$ が $z^N = 1$ をみたしているとする．このとき，$r^N e^{iN\theta} = 1$ となるので，両辺の絶対値をとれば $r = 1$ が導かれる．ゆえに $e^{iN\theta} = 1$ であり，これは $N\theta = 2k\pi$, $k \in \mathbb{Z}$ を意味する．したがって $\zeta = e^{2\pi i/N}$ とすると，ζ^k がすべての 1 の N 乗根を表しつくしている．一方 $\zeta^N = 1$ であるから，n と m の差が N の整数倍であるときは $\zeta^n = \zeta^m$ である．実際，明らかに $\zeta^n = \zeta^m$ となるのは

$n - m$ が N により割り切れるとき，かつそのときに限られている．

1 の N 乗根全体からなる集合を $\mathbb{Z}(N)$ により表す．この集合が円周の等分割を与えることは定義から明らかである．集合 $\mathbb{Z}(N)$ が次の性質をもつことに注意し

てほしい．
 (i) $z, w \in \mathbb{Z}(N)$ ならば $zw \in \mathbb{Z}(N)$ であり，$zw = wz$．
 (ii) $1 \in \mathbb{Z}(N)$．
 (iii) $z \in \mathbb{Z}(N)$ ならば $z^{-1} = 1/z \in \mathbb{Z}(N)$ であり，明らかに $zz^{-1} = 1$．

このことから，$\mathbb{Z}(N)$ は複素数の掛け算によりアーベル群になることがわかる．アーベル群の定義は 2.1 節で詳しく述べる．

$\mathbb{Z}(9), \zeta = e^{2\pi i/9}$ $\mathbb{Z}(N), N = 2^6$

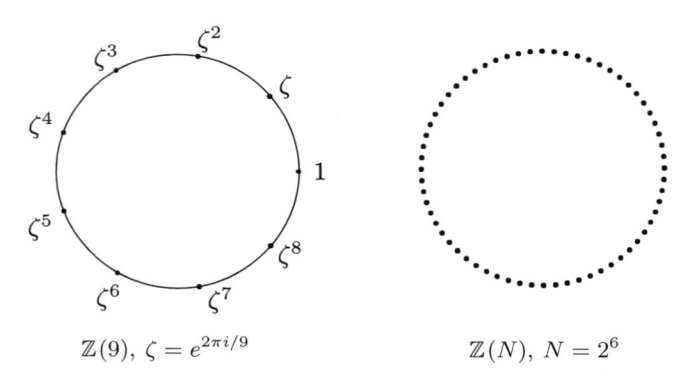

図 1　$N = 9$ と $N = 2^6 = 64$ に対する 1 の N 乗根の群．

群 $\mathbb{Z}(N)$ をイメージ化する別の方法もある．この群は ζ の整数ベキからなり，それは 1 の N 乗根をすべて表している．すでに見たように，この整数は一意的に定まらない．なぜならば，n と m の差が N の整数倍になっていれば $\zeta^n = \zeta^m$ となっているからである．そこで自然な考えとして，$0 \le n \le N-1$ をみたす整数のみを取り上げる．この選び方は「集合」としては問題ないものであるが，1 の N 乗根どうしを掛けるとどうなっているだろうか．明らかに $\zeta^n \zeta^m = \zeta^{n+m}$ であるが，$0 \le n+m \le N-1$ であるとは限らない．そこで $n+m$ に，この「集合」内の整数を対応させるよう考慮しなければならない．いま $\zeta^n \zeta^m = \zeta^k$, $0 \le k \le N-1$ ならば，$n+m$ と k の差は N の整数倍である．したがって，1 の N 乗根 $\zeta^n \zeta^m$ に対応する $[0, N-1]$ 内の整数を見出すには，n と m を足し，N を法として減らすこと，すなわち $(n+m)-k$ が N の整数倍になるような一意的な整数 $0 \le k \le N-1$ を見出すことを考えればよい．

同等のアプローチであるが，各 1 の N 乗根 ω に，$\zeta^n = \omega$ をみたすような整数 n からなる族を対応させる．そうすることにより，整数全体を N 個の互いに

交わらない族に分割したものが得られる．この二つの族の加法は，各族から任意に一つ整数を選び，それをそれぞれ n, m としたとき，$n+m$ を含む族により定義する．

この考え方を数学的に定式化する．二つの整数 x と y が N を法として合同であるとは，$x-y$ が N により割り切れることであり，これを $x \equiv y \mod N$ と書く．言い換えれば，x と y の差が N の整数倍であることを意味している．次の三つの性質を示すことは簡単な練習であろう．

- すべての整数 x に対して，$x \equiv x \mod N$．
- $x \equiv y \mod N$ であれば $y \equiv x \mod N$．
- $x \equiv y \mod N$ かつ $y \equiv z \mod N$ ならば $x \equiv z \mod N$．

これらは $\mathbb{Z}$ に同値関係を定義している．$R(x)$ を整数 x の同値類，あるいは剰余類とする．$x + kN, k \in \mathbb{Z}$ の形のどの整数も $R(x)$ の元（これを「代表元」という）である．実際，ちょうど N 個の同値類があり，各同値類は 0 と $N-1$ の間にただ一つの代表元をもっている．そこで同値類の加法を

$$R(x) + R(y) = R(x+y)$$

により定義することができる．この定義はもちろん代表元 x と y の選び方に依存していない．なぜならば，$x' \in R(x), y' \in R(y)$ のとき，$x' + y' \in R(x+y)$ となるからである．このことは容易に確認できる．このように同値類全体のなす集合をアーベル群にしたものを **N を法とする整数群** といい，しばしば $\mathbb{Z}/N\mathbb{Z}$ と表す．関係

$$R(k) \longleftrightarrow e^{2\pi i k/N}$$

は二つのアーベル群 $\mathbb{Z}/N\mathbb{Z}$ と $\mathbb{Z}(N)$ の間の対応を与えている．この対応において，N を法とする整数の加法は，複素数の掛け算と対応しているので，N を法とした整数群も $\mathbb{Z}(N)$ と表すことにする．$0 \in \mathbb{Z}/N\mathbb{Z}$ は円周上の点 1 に対応している．

N を法とする整数群上の複素数値関数全体のなすベクトル空間と 1 の N 乗根上の複素数値関数全体のなすベクトル空間をそれぞれ V, W とする．このとき，先に述べた群どうしの対応から V と W に対しても

$$F(k) \longleftrightarrow f(e^{2\pi i k/N})$$

により同一視が与えられる．ここで F は N を法とする整数群上の関数であり，f は 1 の N 乗根上の関数である．

今後，$\mathbb{Z}(N)$ と書くが，これにより N を法とする整数群かあるいは 1 の N 乗根からなる群のいずれかを表すものとする．

1.2 $\mathbb{Z}(N)$ 上のフーリエ反転定理とプランシュレルの等式

$\mathbb{Z}(N)$ 上のフーリエ解析を発展させる最初の最も重要なステップは，円周の場合の複素指数関数 $e_n(x) = e^{2\pi i n x}$ に対応する関数を見出すことである．複素指数関数のいくつかの重要な性質は次のものである:

(i) $\{e_n\}_{n \in \mathbb{Z}}$ は円周上のリーマン積分可能な関数からなる空間上の内積 (1)(これは 3 章の式番号) に関して正規直交系になっている．

(ii) e_n の有限線形結合 (すなわち三角多項式) は円周上の連続関数からなる空間で稠密である．

(iii) $e_n(x+y) = e_n(x) e_n(y)$.

$\mathbb{Z}(N)$ 上では，複素指数関数に対応する類似物は，

$$e_\ell(k) = \zeta^{\ell k} = e^{2\pi i \ell k/N}, \quad \ell = 0, \cdots, N-1, \, k = 0, \cdots, N-1$$

により定義される N 個の関数 $e_0, \cdots, e_{N-1}$ である．ただしここで $\zeta = e^{2\pi i/N}$ としている．(i) と (ii) に対応したものを考えるため，$\mathbb{Z}(N)$ 上の複素数値関数全体を線形空間 V とみなし，これにエルミート内積

$$(F, G) = \sum_{k=0}^{N-1} F(k) \overline{G(k)}$$

を付加させ，この内積に関するノルムを

$$\|F\|^2 = \sum_{k=0}^{N-1} |F(k)|^2$$

とする．

補題 1.1 族 $\{e_0, \cdots, e_{N-1}\}$ は直交系である．実際
$$(e_m, e_\ell) = \begin{cases} N, & m = \ell, \\ 0, & m \neq \ell. \end{cases}$$

証明 次が成り立つ:

$$(e_m, e_\ell) = \sum_{k=0}^{N-1} \zeta^{mk} \zeta^{-\ell k} = \sum_{k=0}^{N-1} \zeta^{(m-\ell)k}.$$

もし $m = \ell$ ならば，和の各項は 1 に等しいので，和は N と等しい．もし $m \neq \ell$ であれば，$q = \zeta^{m-\ell}$ は 1 に等しくはなく，またよく使われる公式

$$1 + q + q^2 + \cdots + q^{N-1} = \frac{1 - q^N}{1 - q}$$

と $q^N = 1$ より $(e_m, e_\ell) = 0$ が示される． ∎

N 個の関数 $e_0, \cdots, e_{N-1}$ は直交しているので，それらは線形独立でなければならない．またベクトル空間 V は N 次元であるので，結局，$\{e_0, \cdots, e_{N-1}\}$ は V の直交基底である．明らかに (iii) も成り立つ．すなわち $e_\ell(k+m) = e_\ell(k) e_\ell(m)$ がすべての ℓ とすべての $k, m \in \mathbb{Z}(N)$ に対して成り立っている．

補題により各ベクトル e_ℓ のノルムは $\sqrt{N}$ である．したがって，

$$e_\ell^* = \frac{1}{\sqrt{N}} e_\ell$$

と定義すれば，$\{e_0^*, \cdots, e_{N-1}^*\}$ は V の正規直交基底である．それゆえ，任意の $F \in V$ に対して

(1) $$F = \sum_{n=0}^{N-1} (F, e_n^*) e_n^*, \qquad \|F\|^2 = \sum_{n=0}^{N-1} |(F, e_n^*)|^2$$

を得る．F の第 n フーリエ係数を

$$a_n = \frac{1}{N} \sum_{k=0}^{N-1} F(k) e^{-2\pi i k n / N}$$

により定義すると，上記のことからフーリエ反転公式とパーセヴァル-プランシュレルの公式の $\mathbb{Z}(N)$ 版ともいえる次の基本的な定理が与えられる．

定理 1.2 F を $\mathbb{Z}(N)$ 上の関数とすると，

$$F(k) = \sum_{n=0}^{N-1} a_n e^{2\pi i n k / N}.$$

さらに

$$\sum_{n=0}^{N-1} |a_n|^2 = \frac{1}{N} \sum_{k=0}^{N-1} |F(k)|^2.$$

証明は

$$a_n = \frac{1}{N}(F, e_n) = \frac{1}{\sqrt{N}}(F, e_n^*)$$

を考えれば，(1) より直接的に得られる．

注意 円周上の十分滑らかな関数(たとえば C^2) に対するフーリエ反転公式は，有限モデル $\mathbb{Z}(N)$ において $N \to \infty$ とすることにより再証明することが可能である (練習 3 参照).

1.3 高速フーリエ変換

高速フーリエ変換は $\mathbb{Z}(N)$ 上の関数 F のフーリエ係数を効率的に計算する手段として発展した方法である．

数値解析学において自然に生ずる問題は，コンピューターが $\mathbb{Z}(N)$ 上の与えられた関数のフーリエ係数を最小の時間で計算できるアルゴリズムを求めることである．この総時間量は大雑把にいってコンピューターが実行しなければならない演算の回数に比例するので，問題は，$\mathbb{Z}(N)$ 上の F の値から決まるフーリエ係数 $\{a_n\}$ をすべて求めるのに必要な演算の回数を最小限にすることになる．ここでは演算という用語により，複素数の加法か乗法のいずれかを表している．

この問題に対する素朴なアプローチから始めよう．N を固定し，$F(0), \cdots, F(N-1)$ が与えられているとする．$\omega_N = e^{-2\pi i/N}$ とする．$a_k^N(F)$ により $\mathbb{Z}(N)$ 上の F の第 k フーリエ係数を表すことにすると，定義から

$$a_k^N(F) = \frac{1}{N} \sum_{r=0}^{N-1} F(r) \omega_N^{kr}$$

であるから，粗い評価をすれば，すべてのフーリエ係数を計算するために必要な演算の回数は $\leq 2N^2 + N$ である．実際，$\omega_N^2, \cdots, \omega_N^{N-1}$ を求めるのに多くても $N-2$ 回の掛け算をし，各フーリエ係数 a_k^N を決めるには $N+1$ 回の掛け算と $N-1$ 回の足し算が必要になる．

次に，上で述べた $O(N^2)$ という演算回数の上限を改良するようなアルゴリズムである**高速フーリエ変換**を述べる．この改良は，たとえば円周の分割が 2 進的，すなわち $N = 2^n$ の場合に行われる (練習 9 も参照).

定理 1.3 $N = 2^n$ であり，$\omega_N = e^{-2\pi i/N}$ とすると，$\mathbb{Z}(N)$ 上の関数のフーリエ係数は，多くても

$$4 \cdot 2^n n = 4N \log_2(N) = O(N \log N)$$

回の演算により計算可能である．

この定理の証明は，$2M$ 個の分割点に対するフーリエ係数を得るのに，M 個の分割点に対する計算を用いて行われる．$N = 2^n$ であるから，$n = O(\log N)$ ステップこの方法を繰り返して求める評価公式が得られる．

$\#(M)$ により $\mathbb{Z}(M)$ 上の関数のすべてのフーリエ係数を計算するのに必要な演算の最小の数を表す．この定理の証明の鍵は，次の再帰的なステップに含まれている．

補題 1.4 $\omega_{2M} = e^{-2\pi i/(2M)}$ とすると

$$\#(2M) \le 2\#(M) + 8M.$$

証明 $\omega_{2M}, \cdots, \omega_{2M}^{2M}$ の計算には $2M$ 回より多くの演算を必要としない．特に $\omega_M = e^{-2\pi i/M} = \omega_{2M}^2$ であることに注意してほしい．証明の主たるアイデアは，$\mathbb{Z}(2M)$ 上の与えられた任意の関数 F に対して，

$$F_0(n) = F(2n), \qquad F_1(n) = F(2n+1)$$

と定義される $\mathbb{Z}(M)$ 上の関数を考えることである．F_0 と F_1 のフーリエ係数の計算はそれぞれ $\#(M)$ より多くの回数を必要としない．群 $\mathbb{Z}(2M)$ と $\mathbb{Z}(M)$ に対するフーリエ係数をそれぞれ a_k^{2M} と a_k^M により表すと，

$$a_k^{2M}(F) = \frac{1}{2}\left(a_k^M(F_0) + a_k^M(F_1)\omega_{2M}^k\right)$$

である．これを証明するため，フーリエ係数 $a_k^{2M}(F)$ の定義における和を偶数に関する和と奇数に関する和に分ける．すると次が得られ，上記の主張が導かれる：

$$a_k^{2M}(F) = \frac{1}{2M} \sum_{r=0}^{2M-1} F(r)\omega_{2M}^{kr}$$
$$= \frac{1}{2}\Big(\frac{1}{M}\sum_{\ell=0}^{M-1} F(2\ell)\omega_{2M}^{k(2\ell)} + \frac{1}{M}\sum_{m=0}^{M-1} F(2m+1)\omega_{2M}^{k(2m+1)}\Big)$$
$$= \frac{1}{2}\Big(\frac{1}{M}\sum_{\ell=0}^{M-1} F_0(\ell)\omega_M^{k\ell} + \frac{1}{M}\sum_{m=0}^{M-1} F_1(m)\omega_M^{km}\omega_{2M}^k\Big).$$

結局，$a_k^M(F_0), a_k^M(F_1), \omega_{2M}^k$ から $a_k^{2M}(F)$ を計算するには 3 回の演算 (1 回の足し算と 2 回の掛け算) より多くの回数を必要としない．したがって

$$\#(2M) \leq 2M + 2\#(M) + 3 \times 2M = 2\#(M) + 8M$$

となり，補題の証明が完了する． ∎

$N = 2^n$ の n に関する帰納法により，定理の証明を行う．最初のステップ $n = 1$ は容易である．なぜならば $N = 2$ であるから，二つのフーリエ係数は

$$a_0^N(F) = \frac{1}{2}(F(1) + F(-1)), \qquad a_1^N(F) = \frac{1}{2}(F(1) + (-1)F(-1))$$

である．これらのフーリエ係数の計算には 5 回より多くの演算を必要としない．それは $4 \times 2 = 8$ よりも小さい．$N = 2^{n-1}$ まで $\#(N) \leq 4 \cdot 2^{n-1}(n-1)$ が正しいと仮定すると，補題より，

$$\#(2N) \leq 2 \cdot 4 \cdot 2^{n-1}(n-1) + 8 \cdot 2^{n-1} = 4 \cdot 2^n n$$

が得られる．したがって帰納法により定理が証明された．

2. 有限アーベル群上のフーリエ解析

本章の残りの部分では，$\mathbb{Z}(N)$ という特別な場合に得られたフーリエ級数展開についての結果を一般化する．

有限アーベル群に関連する事柄をいくつか簡単に述べたあと，指標という重要な概念について述べる．ここでの設定では，指標は $\mathbb{Z}(N)$ 上の指数関数 $e_0, \cdots, e_{N-1}$ と同じ役割を果たし，したがって任意の有限アーベル群上の理論の展開において，なくてはならない鍵であることがわかる．さらにいえば，有限アーベル群が「十分な」指標を有することを証明できれば，それが自動的に手にしたいフーリエ理論になるのである．

2.1 アーベル群

アーベル群(あるいは**可換群**)とは，集合 G で，G の二つの要素に対して次をみたす二項演算 $(a, b) \mapsto a \cdot b$ をもつものである：

(i) <u>結合則</u>：$a, b, c \in G$ に対して $a \cdot (b \cdot c) = (a \cdot b) \cdot c$．

(ii) <u>単位元</u>：ある $u \in G$ が存在し (しばしば 1 または 0 と表される)，すべての $a \in G$ に対して $a \cdot u = u \cdot a = a$ をみたす．

(iii) <u>逆元</u>：各 $a \in G$ に対して，ある $a^{-1} \in G$ が存在し，$a \cdot a^{-1} = a^{-1} \cdot a = u$ をみたす．

(iv) 可換性：$a, b \in G$ に対して $a \cdot b = b \cdot a$.

証明は容易なので省略するが，単位元と逆元は一意的に定まる．

要注意事項 アーベル群の定義では，G の演算に対して「掛け算」の記号を用いた．しばしば，$a \cdot b$ や a^{-1} の代わりに，「足し算」の記号 $a+b$, $-a$ を用いることもある．ある記法が別の記法よりも適切である場合もあり，下記の「アーベル群の例」の中でその例をあげる．同じ群が異なった表現をもちうるが，一方の表現では掛け算の記号がより示唆に富んでいるのに対し，他方では演算として加法を備えた群と見たほうが自然なこともある．

アーベル群の例

- 実数全体からなる集合 $\mathbb{R}$ に通常の足し算を定義したもの．単位元は 0 であり，x の逆元は $-x$ である．また，$\mathbb{R} - \{0\}$ や $\mathbb{R}^+ = \{x \in \mathbb{R} : x > 0\}$ に通常の掛け算を定義したものもアーベル群になる．どちらも単元は 1 であり，x の逆元は $1/x$ である．

- 通常の足し算により，整数全体のなす集合 $\mathbb{Z}$ はアーベル群になる．しかし $\mathbb{Z} - \{0\}$ は通常の掛け算ではアーベル群にはならない．たとえば 2 の掛け算に関する逆元は $\mathbb{Z}$ の元ではない．これに対して，$\mathbb{Q} - \{0\}$ は通常の掛け算でアーベル群になっている．

- 複素平面内の単位円周 S^1．円周を $\{e^{i\theta} : \theta \in \mathbb{R}\}$ なる点集合と考えると，通常の複素数の掛け算が群演算になる．しかし，S^1 上の点とその角度 θ を同一視すると，S^1 は 2π を法とする $\mathbb{R}$ とみなせ，演算は 2π を法とする足し算となる．

- $\mathbb{Z}(N)$ はアーベル群である．円周上にある 1 の N 乗根と考えれば，$\mathbb{Z}(N)$ は複素数の掛け算で群となる．しかし，もし $\mathbb{Z}(N)$ を N を法とする整数の集合 $\mathbb{Z}/N\mathbb{Z}$ とみなせば，N を法とする足し算によりアーベル群となっている．

- 最後の例は $\mathbb{Z}^*(q)$ である．これは q を法とする整数で，q を法とする<u>掛け算</u>について逆元をもっているもの全体からなる集合である．群の演算は q を法とする掛け算により定義する．たいへん重要な例であり，より詳しいことは後に述べる．

二つのアーベル群 G と H の間の**準同形**とは，写像 $f: G \to H$ で，

$$f(a \cdot b) = f(a) \cdot f(b)$$

なる性質をもつものである．ただし，ここで左辺の・は G の演算を表し，右辺の・は H の演算を表している．

二つの群 G, H が**同形**であるとは，G から H への全単射な準同形が存在することであり，$G \approx H$ と表す．同値なことであるが，準同形 $f : G \to H$ の他に準同形 $\tilde{f} : H \to G$ が存在し，すべての $a \in G$ と $b \in H$ に対して，

$$(\tilde{f} \circ f)(a) = a, \qquad (f \circ \tilde{f})(b) = b$$

をみたすとき，G と H は同形である．粗っぽくいえば，同形な群は「同じ」対象を記述している．なぜならば，基礎になる群構造 (それが実際本当に重要なもの) が同じだからである．しかし，それらの群に特有の表記法は異なっていることもある．

例1 1組の同形なアーベル群の例は，すでに群 $\mathbb{Z}(N)$ を考察した際に現れている．一つの見方は，$\mathbb{C}$ 内にある 1 の N 乗根からなる群とみなされるものであった．もう一つは，N を法とする整数の剰余類からなる加法群 $\mathbb{Z}/N\mathbb{Z}$ とみなすものである．写像 $n \mapsto R(n)$ は 1 の N 乗根 $z = e^{2\pi i n/N} = \zeta^n$ に対して n から決まる $\mathbb{Z}/N\mathbb{Z}$ における剰余類 $R(n)$ を対応させるものであるが，これによりこの二つの見かけ上異なった群が同形となる．

例2 例1と並行したことであるが，(掛け算を演算とする) 円周と (足し算を演算とする) 2π を法とする実数全体は同形である．

例3 指数関数と対数関数

$$\exp : \mathbb{R} \to \mathbb{R}^+, \qquad \log : \mathbb{R}^+ \to \mathbb{R}$$

はお互いに一方の逆写像となっているような準同形である．それゆえ (足し算を備えた) $\mathbb{R}$ と (掛け算を備えた) $\mathbb{R}^+$ は同形である．

以下では主として，有限なアーベル群を扱う．この場合，$|G|$ により G の元の個数を表し，$|G|$ をこの群の**位数**という．たとえば $\mathbb{Z}(N)$ の位数は N である．

いくつかの注意をここで追加しておきたい．

- G_1 と G_2 が二つの有限アーベル群であるとき，その**直積** $G_1 \times G_2$ は $g_1 \in$

$G_1, g_2 \in G$ の組 (g_1, g_2) を元とする群である．$G_1 \times G_2$ の演算は
$$(g_1, g_2) \cdot (g_1', g_2') = (g_1 \cdot g_1', g_2 \cdot g_2')$$
により定義される．G_1 と G_2 が有限アーベル群であれば，$G_1 \times G_2$ も有限アーベル群である．この定義はすぐに有限個の直積 $G_1 \times G_2 \times \cdots \times G_n$ に一般化できる．

- 有限アーベル群の構造定理とは，任意の有限アーベル群が $\mathbb{Z}(N)$ のタイプの群の直積と同形であるというものである．詳しくは問題2を参照してほしい．この定理はすべての有限アーベル群からなる族がどのようなものであるかという鳥瞰を与える優れた定理である．しかし，本書ではこの定理を使うことがないので，証明は省略する．

次章のディリクレの定理の証明において中心的な役割を果たすアーベル群の例について簡潔に述べておきたい．

群 $\mathbb{Z}^*(q)$

q を正の整数とする．n と n' が q を法として合同で，m と m' が q を法として合同ならば，nm と $n'm'$ も q を法として合同であるから，$\mathbb{Z}(q)$ における掛け算は，そのまま掛け算により定義することができる．整数 $n \in \mathbb{Z}(q)$ が**単元**であるとは，ある $m \in \mathbb{Z}(q)$ で，
$$nm \equiv 1 \mod q$$
をみたすものが存在することである．$\mathbb{Z}(q)$ の単元全体のなす集合を $\mathbb{Z}^*(q)$ により表す．定義から明らかに，$\mathbb{Z}^*(q)$ は q を法とする掛け算によりアーベル群であることがわかる．したがって，加法群 $\mathbb{Z}(q)$ の中に部分集合として掛け算による群 $\mathbb{Z}^*(q)$ が含まれていることになる．次章では，$\mathbb{Z}(q)$ の元のうち q に対して素になっているものが $\mathbb{Z}^*(q)$ の元であるという特徴づけを与える．

例 4 $\mathbb{Z}(4) = \{0, 1, 2, 3\}$ における単元のなす群は
$$\mathbb{Z}^*(4) = \{1, 3\}$$
である．これは奇数が $4k+1$ の形か $4k+3$ の形のいずれかに分けられることを反映している．$\mathbb{Z}^*(4)$ は $\mathbb{Z}(2)$ と同形である．実際，次のような対応をさせることができる：

$$\begin{array}{ccc} \mathbb{Z}^*(4) & & \mathbb{Z}(2) \\ 1 & \longleftrightarrow & 0 \\ 3 & \longleftrightarrow & 1 \end{array}$$

このとき，$\mathbb{Z}^*(4)$ の掛け算は $\mathbb{Z}(2)$ における足し算に対応している．

例5 $\mathbb{Z}(5)$ における単元は

$$\mathbb{Z}^*(5) = \{1, 2, 3, 4\}$$

である．さらに $\mathbb{Z}^*(5)$ は次の同一視により $\mathbb{Z}(4)$ と同形になる：

$$\begin{array}{ccc} \mathbb{Z}^*(5) & & \mathbb{Z}(4) \\ 1 & \longleftrightarrow & 0 \\ 2 & \longleftrightarrow & 1 \\ 3 & \longleftrightarrow & 3 \\ 4 & \longleftrightarrow & 2 \end{array}$$

例6 $\mathbb{Z}(8) = \{0, 1, 2, 3, 4, 5, 6, 7\}$ における単元は

$$\mathbb{Z}^*(8) = \{1, 3, 5, 7\}$$

である．また $\mathbb{Z}^*(8)$ は直積 $\mathbb{Z}(2) \times \mathbb{Z}(2)$ と同形である．この二つの群の間の同形は，次の同一視によって与えられる：

$$\begin{array}{ccc} \mathbb{Z}^*(8) & & \mathbb{Z}(2) \times \mathbb{Z}(2) \\ 1 & \longleftrightarrow & (0,0) \\ 3 & \longleftrightarrow & (1,0) \\ 5 & \longleftrightarrow & (0,1) \\ 7 & \longleftrightarrow & (1,1) \end{array}$$

2.2 指標

G を (演算を掛け算の記号で表した) 有限アーベル群であるとし，S^1 を複素平面内の単位円周とする．G 上の**指標**とは，複素数値関数 $e : G \to S^1$ で，次の条件をみたすもののことである：

(2) $\qquad\qquad e(a \cdot b) = e(a)e(b), \qquad a, b \in G.$

言い換えれば，指標とは G から円周のなす群への準同形のことである．すべての $a \in G$ に対して $e(a) = 1$ により定義された指標を**自明な指標**あるいは**単位指標**と

いう．

 指標は有限フーリエ級数において重要な役割を果たすことになる．それは，乗法的であるという性質 (2) が，単位円周上の複素指数関数がみたす等式，ならびに $\mathbb{Z}(N)$ 上のフーリエ理論で使われる $\mathbb{Z}(N)$ 上の複素指数関数 $e_0, \cdots, e_{N-1}$ のみたす関係式

$$e_\ell(k+m) = e_\ell(k) e_\ell(m)$$

を一般化したものだからである．ここで $e_\ell(k) = \zeta^{\ell k} = e^{2\pi i \ell k/N}, 0 \leq \ell \leq N-1, k \in \mathbb{Z}(N)$ であり，関数 $e_0, \cdots, e_{N-1}$ が群 $\mathbb{Z}(N)$ の指標全体となっている．

 G が群であるとき，G の指標全体のなす集合を $\widehat{G}$ により表す．次にこの集合がアーベル群の構造をもっていることを示す．

補題 2.1 集合 $\widehat{G}$ は

$$(e_1 \cdot e_2)(a) = e_1(a) e_2(a), \qquad a \in G$$

により定義される掛け算のもとでアーベル群になる．

 この主張の証明は，自明な指標が単位元になっていることに注意すれば容易にできる．$\widehat{G}$ を G の**双対群**という．

 一般のアーベル群に対する指標と $\mathbb{Z}(N)$ 上の指標との類似性に照らして，群とその双対群の例をさらにいくつか挙げておこう．これらの例は指標が中心的な役割を果たすことを示している (練習 4, 5, 6)．

例 1 $G = \mathbb{Z}(N)$ のとき，G の指標はすべて $e_\ell(k) = \zeta^{\ell k} = e^{2\pi i \ell k/N}, 0 \leq \ell \leq N-1$ の形をしている．$e_\ell \mapsto \ell$ が $\widehat{\mathbb{Z}(N)}$ から $\mathbb{Z}(N)$ への同形を与えていることは容易に示せる．

例 2 円周の双対群[1]は $\{e_n\}_{n \in \mathbb{Z}}$（ここで $e_n(x) = e^{2\pi i n x}$）である．さらに $e_n \mapsto n$ は $\widehat{S^1}$ と整数群 $\mathbb{Z}$ の間の同形を与えている．

---

[1] (2) に加えて，無限アーベル群上の指標の定義には連続性が課せられる．G が円周，$\mathbb{R}$ あるいは $\mathbb{R}^+$ であるとき，「連続性」の意味は，通常の極限により定義されるものである．

例3 $\mathbb{R}$ 上の指標は
$$e_\xi(x) = e^{2\pi i \xi x}, \qquad \xi \in \mathbb{R}$$
により表される．$e_\xi \mapsto \xi$ が $\widehat{\mathbb{R}}$ から $\mathbb{R}$ への同形である．

例4 $\exp : \mathbb{R} \to \mathbb{R}^+$ は同形であるので，前の例から $\mathbb{R}^+$ の指標は
$$e_\xi(x) = x^{2\pi i \xi} = e^{2\pi i \xi \log x}, \qquad \xi \in \mathbb{R}$$
により与えられ，$\widehat{\mathbb{R}^+}$ は $\mathbb{R}$（あるいは $\mathbb{R}^+$）と同形である．

次の補題はいたるところ 0 でない乗法的な関数は指標であることを主張するもので，これから先よく使われる結果である．

補題2.2 G を有限アーベル群とし，$e: G \to \mathbb{C} - \{0\}$ を乗法的な関数，すなわち $e(a \cdot b) = e(a)e(b), a, b \in G$ をみたすものとする．このとき e は指標である．

証明 G は有限集合であるから，$e(a)$ の絶対値は $a \in G$ を動かしても上と下から有界に抑えられる．$|e(b^n)| = |e(b)|^n$ が成り立っているから，すべての $b \in G$ に対して $|e(b)| = 1$ でなければならない． ∎

次のステップとして，指標が G 上の関数からなるベクトル空間 V の正規直交基底を形成することを示す．このことは $G = \mathbb{Z}(N)$ の場合には，その指標 $e_0, \cdots, e_{N-1}$ の具体的な形から直接証明された．

一般の場合について，まず互いに直交していることから証明する．その後，群の位数と同数の「十分」多くの指標が存在することを証明する．

2.3 直交関係

V を有限アーベル群 G 上で定義された複素数値関数のなすベクトル空間とする．V の次元は G の位数 $|G|$ であることに注意する．V 上に次のエルミート内積を

$$(3) \qquad (f, g) = \frac{1}{|G|} \sum_{a \in G} f(a) \overline{g(a)}, \qquad f, g \in V$$

により定義する．ここで和は G 全体にわたってとるものとするので，有限和である．

定理2.3 G の指標は上記の内積に関して，正規直交系になっている．

任意の指標について $|e(a)| = 1$ であるから，
$$(e, e) = \frac{1}{|G|} \sum_{a \in G} e(a) \overline{e(a)} = \frac{1}{|G|} \sum_{a \in G} |e(a)|^2 = 1.$$
もし $e \neq e'$ であり，両方とも指標であれば，$(e, e') = 0$ となることを証明する．そのキー・ステップを補題として抜き出しておく．

補題 2.4 もし e が群 G 上の非自明な指標であるとすると，$\sum_{a \in G} e(a) = 0$ である．

証明 $b \in G$ を $e(b) \neq 1$ をみたすように選ぶ．このとき
$$e(b) \sum_{a \in G} e(a) = \sum_{a \in G} e(b) e(a) = \sum_{a \in G} e(ab) = \sum_{a \in G} e(a)$$
が成り立つ．ここで最後の等式は a が群全体を動けば，ab も G 全体を動くことによっている．ゆえに $\sum_{a \in G} e(a) = 0$ となる． ∎

これで定理の証明をすることができる．e' を e とは違った指標であるとする．$e(e')^{-1}$ は自明ではないので，補題から
$$\sum_{a \in G} e(a)(e'(a))^{-1} = 0$$
となる．$(e'(a))^{-1} = \overline{e'(a)}$ であるから，定理が証明された．

この定理の結論から，異なる指標は線形独立であることがわかる．$\mathbb{C}$ 上のベクトル空間 V の次元は $|G|$ であるから，$\widehat{G}$ の位数が有限で $\leq |G|$ である．これから示そうとしている主な結果は $|\widehat{G}| = |G|$ となることである．

2.4 指標全体について

指標と複素指数関数の類似性の議論を完成させる．

定理 2.5 有限アーベル群 G の指標は G 上の関数からなるベクトル空間の基底をなす．

この定理にはいくつかの証明がある．一つは，先に述べた有限アーベル群の構造定理を用いるものである．構造定理によれば，有限アーベル群は巡回群，すなわち $\mathbb{Z}(N)$ のタイプの群の直積である．巡回群はそれ自身が双対群になっている

ので，以上のことを用いて，$|\widehat{G}| = |G|$ が導かれる．それゆえ指標は G の基底をなす (問題 3 参照)．

ここでは，この方法はとらず，直接的な証明をする．

V を線形空間で，その次元が d であり，内積 $(\cdot,\cdot)$ を有するものとする．線形変換 $T : V \to V$ が**ユニタリー**であるとは，すべての $v, w \in V$ に対し，$(Tv, Tw) = (v, w)$ のように内積を保存することである．線形代数のスペクトル定理から，任意のユニタリー変換は対角化可能である．言い換えれば，V のある基底 $\{v_1, \cdots, v_d\}$ で $T(v_i) = \lambda_i v_i$ (固有ベクトル) をみたすようなものが存在する．ここで $\lambda_i \in \mathbb{C}$ は v_i に関する固有値である．

定理 2.5 の証明は次にあげるスペクトル定理の拡張を基にして行う．

補題 2.6 $\{T_1, \cdots, T_k\}$ を有限次元内積空間 V 上のユニタリー変換の可換な族，すなわちすべての i, j に対して

$$T_i T_j = T_j T_i$$

をみたすものとする．このとき，$T_1, \cdots, T_k$ は同時対角化可能である．すなわち，各 $T_i, i = 1, \cdots, k$ の固有ベクトルからなる V の基底が存在する．

証明 k に関する帰納法を用いる．$k = 1$ の場合はスペクトル定理に他ならない．$k - 1$ 個の可換なユニタリー変換からなる任意の族に対して補題が正しいと仮定する．T_k にスペクトル定理を適用すれば，V が次のような固有空間の直和であることがわかる．

$$V = V_{\lambda_1} \oplus \cdots \oplus V_{\lambda_s},$$

ここで，V_{λ_i} は固有値 λ_i に関する固有ベクトル全体からなる部分空間である．$T_1, \cdots, T_{k-1}$ のどの変換も，各固有空間 V_{λ_i} をそれ自身に写していることを示す．もし $v \in V_{\lambda_i}, 1 \leq j \leq k - 1$ であれば，

$$T_k T_j(v) = T_j T_k(v) = T_j(\lambda_i v) = \lambda_i T_j(v)$$

より，$T_j(v) \in V_{\lambda_i}$ である．これで示された．

$T_1, \cdots, T_{k-1}$ を V_{λ_i} に制限したものは V_{λ_i} 上の可換なユニタリー変換の族になるから，帰納法の仮定によりこれらの変換は V_{λ_i} 上で同時対角化可能である．この対角化により各 V_{λ_i} の求めたい基底が得られ，よってそれらを集めて V の基底も得られる． ■

これで定理 2.5 の証明をすることができる．G 上の複素数値関数からなるベクトル空間 V の次元は $|G|$ であることを思い出しておいてほしい．各 $a \in G$ に対して
$$(T_a f)(x) = f(a \cdot x), \qquad x \in G$$
により線形変換 $T_a : V \to V$ を定義する．G はアーベル群であるから，すべての $a, b \in G$ に対して，明らかに $T_a T_b = T_b T_a$ が成り立つ．また T_a が V 上のエルミート内積 (3) に関してユニタリーであることも容易にわかる．補題 2.6 より族 $\{T_a\}_{a \in G}$ は同時対角化可能である．これにより V のある基底 $\{v_b(x)\}_{b \in G}$ が存在し，各 $v_b(x)$ が任意の $a \in G$ に対する T_a の固有ベクトルになっている．v をこの基底の中の一つのベクトルとし，1 を G の単位元とする．このとき $v(1) \neq 0$ である．なぜなら，もしそうでないとすると次が成り立つ．
$$v(a) = v(a \cdot 1) = (T_a v)(1) = \lambda_a v(1) = 0,$$
ただし λ_a は T_a の v に関する固有値である．したがって $v = 0$ となり，矛盾が導かれる．$w(x) = \lambda_x = v(x)/v(1)$ により関数 w を定義する．w が G の指標になっていることを示す．上述の議論から任意の $x \in G$ に対して $w(x) \neq 0$ であり，さらに
$$w(a \cdot b) = \frac{v(a \cdot b)}{v(1)} = \frac{\lambda_a v(b)}{v(1)} = \lambda_a \lambda_b \frac{v(1)}{v(1)} = \lambda_a \lambda_b = w(a) w(b)$$
がわかる．そこで補題 2.2 を用いれば定理 2.5 の証明が終了する．

2.5 フーリエ反転公式とプランシュレルの公式

さて，これまでの節で得られた結果をまとめて，有限アーベル群 G 上の関数のフーリエ展開について検討しよう．G 上の与えられた関数 f と G の指標 e に対して，e に関する f のフーリエ係数を
$$\hat{f}(e) = (f, e) = \frac{1}{|G|} \sum_{a \in G} f(a) \overline{e(a)}$$
により定義し，f のフーリエ級数を
$$f \sim \sum_{e \in \hat{G}} \hat{f}(e) e$$
とする．指標は基底をなしているから，ある定数 c_e により

と表されている．指標がみたす直交関係により
$$(f, e) = c_e$$
がわかる．したがって f はそのフーリエ級数と実際に一致している．すなわち
$$f = \sum_{e \in \widehat{G}} \hat{f}(e) e$$
が成り立っている．これらをまとめると，次の結果が得られる．

定理 2.7 G を有限アーベル群とする．V を G 上の複素数値関数からなる線形空間で，内積を
$$(f, g) = \frac{1}{|G|} \sum_{a \in G} f(a) \overline{g(a)}$$
により定義すると，G の指標は V の正規直交基底になる．特に G 上の任意の関数 f はそのフーリエ級数と一致し，
$$f = \sum_{e \in \widehat{G}} \hat{f}(e) e$$
が成り立つ．

最後に有限アーベル群上のパーセヴァル - プランシュレルの公式を示す．

定理 2.8 f が G 上の関数であるとき，$\|f\|^2 = \sum_{e \in \widehat{G}} |\hat{f}(e)|^2$ である．

証明 G の指標はベクトル空間 V に対する正規直交基底で，$(f, e) = \hat{f}(e)$ であるから，
$$\|f\|^2 = (f, f) = \sum_{e \in \widehat{G}} (f, e) \overline{\hat{f}(e)} = \sum_{e \in \widehat{G}} |\hat{f}(e)|^2$$
を得る．∎

この定理の主張と定理 1.2 のそれとの見かけ上の違いは，フーリエ係数の正規化をしているかいないかに帰因するものである．

3. 練習

1. f を円周上の関数とする．各 $N \geq 1$ に対して，f の離散フーリエ係数を

$$a_N(n) = \frac{1}{N} \sum_{k=1}^{N} f(e^{2\pi ik/N}) e^{-2\pi ikn/N}, \qquad n \in \mathbb{Z}$$

と定める．また

$$a(n) = \int_0^1 f(e^{2\pi ix}) e^{-2\pi inx} dx$$

により f の通常のフーリエ係数を表す．
 (a) $a_N(n) = a_N(n+N)$ を示せ．
 (b) f が連続であるとき，$a_N(n) \to a(n)$, $N \to \infty$ を証明せよ．

2. f が円周上の C^1 関数であるとき，$0 < |n| \leq N/2$ に対して $|a_N(n)| \leq c/|n|$ であることを証明せよ．
[ヒント：

$$a_N(n)\left[1 - e^{2\pi i \ell n/N}\right] = \frac{1}{N} \sum_{k=1}^{N} \left[f(e^{2\pi ik/N}) - f(e^{2\pi i(k+\ell)/N})\right] e^{-2\pi ikn/N}$$

のように表し，$\ell n/N$ が $1/2$ に十分近くなるように ℓ を選べ．]

3. 同様の方法により，f が円周上の C^2 関数であるとき，$0 < |n| \leq N/2$ に対して

$$|a_N(n)| \leq c/|n|^2$$

を示せ．その結果として $f \in C^2$ に対するフーリエ反転公式

$$f(e^{2\pi ix}) = \sum_{n=-\infty}^{\infty} a(n) e^{2\pi inx}$$

を有限版のフーリエ反転公式から証明せよ．
[ヒント：最初に，2階の対称差

$$f(e^{2\pi i(k+\ell)/N}) + f(e^{2\pi i(k-\ell)/N}) - 2f(e^{2\pi ik/N})$$

を用いよ．次に (たとえば)N が奇数の場合，反転公式を

$$f(e^{2\pi ik/N}) = \sum_{|n|<N/2} a_N(n) e^{2\pi ikn/N}$$

のように表せ．]

4. e を N を法とする加法群 $G = \mathbb{Z}(N)$ の指標とする．

$$e(k) = e_\ell(k) = e^{2\pi i \ell k/N}, \qquad k \in \mathbb{Z}(N)$$

をみたす $0 \leq \ell \leq N-1$ が一意的に存在することを示せ．逆に，このタイプの任意の関数は $\mathbb{Z}(N)$ の指標であることを示せ．$e_\ell \mapsto \ell$ が $\widehat{G}$ から G への同形を定めることを導け．[ヒント：$e(1)$ が 1 の N 乗根であることを示せ．]

5. S^1 上のすべての指標は
$$e_n(x) = e^{2\pi i n x}, \qquad n \in \mathbb{Z}$$
により与えられることを示せ．また $e_n \mapsto n$ が $\widehat{S^1}$ から $\mathbb{Z}$ への同形を定めることを確認せよ．

[ヒント：F が連続で $F(x+y) = F(x)F(y)$ をみたせば F は微分可能である．これを示すには，$F(0) \neq 0$ ならば，適当な δ に対して $c = \int_0^\delta F(y)dy \neq 0$ であり $cF(x) = \int_x^{\delta+x} F(y)dy$ であることに注意せよ．微分することにより，ある定数 A に対して，$F(x) = e^{Ax}$ と表せることを示せ．]

6. $\mathbb{R}$ 上のすべての指標は
$$e_\xi(x) = e^{2\pi i \xi x}, \qquad \xi \in \mathbb{R}$$
の形をしていることを証明せよ．また $e_\xi \mapsto \xi$ が $\widehat{\mathbb{R}}$ から $\mathbb{R}$ への同形であることを証明せよ．練習 5 の議論がこの場合にも適用できる．

7. $\zeta = e^{2\pi i/N}$ とする．$a_{jk} = N^{-1/2}\zeta^{jk}$ とし，$N \times N$ 行列 $M = (a_{jk})_{1 \leq j,k \leq N}$ を定義する．

(a) M がユニタリーであることを示せ．

(b) 等式 $(Mu, Mv) = (u, v)$ と $M^* = M^{-1}$ を $\mathbb{Z}(N)$ 上のフーリエ級数の用語を用いて表せ．

8. $P(x) = \sum_{n=1}^N a_n e^{2\pi i n x}$ とする．

(a) 円周と $\mathbb{Z}(N)$ に対するパーセヴァルの等式を用いて
$$\int_0^1 |P(x)|^2 dx = \frac{1}{N} \sum_{n=1}^N |P(j/N)|^2$$
を示せ．

(b) 再生公式
$$P(x) = \sum_{j=1}^N P(j/N) K(x - (j/N)),$$
ただし，ここで

$$K(x) = \frac{e^{2\pi ix}}{N} \frac{1 - e^{2\pi iNx}}{1 - e^{2\pi ix}} = \frac{1}{N} \left(e^{2\pi ix} + e^{2\pi i2x} + \cdots + e^{2\pi iNx} \right)$$

を証明せよ．P が $1 \leq j \leq N$ に対する値 $P(j/N)$ により完全に決定されることを確認せよ．また $K(0) = 1$ であること，および j が N を法として 0 と合同でなければ $K(j/N) = 0$ であることに注意せよ．

9. 本文にある議論を修正して，次の二つの主張を証明せよ．

(a) $N = 3^n$ の場合，$\mathbb{Z}(N)$ 上の関数のフーリエ係数が多くても $6N \log_3 N$ 回の演算で計算できることを示せ．

(b) このことを $N = \alpha^n$ の場合に一般化せよ．ただし，ここで α は > 1 なる整数である．

10. 群 G が巡回的であるとは，G を生成するようなある $g \in G$ が存在することである．すなわち，G の任意の元がある $n \in \mathbb{Z}$ に対して，g^n と表せることである．有限アーベル群が巡回的であるのは，ある N に対する $\mathbb{Z}(N)$ と同形になっているとき，かつそのときに限ることを証明せよ．

11. $\mathbb{Z}^*(3), \mathbb{Z}^*(4), \mathbb{Z}^*(5), \mathbb{Z}^*(6), \mathbb{Z}^*(8), \mathbb{Z}^*(9)$ の掛け算の表を作れ．これらの群のうちどれが巡回的か？

12. G を有限アーベル群とし，$e : G \to \mathbb{C}$ が任意の $x, y \in G$ に対して $e(x \cdot y) = e(x)e(y)$ をみたす関数であるとする．e は恒等的に 0 であるか，e は 0 に値をとらないかのいずれかであることを証明せよ．後半の場合，各 x に対して，ある $r \in \mathbb{Q}$ で $r = p/q$，ただし $q = |G|$ なるものが存在し，$e(x) = e^{2\pi ir}$ であることを示せ．

13. 通常のフーリエ級数とのアナロジーで，有限フーリエ級数を畳み込み積を用いて以下のように表すことができる．G を有限アーベル群とし，1_G をその単元，V を G 上の複素数値関数からなるベクトル空間とする．

(a) V に属する二つの関数 f と g の畳み込み積を，各 $a \in G$ に対して

$$(f * g)(a) = \frac{1}{|G|} \sum_{b \in G} f(b) g(a \cdot b^{-1})$$

により定義する．すべての $e \in \widehat{G}$ に対して，$\widehat{(f * g)}(e) = \hat{f}(e)\hat{g}(e)$ であることを示せ．

(b) 定理 2.5 を用いて，e が G 上の指標であるとき，$c \in G, c \neq 1_G$ に対して

$$\sum_{e \in \widehat{G}} e(c) = 0$$

を示せ．

(c) (b) の結果として，$f \in V$ のフーリエ級数 $Sf(a) = \sum_{e \in \widehat{G}} \hat{f}(e)e(a)$ は次のように表せることを示せ．
$$Sf = f * D$$
ただし，ここで D は

(4)
$$D(c) = \sum_{e \in \widehat{G}} e(c) = \begin{cases} |G|, & c = 1_G, \\ 0, & \text{その他} \end{cases}$$

により定義されるものとする．$f * D = f$ より，$Sf = f$ の別証明が得られる．荒っぽくいえば，D は「ディラックのデルタ関数」に対応するものであるといえる．実際，
$$\frac{1}{|G|} \sum_{c \in G} D(c) = 1$$
より単位質量を有し，(4) からこの質量が G の単元に集中していることが示される．結局，D は良い核の族の「極限」と同様の意義をもっている（第2章，4節を参照）．

注意 関数 D は次章では $\delta_1(n)$ として再び登場する．

4. 問題

1. n と m を二つの正の整数で，互いに素であるとする．このとき
$$\mathbb{Z}(nm) \approx \mathbb{Z}(n) \times \mathbb{Z}(m)$$
を示せ．
[ヒント：$k \mapsto (k \bmod n, k \bmod m)$ により与えられる写像 $\mathbb{Z}(nm) \to \mathbb{Z}(n) \times \mathbb{Z}(m)$ を考え，$xn + ym = 1$ なる整数 x, y が存在することを用いよ．]

2.* すべての有限アーベル群 G は巡回群の直積に同形である．以下のものはこの定理のより正確な二種類の定式化である．
- G の位数を素因数分解して得られる相異なる素数を $p_1, \cdots, p_s$ とする．このとき，
$$G \approx G(p_1) \times \cdots \times G(p_s)$$
である．ただし，ここで $G(p)$ は $G(p) = \mathbb{Z}(p^{r_1}) \times \cdots \times \mathbb{Z}(p^{r_\ell}), 0 \leq r_1 \leq \cdots \leq r_\ell$（この整数の列は p に依存）の形をしている．なお，この分解は一意的である．
- 次をみたす整数 $d_1, \cdots, d_k$ が一意的に存在する：
$$d_1 | d_2, \quad d_2 | d_3, \quad \cdots, \quad d_{k-1} | d_k$$
かつ

$$G \approx \mathbb{Z}(d_1) \times \cdots \times \mathbb{Z}(d_k).$$

1 番目の命題から 2 番目の命題を導け．

3. $\widehat{G}$ を有限アーベル群 G の異なる指標全体を表すものとする．
(a) $G = \mathbb{Z}(N)$ のとき，$\widehat{G}$ は G と同形であることを示せ．
(b) $\widehat{G_1 \times G_2} = \widehat{G}_1 \times \widehat{G}_2$ を証明せよ．
(c) 問題 2 を用いて，もし G が有限アーベル群ならば，$\widehat{G}$ は G に同形であることを証明せよ．

4[*]**.** p が素数ならば $\mathbb{Z}^*(p)$ が巡回的であり，$\mathbb{Z}^*(p) \approx \mathbb{Z}(p-1)$ である．

第8章 ディリクレの定理

> ディリクレ，グスタフ・ルジュンヌ (デューレン 1805 －ゲッティンゲン 1859)，ドイツの数学者．彼は根っからの数論研究者であった．しかし，パリで研究している間，彼は非常に好感のある人物であったから，フーリエや同じ方面の数学者から手助けしてもらい，彼らから解析学を学んだ．その素養があったので，ディリクレはフーリエ解析の (解析) 数論への応用に関する基礎を築くことができた．
> ——S. ボッホナー，1966

有限フーリエ級数の理論の際立った応用として，ここでは等差数列内の素数に関するディリクレの定理を証明する．この定理は，q と ℓ が正の整数で，共通の因数をもたないならば，数列

$$\ell, \ell+q, \ell+2q, \ell+3q, \cdots, \ell+kq, \cdots$$

の中に無限個の素数が含まれているというものである．これから扱う内容はこれまでと一変するが，それはフーリエ解析の考え方が，すぐに思い浮かべられるような限られた範囲を超えてさまざまな分野に幅広い応用が可能であることを例証している．ここで述べる特殊な応用の場合，有限アーベル群 $\mathbb{Z}^*(q)$ 上のフーリエ級数の理論が問題を解く鍵になっている．

1. 数論の基礎を若干

後の議論に必要な背景を述べることから始める．それは整数の整除性の基本的な考え方，特に素数に関連した性質である．ここで述べる基本的な結果は，任意

の整数は本質的に一意に素数の積として表せるというもので，算術の基本定理とよばれている．

1.1 　算術の基本定理

次の定理は長除法の数学的な定式化である．

定理 1.1（ユークリッドの互除法） 任意の整数 a と $b, b > 0$ に対して，
$$a = qb + r$$
をみたす整数 q と $r, 0 \leq r < b$ が一意的に存在する．

ここで q を a の b による商といい，r をその余りという．r は b より小さい．

証明 まず q と r の存在を証明する．S を $a - qb, q \in \mathbb{Z}$ の形をした非負の整数全体のなす集合とする．この集合は空ではない．実際 $b \neq 0$ であるから，S は大きな正の整数を無数に含んでいる．r を S の中の最小の元とすると，ある整数 q により
$$r = a - qb$$
と表せる．構成から $0 \leq r$ であるので，$r < b$ を示す．もしそうでないとすると，$r = b + s, 0 \leq s < r$ と表せるので，$b + s = a - qb$ である．このことから
$$s = a - (q+1)b$$
が示される．したがって $s \in S$ であるが，$s < r$ なので，これは r の最小性に矛盾する．ゆえに $r < b$ であり，q と r は定理の条件を満足している．

一意性を示すため，$a = q_1 b + r_1, 0 \leq r_1 < b$ とする．これを $a = qb + r$ から引くことにより，
$$(q - q_1)b = r_1 - r$$
が得られる．左辺の絶対値は 0 であるか $\geq b$ であり，一方，右辺の絶対値は $< b$ である．ゆえにこの等式の両辺は 0 でなければならず，このことから $q = q_1$ かつ $r = r_1$ という結論が導かれる． ∎

整数 a が b を**割り切る**とは，$ac = b$ となる整数 c が存在することである．このことを $a|b$ と表し，a は b の**因数**であるという．特に 1 はすべての整数を割り切り，したがってすべての整数 a に対して $a|a$ であることに注意する．**素数**とは，1

より大きく，1と自分自身以外には因数をもたない整数である．本節の主定理は，すべての正の整数が素数の積として一意的に表せるというものである．

二つの正の整数 a と b の**最大公約数**とは，a も b も割り切る最大の因数のことである．最大公約数は通常 $\gcd(a,b)$ と表す．これら二つの正の整数が**互いに素**であるとは，その最大公約数が 1 になることである．言い換えれば，1 が a と b の最大の共通した因数となることである．

定理 1.2 もし $\gcd(a,b) = d$ であれば，
$$ax + by = d$$
をみたす整数 x, y が存在する．

証明 $ax + by$, $x, y \in \mathbb{Z}$ の形の正の整数全体からなる集合 S を考え，s を S に属する最小の元とする．以下では $s = d$ を示す．S の作り方から，
$$ax + by = s$$
をみたす整数 x, y が存在する．明らかに a と b の共通の因数は s を割り切るから，$d \leq s$ である．いまもしも $s|a$ かつ $s|b$ を示せれば，定理の証明が完了する．ユークリッドの互除法から，$a = qs + r$, $0 \leq r < s$ と表せる．上に挙げた式の両辺に q を掛けると $qax + qby = qs$ であるから
$$qax + qby = a - r$$
を得る．ゆえに $r = a(1-qx) + b(-qy)$ である．s は S における最小の元であり，$0 \leq r < s$ であるから，$r = 0$ であることが導かれる．ゆえに s は a を割り切る．同様の議論で s が b を割り切ることも示せ，よって求める主張 $s = d$ が示された． ∎

特にこの定理の三つの帰結を次に記しておきたい．

系 1.3 二つの正の整数 a と b が互いに素であるのは，$ax + by = 1$ をみたす整数 x, y が存在するとき，かつそのときに限る．

証明 a と b が互いに素であるとき，定理 1.2 により，求める性質をもつ二つの整数 x, y が存在する．逆に，もし $ax + by = 1$ であり，d が a も b も割り切るならば，d は 1 を割り切るので，$d = 1$ である． ∎

系 1.4 もし a と c が互いに素であり,c が ab を割り切るならば,c は b を割り切る.特に p が素数で a を割り切らず,ab を割り切るならば,p は b を割り切る.

証明 $1 = ax + cy$ と書ける.両辺に b を掛ければ,$b = abx + cby$ となる.ゆえに $c|b$ である. ∎

系 1.5 p が素数で,p が積 $a_1 \cdots a_r$ を割り切るならば,p はある a_i を割り切る.

証明 前出の系より,もし p が a_1 を割り切らなければ,p は $a_2 \cdots a_r$ を割り切る.この議論を続ければ,結局 $p|a_i$ が示せる. ∎

さて,いよいよ本節の主定理を証明することができるようになった.

定理 1.6 1 より大きい任意の正の整数は,素数の積に一意的に分解される.

証明 まず定理の主張のように分解できることを示す.そのため,1 より大きい整数で,素数の積に分解できないようなもの全体のなす集合 S が空集合であることを証明する.$S \neq \emptyset$ であると仮定し,背理法を用いる.n を S の最小の元であるとする.n は素数ではありえないので,ある整数 $a > 1$ と $b > 1$ が存在し,$ab = n$ をみたす.ここで $a < n, b < n$ であるから,$a \notin S$ であり,$b \notin S$ である.したがって a も b も素数の積に分解でき,結局 n も素数の積に分解されることになる.これは $n \notin S$ を示している.それゆえ主張どおり,S は空である.

次に,分解の一意性の方を考えることにする.n が

$$n = p_1 p_2 \cdots p_r$$
$$= q_1 q_2 \cdots q_s$$

のように 2 通りの素数への分解をもっているとする.すると p_1 は $q_1 q_2 \cdots q_s$ を割り切るので,系 1.5 より,ある i に対して $p_1 | q_i$ である.q_i は素数であるから,$p_1 = q_i$ でなければならない.この議論を続けると,n の二つの分解は,因数の順序の違いを除いて同じものであることがわかる. ∎

少し話題がそれるが,$\mathbb{Z}^*(q)$ の前章とは異なった定義を与える.もともとの定義によれば,$\mathbb{Z}^*(q)$ は $\mathbb{Z}(q)$ の単元からなる乗法群であった.単元とは,$n \in \mathbb{Z}(q)$ であり,かつ

(1) $$nm \equiv 1 \mod q$$

をみたす整数 m が存在することである.

$\mathbb{Z}^*(q)$ は $\mathbb{Z}(q)$ に属する整数で, q とは互いに素になっているもの全体からなる乗法群と同値である. 実際, もし (1) が成り立っていれば, n と q は自動的に互いに素になっている. 逆に, n と q が互いに素であるとする. このとき, 系 1.3 を $a = n, b = q$ として用いれば,

$$nx + qy = 1$$

が成り立つ. ゆえに $nx \equiv 1 \mod q$ である. ここで $m = x$ とすれば同値性が証明できる.

1.2 素数の無限性

素数の研究は常に算術における中心的な話題であり続けたが, 最初に現れた基本的な問題は無限個の素数が存在するかどうかということであった. この問題はユークリッドの『原論』において, 単純かつ極めてエレガントな証明方法で解かれた.

定理 1.7 無限個の素数が存在する.

証明 もしそうでないとし, すべての素数を $p_1, \cdots, p_n$ により表す.

$$N = p_1 p_2 \cdots p_n + 1$$

とする. N はどの p_i よりも大きいから, 素数ではありえない. したがって, N は上に挙げた中のいずれかの素数により割り切られる. しかし, これはまた不合理でもある. なぜならば, どの素数も積 $p_1 \cdots p_n$ を割り切り, しかも素数は 1 を割り切らないからである. この矛盾により証明がなされた. ∎

ユークリッドの論法を修正して, さらに素数の無限性に関するより精密な結果を導くことができる. それを示すため, 次の問題を考えよう. (2 以外の) 素数は $4k+1$ の形をしたものか $4k+3$ の形をしたもののいずれかのクラスに分けられる. 上記の定理より, 少なくとも一方のクラスは無限集合でなければならない. 自然な疑問は, 両方のクラスが無限集合なのか, もしそうでなければどちらのクラスが無限集合なのか, ということである. $4k+3$ の形の素数に関していえば, ユークリッドの証明に少し工夫を加えて, 無限集合であることが示せる. 実際,

もしも $4k+3$ の形の素数が有限個しかないならば，3 を除いて，大きさの順序により

$$p_1 = 7, \ p_2 = 11, \ \cdots, \ p_n$$

と並べられる．そこで

$$N = 4p_1 p_2 \cdots p_n + 3$$

とおく．明らかに N は $4k+3$ の形をしているが，$N > p_n$ なので素数ではありえない．$4m+1$ の形の二つの数の積は，また $4m+1$ の形をしているので，N の素因数 (訳注：素数であるような因数) の一つは $4k+3$ の形をしていなければならない．それをたとえば p とおく．3 は N の積の項を割り切らないから，$p \neq 3$ である．また p は $4k+3$ の形の素数の一つにはなりえない，すなわち $p \neq p_i, i = 1, \cdots, n$ である．なぜならばもしそうでないとすると，p は積 $p_1 \cdots p_n$ を割り切り，3 を割り切らないからである．

まだ $4k+1$ の形の素数のなすクラスが無限かどうかを決定することが残っている．上述の議論を単純に修正したのでは，この問題を扱えない．なぜならば，$4m+3$ の形の二つの数の積はもはや $4m+3$ の形をしていないからである．ルジャンドルは，平方剰余の相互法則を証明しようとして，より一般的に，次の主張を提唱した．

q と ℓ が互いに素であれば，数列

$$\ell + kq, \qquad k \in \mathbb{Z}$$

は無限個の素数を含んでいる (したがって少なくとも一つの素数を含む！)．

q と ℓ が互いに素であるという条件は，いうまでもなく必要である．なぜなら，もしそうでなければ $\ell + kq$ は素数ではありえないからである．言い方を変えれば，この仮説は，素数を含むような等差数列が必ず無限個の素数を含むということを主張している．

ルジャンドルのこの主張はディリクレにより証明された．その証明の鍵となるアイデアは，オイラーの積公式に関連して，オイラーが行った素数に対する解析的なアプローチにある．それは定理 1.7 をより強化した定理を与えるものである．オイラーの洞察は，素数の理論と解析学の間を深く関連付けるものであった．

ゼータ関数とそのオイラー積

無限積について手短に復習しておこう．$\{A_n\}_{n=1}^\infty$ が実数列であるとき，下記の極限が存在する場合，
$$\prod_{n=1}^\infty A_n = \lim_{N\to\infty} \prod_{n=1}^N A_n$$
と定義し，乗積は収束するという．自然なアプローチは，両辺の対数をとって，乗積を和に変えることであろう．正の実数 x に対して定義された関数 $\log x$ について，後で必要になる性質をまとめて補題として示しておく．

補題 1.8 指数関数と対数関数は次の性質をみたす：
 (i) $e^{\log x} = x$．
 (ii) $\log(1+x) = x + E(x)$，ここで $|E(x)| \leq x^2$, $|x| < 1/2$．
 (iii) もしも $\log(1+x) = y$ であり，$|x| < 1/2$ であれば，$|y| \leq 2|x|$．

O 記号を用いれば，(ii) は $\log(1+x) = x + O(x^2)$ と表される．

証明 性質 (i) はよく知られた標準的なものである．(ii) を証明するために，$|x| < 1$ における $\log(1+x)$ のべき級数展開，すなわち
$$(2) \qquad \log(1+x) = \sum_{n=1}^\infty \frac{(-1)^{n+1}}{n} x^n$$
を用いる．これより
$$E(x) = \log(1+x) - x = -\frac{x^2}{2} + \frac{x^3}{3} - \frac{x^4}{4} + \cdots$$
であるから，三角不等式より
$$|E(x)| \leq \frac{x^2}{2}\left(1 + |x| + |x^2| + \cdots\right).$$
ゆえに $|x| \leq 1/2$ であれば，右辺は次のような幾何級数の和で抑えられる．
$$|E(x)| \leq \frac{x^2}{2}\left(1 + \frac{1}{2} + \frac{1}{2^2} + \cdots\right)$$
$$\leq \frac{x^2}{2}\left(\frac{1}{1-1/2}\right)$$
$$\leq x^2.$$
これより性質 (iii) の証明は明らかである：もし $x \neq 0$ で $|x| \leq 1/2$ であれば，

$$\left|\frac{\log(1+x)}{x}\right| \leq 1 + \left|\frac{E(x)}{x}\right|$$
$$\leq 1 + |x|$$
$$\leq 2$$

である．また，もし $x = 0$ ならば (iii) は明らかである． ∎

これで実数の無限積に関する次の主要な結果を証明することができる．

命題 1.9 $A_n = 1 + a_n$ かつ $\sum |a_n|$ が収束しているならば，$\prod_n A_n$ は収束する．この乗積が 0 になるのは，その因数 A_n の一つが 0 になるとき，かつそのときに限る．また，もしすべての n に対して $a_n \neq 1$ であれば，$\prod_n 1/(1-a_n)$ は収束する．

証明 $\sum |a_n|$ が収束していれば，十分大きなすべての n に対して $|a_n| < 1/2$ である．このことから，もし必要ならば有限個の項を無視することにより，すべての n に対して $|a_n| < 1/2$ を仮定することができる．このとき，部分積を次のように書くことができる：

$$\prod_{n=1}^{N} A_n = \prod_{n=1}^{N} e^{\log(1+a_n)} = e^{B_N},$$

ただし，ここで，$B_N = \sum_{n=1}^{N} b_n, b_n = \log(1+a_n)$ である．補題より $|b_n| \leq 2|a_n|$ であるから，B_N はある実数 B に収束する．指数関数は連続関数であるから，N を無限大にしたとき，e^{B_N} は e^B に収束する．これより命題の一番目の主張が証明された．もしすべての n について $1 + a_n \neq 0$ であれば，乗積の極限は e^B の形で表されるので 0 にはならない．

最後に $\prod_n 1/(1-a_n)$ の部分積が $1/\prod_{n=1}^{N}(1-a_n)$ であることを考えると，上記の議論と同様にして，分母の乗積が 0 でない極限に収束することが証明できる． ∎

これらの準備を整えたので，問題の核心的な部分に話題を戻そう．1 よりも (真に) 大きい実数 s に対して，

$$\zeta(s) = \sum_{n=1}^{\infty} \frac{1}{n^s}$$

を**ゼータ関数**という．ζ を定義する級数が収束することを見るために，f が減少

関数であるとき，$\sum f(n)$ と積分 $\int f(x)\,dx$ が図 1 のように比較可能であるという原理を用いる．同様の手法は第 3 章でも用いたが，そのときは積分を下から級数で抑えるというものであった．

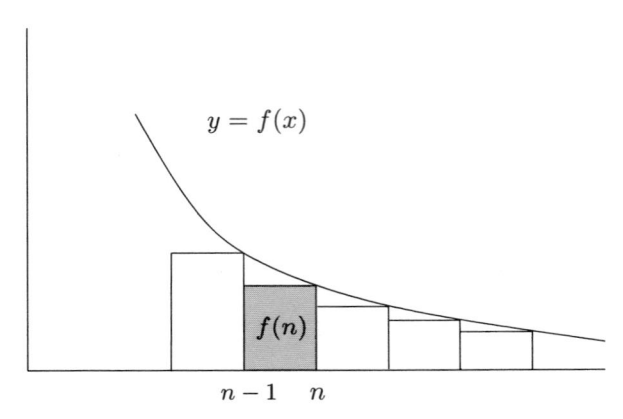

図 1　和と積分の比較．

ここで $f(x) = 1/x^s$ とおくと

$$\sum_{n=1}^{\infty} \frac{1}{n^s} \leq 1 + \sum_{n=2}^{\infty} \int_{n-1}^{n} \frac{dx}{x^s} = 1 + \int_{1}^{\infty} \frac{dx}{x^s}$$

であるから，

(3) $$\zeta(s) \leq 1 + \frac{1}{s-1}$$

である．明らかに ζ を定義する級数は各半直線 $s > s_0 > 1$ において一様収束している．それゆえ ζ は $s > 1$ において連続である．ゼータ関数はポアソンの和公式とテータ関数の議論の中ですでに言及している．

鍵となる結果は次のオイラーの積公式である．

定理 1.10　$s > 1$ に対して，

$$\zeta(s) = \prod_{p} \frac{1}{1 - 1/p^s}$$

が成り立つ．ただし乗積はすべての素数にわたってとる．

重要なことを注意しておく．この等式は算術の基本定理の解析的な表現である．

どういうことか説明しておこう．乗積の各因数 $1/(1-p^{-s})$ は収束する幾何級数

$$1 + \frac{1}{p^s} + \frac{1}{p^{2s}} + \cdots + \frac{1}{p^{Ms}} + \cdots$$

として書き表せる．そこで

$$\prod_{p_j} \left(1 + \frac{1}{p_j^s} + \frac{1}{p_j^{2s}} + \cdots + \frac{1}{p_j^{Ms}} + \cdots \right)$$

を考える．ここで乗積はすべての素数にわたってとり，素数 p_j は $p_1 < p_2 < \cdots$ と順序付けてあるものとする．しばらく形式的に話を進める (その扱いは後で正当化される)．各 j ごとに (p_j に関する和の中から) k のついた項 $1/p_j^{ks}$ を抜き出して積をつくる．ただし k は j に依存していて，さらに j が十分大きいときは $k = 0$ とする．定理の式の右辺の積は，これらの積により作られた項の和として計算される．その各積は

$$\frac{1}{(p_1^{k_1} p_2^{k_2} \cdots p_m^{k_m})^s} = \frac{1}{n^s}$$

の形をしている．ただし，ここで $n = p_1^{k_1} p_2^{k_2} \cdots p_m^{k_m}$ としている．算術の基本定理によれば，≥ 1 なる整数はどれもこのような素数の積として一意的に表せているので，結局，問題にしている乗積は

$$\sum_{n=1}^{\infty} \frac{1}{n^s}$$

となっている．

　この発見的な形式的証明を正当化しよう．

証明 M と N を正の整数で，$M > N$ なるものとする．$n \leq N$ なる任意の正の整数は一意的に素数の積に分解でき，そこに現れる素数は N 以下であり，重複して現れる回数は M 回より少ない．それゆえ

$$\sum_{n=1}^{N} \frac{1}{n^s} \leq \prod_{p \leq N} \left(1 + \frac{1}{p^s} + \frac{1}{p^{2s}} + \cdots + \frac{1}{p^{Ms}} \right)$$
$$\leq \prod_{p \leq N} \left(\frac{1}{1 - p^{-s}} \right)$$
$$\leq \prod_{p} \left(\frac{1}{1 - p^{-s}} \right).$$

ここで N を無限大にすれば

$$\sum_{n=1}^{\infty} \frac{1}{n^s} \leq \prod_{p} \left(\frac{1}{1-p^{-s}} \right)$$

が与えられる．逆向きの不等式は次のようにして示す．再び算術の基本定理から，

$$\prod_{p \leq N} \left(1 + \frac{1}{p^s} + \frac{1}{p^{2s}} + \cdots + \frac{1}{p^{Ms}} \right) \leq \sum_{n=1}^{\infty} \frac{1}{n^s}$$

が得られる．ここで M を無限大にすれば

$$\prod_{p \leq N} \left(\frac{1}{1-p^{-s}} \right) \leq \sum_{n=1}^{\infty} \frac{1}{n^s}$$

となる．ゆえに

$$\prod_{p} \left(\frac{1}{1-p^{-s}} \right) \leq \sum_{n=1}^{\infty} \frac{1}{n^s}$$

である． ∎

これで，等差数列内の素数の一般的な問題に対するディリクレのアプローチに霊感を与えた定理 1.7 のオイラー版に到達する．

命題 1.11 素数全体にわたってとる級数

$$\sum_{p} \frac{1}{p}$$

は発散する．

いうまでもなく当然のことであるが，素数が有限個しかなければ，この和は自動的に収束する．

証明 オイラーの公式の両辺の対数をとる．$\log x$ は連続関数であるから，無限積の対数は対数の和で表すことができる．それゆえ $s > 1$ に対して，

$$-\sum_{p} \log(1 - 1/p^s) = \log \zeta(s).$$

$|x| \leq 1/2$ のときは，$\log(1+x) = x + O(|x|^2)$ であるから，

$$-\sum_{p} \left[-1/p^s + O(1/p^{2s}) \right] = \log \zeta(s)$$

が得られ，これは

$$\sum_{p} 1/p^s + O(1) = \log \zeta(s)$$

を与える．項 $O(1)$ は $\sum_p 1/p^{2s} \leq \sum_{n=1}^\infty 1/n^2$ より生ずる．任意の M に対して $\sum_{n=1}^\infty 1/n^s \geq \sum_{n=1}^M 1/n^s$ であるから，ここで s を上から 1 に近づけると，すなわち $s \to 1^+$ とすると，

$$\liminf_{s \to 1^+} \sum_{n=1}^\infty 1/n^s \geq \sum_{n=1}^M 1/n$$

となり，$\zeta(s) \to \infty$ となることに注意する．ゆえに $s \to 1^+$ のとき $\sum_p 1/p^s \to \infty$ である．任意の $s > 1$ に対して，$1/p > 1/p^s$ であるから，結局

$$\sum_p 1/p = \infty$$

が得られる． ∎

この章の残った部分で，ディリクレがこのオイラーの洞察をどのように適用したかを見ていくことにする．

2. ディリクレの定理

本章の目標をもう一度述べておく．

定理 2.1 q と ℓ が互いに素な正の整数であるとき，$\ell + kq, k \in \mathbb{Z}$ の形の素数が無限個存在する．

ディリクレは，オイラーの論法に習って，この定理を級数

$$\sum_{p \equiv \ell \bmod q} \frac{1}{p}$$

の発散を示すことにより証明した．ここで和は q を法として ℓ に合同な素数全体にわたってとるものとする．q を固定した場合，混乱が生じない限り，$p \equiv \ell$ により，q を法として ℓ に合同な素数であることを表すものとする．証明はいくつかのステップからなる．そのうちの一つに $\mathbb{Z}^*(q)$ 上のフーリエ解析を要する．この定理を一般の場合に証明する前に，$4k+1$ の形の素数が無限個あるかというすでに挙げた問題に対する答えを概説しておこう．この例は $q = 4, \ell = 1$ という特別な場合になるが，ディリクレの定理の証明の重要なステップがすべて入っている．

まずはじめに $\mathbb{Z}^*(4)$ の指標で，$\chi(1) = 1, \chi(3) = -1$ によって定義されるもの

を考える．この指標を $\mathbb{Z}$ 全体に次のように拡張する：

$$\chi(n) = \begin{cases} 0, & n \text{ が偶数}, \\ 1, & n = 4k+1, \\ -1, & n = 4k+3. \end{cases}$$

この関数が乗法的，すなわち $\chi(nm) = \chi(n)\chi(m)$ を $\mathbb{Z}$ 上でみたすことに注意する．$L(s, \chi) = \sum_{n=1}^{\infty} \chi(n)/n^s$ とすると，

$$L(s, \chi) = 1 - \frac{1}{3^s} + \frac{1}{5^s} - \frac{1}{7^s} + \cdots$$

である．このとき $L(1, \chi)$ は

$$1 - \frac{1}{3} + \frac{1}{5} - \frac{1}{7} + \cdots$$

により与えられる収束級数である．この級数の各項の符号は交代しており，それらの絶対値は 0 に減少しているので，$L(1, \chi) \neq 0$ である．χ は乗法的であるから，オイラー積を一般化して (後で証明することだが)

$$\sum_{n=1}^{\infty} \frac{\chi(n)}{n^s} = \prod_{p} \frac{1}{1 - \chi(p)/p^s}$$

が与えられる．両辺の対数をとって，

$$\log L(s, \chi) = \sum_{p} \frac{\chi(p)}{p^s} + O(1)$$

が得られる．$s \to 1^+$ とすると，$L(1, \chi) \neq 0$ であるから，$\sum_{p} \chi(p)/p^s$ が有界に留まっていることが示せる．ゆえに $s \to 1^+$ のとき，

$$\sum_{p \equiv 1} \frac{1}{p^s} - \sum_{p \equiv 3} \frac{1}{p^s}$$

は有界である．しかしながら，命題 1.11 より，$s \to 1^+$ のとき

$$\sum_{p} \frac{1}{p^s}$$

は非有界であるから，これら二つのことを併せれば，

$$2 \sum_{p \equiv 1} \frac{1}{p^s}$$

は $s \to 1^+$ とすると有界には留まらないことがわかる．ゆえに $\sum_{p \equiv 1} 1/p$ は発散し，その結果，$4k+1$ の形の素数が無限個存在する．

話がそれるが，$L(1,\chi)=\pi/4$ となることの要点を示しておく．そのため等式
$$\frac{1}{1+x^2} = 1 - x^2 + x^4 - x^6 + \cdots$$
を積分する．すると
$$\int_0^y \frac{dx}{1+x^2} = y - \frac{y^3}{3} + \frac{y^5}{5} - \cdots, \qquad 0 < y < 1$$
を得る．ここで y を 1 に近づける．積分は次のように計算できる．
$$\int_0^1 \frac{dx}{1+x^2} = \arctan u \Big|_0^1 = \frac{\pi}{4}.$$
ゆえに，級数 $1 - 1/3 + 1/5 - \cdots$ のアーベル総和法が $\pi/4$ であることを示している．この級数が収束することはわかっているので，その極限はアーベル総和法と一致する．ゆえに $1 - 1/3 + 1/5 - \cdots = \pi/4$ である．

この章の残りではディリクレの定理の完全な証明を与える．フーリエ解析の部分から始めよう (これはじつは上に与えた例における最後のステップである)．それにより定理は L-関数の非零性の話に帰着される．

2.1 フーリエ解析，ディリクレ指標そして定理の還元

以下ではアーベル群 G として $\mathbb{Z}^*(q)$ をとる．以下に挙げる公式は，G の位数に関連するものである．G の位数は，$0 \le n < q$ なる整数で，q と互いに素になっているようなものの総数になっているが，この位数で**オイラーのファイ関数** $\varphi(q)$ を定義する．つまり $|G| = \varphi(q)$ である．

G 上の関数 δ_ℓ を ℓ の特性関数，すなわち $n \in \mathbb{Z}^*(q)$ に対して
$$\delta_\ell(n) = \begin{cases} 1, & n \equiv \ell \mod q \\ 0, & その他 \end{cases}$$
とする．この関数を次のようにフーリエ展開する：
$$\delta_\ell(n) = \sum_{e \in \widehat{G}} \widehat{\delta_\ell}(e)\, e(n),$$
ここで
$$\widehat{\delta_\ell}(e) = \frac{1}{|G|} \sum_{m \in G} \delta_\ell(m) \overline{e(m)} = \frac{1}{|G|} \overline{e(\ell)}$$
である．ゆえに

$$\delta_\ell(n) = \frac{1}{|G|} \sum_{e \in \widehat{G}} \overline{e(\ell)} \, e(n).$$

関数 δ_ℓ を m が q と互いに素でない場合は，$\delta_\ell(m) = 0$ とおくことにより $\mathbb{Z}$ 全体に拡張する．同様にして指標 $e \in \widehat{G}$ を

$$\chi(m) = \begin{cases} e(m), & m \text{ と } q \text{ は互いに素}, \\ 0, & \text{その他} \end{cases}$$

により $\mathbb{Z}$ 全体に拡張したものを q を法とする**ディリクレ指標**という．G の自明な指標の $\mathbb{Z}$ への拡張を χ_0 と表す．すると m と q が互いに素であるとき，$\chi_0(m) = 1$ であり，そうでない場合は 0 となっている．q を法とするディリクレ指標は $\mathbb{Z}$ 上で次の意味で乗法的になっていることに注意する．

$$\chi(nm) = \chi(n)\chi(m), \qquad n, m \in \mathbb{Z}.$$

整数 q は固定されているから，q を略して「ディリクレ指標」といっても混乱が生じる恐れはないだろう[1]．

$|G| = \varphi(q)$ なることを使って，上記の結果を次のように書き直すことができる．

補題 2.2 ディリクレ指標は乗法的である．さらに

$$\delta_\ell(m) = \frac{1}{\varphi(q)} \sum_\chi \overline{\chi(\ell)} \chi(m),$$

ただし，和はすべてのディリクレ指標にわたってとるものとする．

上記の補題により，われわれは定理の証明の第一ステップを踏み出すことができる．というのは，この補題から

$$\sum_{p \equiv \ell} \frac{1}{p^s} = \sum_p \frac{\delta_\ell(p)}{p^s}$$
$$= \frac{1}{\varphi(q)} \sum_\chi \overline{\chi(\ell)} \sum_p \frac{\chi(p)}{p^s}$$

が示されるからである．これより $s \to 1^+$ としたときの $\sum_p \chi(p) p^{-s}$ の挙動を調べれば十分であることが次のようにしてわかる．上記の和を χ が自明かどうかで二つの部分にわけると，

---

[1] ($\mathbb{Z}$ 上で定義された) ディリクレ指標を ($\mathbb{Z}^*(q)$ 上で定義された) 指標 e と区別するため，記号 e の代わりに χ を用いる．

$$
\begin{aligned}
\sum_{p \equiv \ell} \frac{1}{p^s} &= \frac{1}{\varphi(q)} \sum_p \frac{\chi_0(p)}{p^s} + \frac{1}{\varphi(q)} \sum_{\chi \neq \chi_0} \overline{\chi(\ell)} \sum_p \frac{\chi(p)}{p^s} \\
&= \frac{1}{\varphi(q)} \sum_{p \text{ は } q \text{ を割り切らない}} \frac{1}{p^s} + \frac{1}{\varphi(q)} \sum_{\chi \neq \chi_0} \overline{\chi(\ell)} \sum_p \frac{\chi(p)}{p^s}
\end{aligned}
\tag{4}
$$

を得る．ここで q を割り切る素数は有限個しか存在しないから，オイラーの定理（命題 1.11）より右辺の第 1 項は s を 1 に近づけると発散する．この考察はディリクレの定理が次の主張の帰結であることを示している．

定理 2.3 χ が自明でないディリクレ指標であるとき，$s \to 1^+$ としても
$$\sum_p \frac{\chi(p)}{p^s}$$
は有界に留まってる．

定理 2.3 の証明に必要なので，ここで L-関数を導入しておこう．

2.2 ディリクレ L-関数

われわれはすでにゼータ関数 $\zeta(s) = \sum_n 1/n^s$ が乗積
$$\sum_{n=1}^\infty \frac{1}{n^s} = \prod_p \frac{1}{(1-p^{-s})}$$
として表されることを証明した．ディリクレはこの公式のアナロジーを
$$L(s, \chi) = \sum_{n=1}^\infty \frac{\chi(n)}{n^s}, \qquad s > 1$$
により定義されるいわゆる L-**関数**に対して考えた．ここで χ はディリクレ指標である．

定理 2.4 $s > 1$ のとき
$$\sum_{n=1}^\infty \frac{\chi(n)}{n^s} = \prod_p \frac{1}{(1-\chi(p)p^{-s})}$$
である．ただし乗積は素数全体にわたってとるものとする．

いまこの定理が成り立つことを仮定すれば，オイラーの論法を形式的に真似ることができる：乗積の対数をとり，x が小さいときに $\log(1+x) = x + O(x^2)$ であることを用いれば，次を得る．

$$\log L(s, \chi) = -\sum_p \log\left(1 - \frac{\chi(p)}{p^s}\right)$$
$$= -\sum_p \left[-\frac{\chi(p)}{p^s} + O\left(\frac{1}{p^{2s}}\right)\right]$$
$$= \sum_p \frac{\chi(p)}{p^s} + O(1).$$

もし $L(1, \chi)$ が有限でありかつ 0 でなければ，$s \to 1^+$ としたときに $\log L(s, \chi)$ は有界に留まっているので，和

$$\sum_p \frac{\chi(p)}{p^s}$$

が $s \to 1^+$ としても有界に留まることがわかる．ここで上記の形式的な議論についていくつかの考察をしておく．

最初に定理 2.4 で述べた積公式を証明しなければならない．ディリクレ指標 χ は複素数に値をとりうるから，対数関数を $w = 1/(1-z)$, $|z| < 1$ なる複素数 w に拡張する．(これはベキ級数を用いて行われる．) それからこの対数関数を用いて，すでに与えたオイラーの積公式の証明を L-関数に持ち込む．

次に積公式の両辺の対数をとることを正当化しなければならない．ディリクレ指標が実数の場合，議論は成り立ち，詳しくいえば $4k + 1$ の形の素数に対する例の中で行ったものである．一般的には，$\chi(p)$ が複素数であり，複素対数は一価ではないというところに難しさがある．特に積の対数は対数の和ではないのである．

最後に，$\chi \neq \chi_0$ のとき，$\log L(s, \chi)$ が $s \to 1^+$ としても有界に留まっていることの証明が残ったままである．もし $L(s, \chi)$ が $s = 1$ で連続ならば（このことは後で示される），

$$L(1, \chi) \neq 0$$

であることを示せば十分である．これは，先に述べた形式的議論で用いたことで，前述の例でいえば交代級数が非零であることに対応している．$L(1, \chi) \neq 0$ となることがこの証明の最も難しい部分である．

以上述べてきたことから，これから先は次の 3 点に焦点を当てて話を進める．

1. 複素対数と無限積．
2. $L(s, \chi)$ の研究．

3. χ が非自明なときに $L(1,\chi) \neq 0$ となることの証明.

しかしその前に，話を中断してディリクレの定理にまつわる歴史的な事柄を簡単に述べておく．

歴史的余談

下記のリストでは，ディリクレの定理に最も深く関連した一連の業績を残した数学者の名前を挙げた．なお歴史的な概観をとらえやすくするため，彼らが35歳になったときの年号を付記してある．

  オイラー 1742

  ルジャンドル 1787

  ガウス 1812

  ディリクレ 1840

  リーマン 1861

すでに述べたように，オイラーのゼータ関数に関する積公式の発見がディリクレの議論の出発点である．ルジャンドルは平方剰余の相互法則の証明をする必要性からディリクレの定理を事実上予想していた．しかし，平方剰余の相互法則を証明するというゴールに最初に到達したのはガウスであった．ガウスは等差数列における素数に関する定理がどのようなものかは知らなかったが，しかし平方剰余の相互法則のいくつもの異なった証明を発見した．後に，リーマンはゼータ関数の研究を複素平面に拡張し，その関数が0にならない部分の性質が素数分布を理解するのに，いかに中心的なテーマであるかを示した．

ディリクレは彼の定理を1837年に証明した．その数年前にすでにフーリエは他界していた．フーリエはディリクレが若かりしときパリに滞在していた頃，目をかけ面倒を見ていた．ディリクレの定理が証明されたこの時代は数学で大規模な進展があっただけでなく，芸術も非常に創造に富む時期を迎えていた．ベートーヴェンの生涯はわずかその十年前に閉じたばかりであり，シューマンはまさに創造力の頂点に到達しようとしていた．しかしディリクレに年齢的に近い音楽家はフェリックス・メンデルスゾーンであった (ディリクレの方が4歳若い)．ディリクレが定理を証明することに成功した翌年，メンデルスゾーンは彼の有名なヴァイオリン協奏曲の作曲を始めている．

3. 定理の証明

ディリクレの定理の証明と先に述べた三つの困難に話を戻そう．

3.1 対数

第一のポイントを扱うための工夫は，二つの対数関数を定義することである．一つは $1/(1-z)$, $|z| < 1$ の形の複素数に対するもので，$\log_1$ と表す．もう一つは関数 $L(s, \chi)$ に対するものであり，これを $\log_2$ と表す (訳注：定義は後述)．

1番目の対数は
$$\log_1\left(\frac{1}{1-z}\right) = \sum_{k=1}^{\infty} \frac{z^k}{k}, \qquad |z| < 1$$
と定義する．このとき $\log_1 w$ は $\mathrm{Re}(w) > 1/2$ であるときに定義されること，そして (2) より $\log_1 w$ は $> 1/2$ なる実数 x に対する $\log x$ の拡張になっていることに注意する．

命題 3.1 対数関数 $\log_1$ は次の性質をみたす：

(i) $|z| < 1$ のとき
$$e^{\log_1\left(\frac{1}{1-z}\right)} = \frac{1}{1-z}.$$

(ii) $|z| < 1$ のとき
$$\log_1\left(\frac{1}{1-z}\right) = z + E_1(z),$$
ここで誤差項 E_1 は $|E_1(z)| \leq |z|^2$, $|z| < 1/2$ をみたす．

(iii) $|z| < 1/2$ のとき
$$\left|\log_1\left(\frac{1}{1-z}\right)\right| \leq 2|z|.$$

証明 1番目の性質を証明するには，$z = re^{i\theta}$, $0 \leq r < 1$ とするとき，

(5) $$(1 - re^{i\theta})e^{\sum_{k=1}^{\infty}(re^{i\theta})^k/k} = 1$$

を示せば十分である．これを示すため，左辺を r に関して微分すると，
$$\left[-e^{i\theta} + (1 - re^{i\theta})\left(\sum_{k=1}^{\infty}(re^{i\theta})^k/k\right)'\right]e^{\sum_{k=1}^{\infty}(re^{i\theta})^k/k}$$

が与えられる．括弧の中の項は

$$-e^{i\theta} + (1-re^{i\theta})e^{i\theta}\Big(\sum_{k=1}^{\infty}(re^{i\theta})^{k-1}\Big) = -e^{i\theta} + (1-re^{i\theta})e^{i\theta}\frac{1}{1-re^{i\theta}} = 0$$

である．(5) の左辺は定数であることがわかるので，$r=0$ として，求める結果が得られる．

2 番目と 3 番目の性質の証明は補題 1.8 で与えられた実数の場合と同様にしてできる． ∎

これらの結果を用いて，複素数の無限積の収束を保証する十分条件を示すことができる．その証明は現在 $\log_1$ を用いているという点以外は，実数の場合と同様である．

命題 3.2 もし $\sum |a_n|$ が収束し，すべての n に対して $a_n \neq 1$ であれば，

$$\prod_{n=1}^{\infty}\Big(\frac{1}{1-a_n}\Big)$$

は収束する．さらにこの乗積は 0 ではない．

証明 十分大きな n に対しては $|a_n| < 1/2$ であるから，一般性を失うことなく，この不等式がすべての $n \geq 1$ に対して成り立つと仮定することができる．このとき

$$\prod_{n=1}^{N}\Big(\frac{1}{1-a_n}\Big) = \prod_{n=1}^{N} e^{\log_1\left(\frac{1}{1-a_n}\right)} = e^{\sum_{n=1}^{N}\log_1\left(\frac{1}{1-a_n}\right)}.$$

しかし前出の命題から

$$\Big|\log_1\Big(\frac{1}{1-z}\Big)\Big| \leq 2|z|$$

がわかっているから，級数 $\sum |a_n|$ が収束していることよりすぐに，極限

$$\lim_{N\to\infty}\sum_{n=1}^{N}\log_1\Big(\frac{1}{1-a_n}\Big) = A$$

が存在することが示される．指数関数は連続であるから，乗積が e^A に収束し，これは 0 ではないという結論が導かれる． ∎

さて，これで約束したディリクレの積公式

$$\sum_n \frac{\chi(n)}{n^s} = \prod_p \frac{1}{(1-\chi(p)p^{-s})}$$

を証明することができる．記号を簡単にするため，上記の等式の左辺を L で表すことにする．

$$S_N = \sum_{n \le N} \chi(n) n^{-s}, \qquad \Pi_N = \prod_{p \le N} \left(\frac{1}{1 - \chi(p) p^{-s}} \right)$$

と定義する．無限積 $\Pi = \lim_{N \to \infty} \Pi_N = \prod_{p} \left(\frac{1}{1 - \chi(p) p^{-s}} \right)$ は収束する．実際，n 番目の素数を p_n とし，$a_n = \chi(p_n) p_n^{-s}$ とおくと，$s > 1$ に対して $\sum |a_n| < \infty$ である．

また

$$\Pi_{N,M} = \prod_{p \le N} \left(1 + \frac{\chi(p)}{p^s} + \cdots + \frac{\chi(p^M)}{p^{Ms}} \right)$$

と定義する．$\varepsilon > 0$ を固定すると，N を十分大きく選べば，

$$|S_N - L| < \varepsilon, \qquad |\Pi_N - \Pi| < \varepsilon$$

とできる．次に，M を十分大きくとれば，

$$|S_N - \Pi_{N,M}| < \varepsilon, \qquad |\Pi_{N,M} - \Pi_N| < \varepsilon$$

とできるが，1番目の不等式を示すには，算術の基本定理とディリクレ指標が乗法的であることを用いる．2番目の不等式は単に各級数 $\sum_{n=1}^{\infty} \frac{\chi(p^n)}{p^{ns}}$ が収束することによる．

それゆえ，すでに示したことから

$$|L - \Pi| \le |L - S_N| + |S_N - \Pi_{N,M}| + |\Pi_{N,M} - \Pi_N| + |\Pi_N - \Pi| < 4\varepsilon$$

となり，ディリクレの積公式の証明が終わる．

3.2 L-関数

次のステップは L-関数をより詳しく理解することである．s の関数としての (特に $s = 1$ の近くでの) 挙動は χ が自明かそうでないかに影響される．自明の場合，$L(s, \chi_0)$ は簡単ないくつかの因子の違いを除いてちょうどゼータ関数になっている．

命題 3.3 χ_0 を自明なディリクレ指標，すなわち

$$\chi_0(n) = \begin{cases} 1, & n \text{ と } q \text{ は互いに素,} \\ 0, & \text{その他} \end{cases}$$

とし，$q = p_1^{a_1} \cdots p_N^{a_N}$ を q の素因数分解とする．このとき，
$$L(s, \chi_0) = (1-p_1^{-s})(1-p_2^{-s})\cdots(1-p_N^{-s})\zeta(s)$$
である．それゆえ $s \to 1^+$ のとき，$L(s, \chi_0) \to \infty$ である．

証明 この等式はディリクレの積公式とオイラーの積公式を比較すれば，直ちに導かれる．最後の主張は $s \to 1^+$ のときに，$\zeta(s) \to \infty$ となることによる． ∎

これ以外の L-関数，つまり $\chi \neq \chi_0$ の場合の挙動はより複雑である．注目すべき性質は，これらの関数がそもそも定義でき，$s > 0$ で連続となることである．じつはもう少し強い性質をもっている．

命題 3.4 χ が自明でないディリクレ指標であるとき，級数
$$\sum_{n=1}^{\infty} \chi(n)/n^s$$
は $s > 0$ のとき収束する．その和を $L(s, \chi)$ で表す．さらに次のことが成り立つ：
 (i) 関数 $L(s, \chi)$ は $0 < s < \infty$ で連続微分可能である．
 (ii) ある定数 $c, c' > 0$ が存在し，
$$L(s, \chi) = 1 + O(e^{-cs}), \qquad s \to \infty,$$
$$L'(s, \chi) = O(e^{-c's}), \qquad s \to \infty.$$

まず非自明なディリクレ指標がもつ簡約性という性質を引き出しておくが，これは命題で述べられた L-関数の挙動の証明の鍵となっている．

補題 3.5 χ が非自明なディリクレ指標ならば，任意の k に対して
$$\left|\sum_{n=1}^{k} \chi(n)\right| \leq q$$
が成り立つ．

証明 はじめに
$$\sum_{n=1}^{q} \chi(n) = 0$$
であることを示す．S をこの和とし，$a \in \mathbb{Z}^*(q)$ とすると，ディリクレ指標 χ の乗法性より
$$\chi(a)S = \sum \chi(a)\chi(n) = \sum \chi(an) = \sum \chi(n) = S.$$

χ は非自明であるから，$\chi(a) \neq 1$ となる a が存在する．それゆえ $S = 0$ である．さて，$k = aq + b, 0 \leq b < q$ と書くと

$$\sum_{n=1}^{k} \chi(n) = \sum_{n=1}^{aq} \chi(n) + \sum_{aq < n \leq aq+b} \chi(n) = \sum_{aq < n \leq aq+b} \chi(n)$$

が得られ，ここで最後の和は q 項より多くない．$|\chi(n)| \leq 1$ であることに注意すれば証明が完了する． ∎

命題を証明しよう．$s_k = \sum_{n=1}^{k} \chi(n)$ とおき，$s_0 = 0$ とおく．級数

$$\sum_{n=1}^{\infty} \frac{\chi(n)}{n^s}$$

は，$s > \delta > 1$ において絶対かつ一様収束しているから，$s > 1$ に対して $L(s, \chi)$ が定義されることがわかる．さらに，微分した項からなる級数は $s > \delta > 1$ において絶対かつ一様収束するから，$L(s, \chi)$ は $s > 1$ で連続微分可能である．部分和の公式[2] を用いて，この結果を $s > 0$ に拡張する．

$$\sum_{k=1}^{N} \frac{\chi(k)}{k^s} = \sum_{k=1}^{N} \frac{s_k - s_{k-1}}{k^s}$$
$$= \sum_{k=1}^{N-1} s_k \left[\frac{1}{k^s} - \frac{1}{(k+1)^s} \right] + \frac{s_N}{N^s}$$
$$= \sum_{k=1}^{N-1} f_k(s) + \frac{s_N}{N^s},$$

ただし，$f_k(s) = s_k [k^{-s} - (k+1)^{-s}]$ としている．$g(x) = x^{-s}$ とすると $g'(x) = -sx^{-s-1}$ であるから，平均値の定理を $x = k$ と $x = k+1$ の間に適用し，$|s_k| \leq q$ を用いれば，

$$|f_k(s)| \leq qsk^{-s-1}$$

が得られる．したがって，級数 $\sum f_k(s)$ は $s > \delta > 0$ で絶対かつ一様収束する．これで $L(s, \chi)$ が $s > 0$ で連続であることが証明される．さらに連続微分可能性を示すために，項別微分して

$$\sum (\log n) \frac{\chi(n)}{n^s}$$

---

2) 部分和の公式については，第2章の練習7を参照．

を得る．この級数を再び部分和の公式を使って
$$\sum s_k \left[-k^{-s} \log k + (k+1)^{-s} \log(k+1) \right]$$
と表す．関数 $g(x) = x^{-s} \log x$ に平均値の定理を適用すれば，和の中の項が $O(k^{-\delta/2-1})$ であることがわかるので，微分された項の級数が $s > \delta > 0$ で一様収束していることが示せる．ゆえに $L(s, \chi)$ は $s > 0$ で連続微分可能である．

さて，十分大きな s に対して，
$$|L(s,\chi) - 1| \le 2q \sum_{n=2}^{\infty} n^{-s}$$
$$\le 2^{-s} O(1),$$
ここで $c = \log 2$ とおけば，$L(s,\chi) = 1 + O(e^{-cs})$, $s \to \infty$ がわかる．同様の議論により $L'(s,\chi) = O(e^{-c's})$, $s \to \infty$ も示せる．実際は $c' = c$ である．これで命題の証明が完了した．

これまでに示した $L(s,\chi)$ に関する事実により，L-関数の対数を定義する準備が整った．それは対数微分の積分により行われる．言い換えれば，χ が非自明なディリクレ指標で，$s > 1$ であるとき，
$$\log_2 L(s, \chi) = -\int_s^{\infty} \frac{L'(t,\chi)}{L(t,\chi)} \, dt$$
と定義する[3]．$L(t,\chi)$ は乗積により与えられるから (命題 3.2)，$t > 1$ に対しては $L(t,\chi) \ne 0$ であり，先に記した $L(t,\chi)$ と $L'(t,\chi)$ の無限遠での挙動から
$$\frac{L'(t,\chi)}{L(t,\chi)} = O(e^{-ct})$$
となるので，積分は収束する．

次の命題は二つの対数を結びつけるものである．

命題 3.6 $s > 1$ のとき，
$$e^{\log_2 L(s,\chi)} = L(s,\chi).$$
さらに，
$$\log_2 L(s,\chi) = \sum_p \log_1 \Bigl(\frac{1}{1 - \chi(p)/p^s} \Bigr).$$

---
[3] ここでの $\log_2$ の表記を底が 2 の対数と混乱しないように．

証明 $e^{-\log_2 L(s,\chi)} L(s,\chi)$ を s に関して微分すると,

$$-\frac{L'(s,\chi)}{L(s,\chi)} e^{-\log_2 L(s,\chi)} L(s,\chi) + e^{-\log_2 L(s,\chi)} L'(s,\chi) = 0$$

である.ゆえに $e^{-\log_2 L(s,\chi)} L(s,\chi)$ は定数であり,s を無限大に近づければ,その定数は 1 であることがわかる.これにより 1 番目の結論が証明された.

対数の間の等式を示すため,s を固定し,両辺の指数をとる.左辺は $e^{\log_2 L(s,\chi)} = L(s,\chi)$ になり,右辺は命題 3.1 の (i) とディリクレの積公式から

$$e^{\sum_p \log_1\left(\frac{1}{1-\chi(p)/p^s}\right)} = \prod_p e^{\log_1\left(\frac{1}{1-\chi(p)/p^s}\right)} = \prod_p \left(\frac{1}{1-\chi(p)/p^s}\right) = L(s,\chi)$$

となる.それゆえ各 s に対して,ある整数 $M(s)$ が存在し,

$$\log_2 L(s,\chi) - \sum_p \log_1\left(\frac{1}{1-\chi(p)/p^s}\right) = 2\pi i M(s).$$

左辺は s に関して連続であることは容易に証明できるが,これは同時に $M(s)$ が連続関数であることを示している.しかし $M(s)$ は整数値なので,$M(s)$ は定数であることが結論として得られる.s を無限大に近づければ,この定数が 0 であることがわかる. ∎

これまで準備してきたことをまとめれば,先に述べた形式的な議論に厳密な意味を与えることができる.実際,$\log_1$ の性質から

$$\sum_p \log_1\left(\frac{1}{1-\chi(p)/p^s}\right) = \sum_p \frac{\chi(p)}{p^s} + O\left(\sum_p \frac{1}{p^{2s}}\right)$$

$$= \sum_p \frac{\chi(p)}{p^s} + O(1).$$

ここで,もし非自明なディリクレ指標に対して $L(1,\chi) \neq 0$ であれば,$\log_2 L(s,\chi)$ は,その積分表示より,$s \to 1^+$ のとき有界な範囲に留まっている.それゆえ対数の間の等式から $s \to 1^+$ のとき $\sum_p \chi(p) p^{-s}$ が有界であることが示される.これが求める結果であった.したがって,ディリクレの定理の証明を完了するには,χ が非自明のときに,$L(1,\chi) \neq 0$ を示す必要がある.

3.3 L-関数の非零性

ここでは,次の深い結果を証明する:

定理 3.7 $\chi \neq \chi_0$ のとき,$L(1,\chi) \neq 0$ である.

この事実の証明はいろいろあるが，そのいくつかは代数的整数論を使い (それらの中にディリクレのオリジナルな議論がある)，そのほかのものでは複素解析を用いるものもある．本書では，このような特別な予備知識を必要としないより初等的な方法により示す．この証明は χ が複素か実かにより，二つの場合に分けられる．ディリクレ指標が**実**であるとは，実数の値のみをとることであり (すなわち $+1, -1$ あるいは 0 のいずれかの値をとる)，そうでないときを**複素**であるという．言い換えれば，χ が実であるのはすべての整数 n に対して，$\chi(n) = \overline{\chi(n)}$ が成り立つとき，かつそのときに限る．

場合 I：複素ディリクレ指標

これは二つの場合のうちの簡単な方である．証明は背理法によるが，そのため次の二つの補題を用いる．

補題 3.8 $s > 1$ のとき，
$$\prod_\chi L(s, \chi) \geq 1,$$
ここで，乗積はすべてのディリクレ指標にわたってとる．特にこの乗積は実数値である．

証明 すでに $s > 1$ に対しては
$$L(s, \chi) = \exp\Bigl(\sum_p \log_1\Bigl(\frac{1}{1 - \chi(p)p^{-s}}\Bigr)\Bigr)$$
を示した．したがって，
$$\prod_\chi L(s, \chi) = \exp\Bigl(\sum_\chi \sum_p \log_1\Bigl(\frac{1}{1 - \chi(p)p^{-s}}\Bigr)\Bigr)$$
$$= \exp\Bigl(\sum_\chi \sum_p \sum_{k=1}^\infty \frac{1}{k} \frac{\chi(p^k)}{p^{ks}}\Bigr)$$
$$= \exp\Bigl(\sum_p \sum_{k=1}^\infty \sum_\chi \frac{1}{k} \frac{\chi(p^k)}{p^{ks}}\Bigr).$$

($\ell = 0$ の場合の) 補題 2.2 より，$\sum_\chi \chi(p^k) = \varphi(q)\delta_0(p^k)$ であり，下式の指数の中の項は非負であるから，

$$\prod_\chi L(s,\chi) = \exp\Big(\varphi(q)\sum_p \sum_{k=1}^\infty \frac{1}{k}\frac{\delta_0(p^k)}{p^{ks}}\Big) \geq 1.$$

補題 3.9 次の三つの性質が成り立つ：
(i) もし $L(1,\chi)=0$ ならば $L(1,\overline{\chi})=0$ である．
(ii) χ が非自明であり，かつ $L(1,\chi)=0$ ならば
$$|L(s,\chi)| \leq C|s-1|, \qquad 1 \leq s \leq 2.$$
(iii) 自明なディリクレ指標 χ_0 に対して
$$|L(s,\chi_0)| \leq \frac{C}{|s-1|}, \qquad 1 < s \leq 2.$$

証明 $L(1,\overline{\chi}) = \overline{L(1,\chi)}$ であるから，1 番目の主張は明らかである．2 番目の主張は，χ が非自明のとき，$L(s,\chi)$ は $s>0$ において連続微分可能であることから，平均値の定理より導かれる．最後の主張は命題 3.3 より

$$L(s,\chi_0) = (1-p_1^{-s})(1-p_2^{-s})\cdots(1-p_N^{-s})\zeta(s)$$

であり，ζ が同様の評価式 (3) をみたすことから得られる．

さて χ が非自明なディリクレ指標のとき，$L(1,\chi) \neq 0$ であることを証明しよう．もし，$L(1,\chi) = 0$ であるとすると，$L(1,\overline{\chi})=0$ である．$\chi \neq \overline{\chi}$ より，乗積

$$\prod_\chi L(s,\chi)$$

の中に，$s \to 1^+$ としたとき $|s-1|$ のように 0 になる少なくとも二つの項が存在する．一方，自明な指標の項のみが，$s \to 1^+$ のとき増大し，そのオーダーは $O(1/|s-1|)$ よりは悪くないので，問題の乗積は $s \to 1^+$ のときに 0 に収束する．これは補題 3.8 の乗積が ≥ 1 であることに反する．

場合 II：実ディリクレ指標

χ が非自明な実ディリクレ指標のときに $L(1,\chi) \neq 0$ となることの証明は，前出の複素の場合とは非常に異なる．ここで使う方法は双曲線に沿ってとる総和法である．不思議なことにこの方法は，等差数列に関する彼の定理の証明の 12 年後に，ディリクレ自身により導入されたが，それは彼の別の有名な結果を証明する

ためであった.その結果というのは,約数関数の平均の増大度に関するものである.しかしながら,ディリクレはこれら二つの定理の証明を関係づけることはなかった.ここではむしろ,双曲線に沿った総和法の簡単な例として,ディリクレの約数定理をまず証明して,それからその考え方を $L(1,\chi) \neq 0$ の証明に適用する.その準備として,いくつかの単純な和とそれに対応する類似の積分を論ずる.

和 vs. 積分

ここでは和とそれに対応する積分との比較の考え方を用いるが,それはゼータ関数に対する評価式 (3) を示す際に現れたものである.

命題 3.10 N を正の整数とするとき,次のことが成り立つ:

(i) $$\sum_{1 \leq n \leq N} \frac{1}{n} = \int_1^N \frac{dx}{x} + O(1) = \log N + O(1).$$

(ii) より詳細には,オイラー定数と呼ばれるある実数 γ が存在し,
$$\sum_{1 \leq n \leq N} \frac{1}{n} = \log N + \gamma + O(1/N).$$

証明 (ii) で与えられるより精密な評価式の方を証明すれば十分である.
$$\gamma_n = \frac{1}{n} - \int_n^{n+1} \frac{dx}{x}$$
とする.$1/x$ は減少関数であるから,明らかに
$$0 \leq \gamma_n \leq \frac{1}{n} - \frac{1}{n+1} \leq \frac{1}{n^2}$$
であり,したがって級数 $\sum_{n=1}^{\infty} \gamma_n$ は収束する.その極限を γ により表す.さらに $f(x) = 1/x^2$ のとき $\sum f(n)$ を $\int f(x)\,dx$ により評価すれば,
$$\sum_{n=N+1}^{\infty} \gamma_n \leq \sum_{n=N+1}^{\infty} \frac{1}{n^2} \leq \int_N^{\infty} \frac{dx}{x^2} = O(1/N)$$
である.ゆえに
$$\sum_{n=1}^N \frac{1}{n} - \int_1^N \frac{dx}{x} = \gamma - \sum_{n=N+1}^{\infty} \gamma_n + \int_N^{N+1} \frac{dx}{x}$$
となるが,この最後の積分は $N \to \infty$ のときに $O(1/N)$ である. ∎

命題 3.11 N が正の整数であるとき

$$\sum_{1 \leq n \leq N} \frac{1}{n^{1/2}} = \int_1^N \frac{dx}{x^{1/2}} + c' + O(1/N^{1/2})$$
$$= 2N^{1/2} + c + O(1/N^{1/2}).$$

証明は本質的には前述の命題の証明の繰り返しであるが，この証明では

$$\left| \frac{1}{n^{1/2}} - \frac{1}{(n+1)^{1/2}} \right| \leq \frac{C}{n^{3/2}}$$

を用いる．この不等式は $f(x) = x^{-1/2}$ に $x = n$ と $x = n+1$ の間で平均値の定理を適用すれば証明される．

双曲和

F が正の整数の組の上に定義される関数であるとき，次の和を計算する三つの方法がある：

$$S_N = \sum\sum F(m, n),$$

ここで，和は $mn \leq N$ なるすべての整数の組 (m, n) にわたってとる．

次の三つの方法のいずれによっても和 S_N を計算することができる（図 2 を参照）．

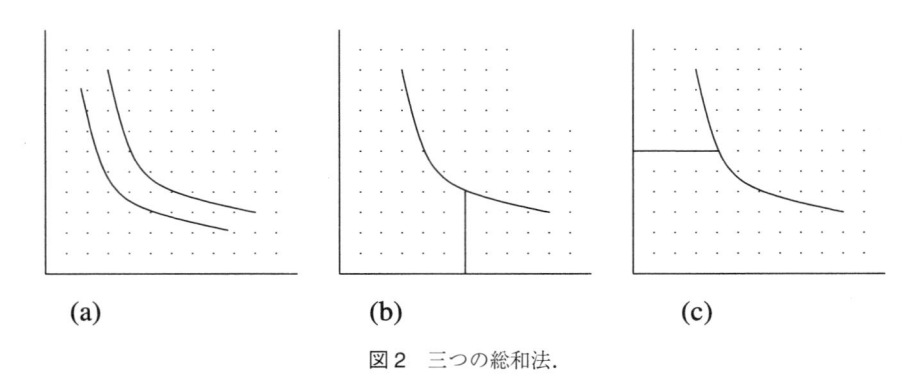

図 2　三つの総和法．

(a) 双曲線に沿った方法：

$$S_N = \sum_{1 \leq k \leq N} \Big(\sum_{mn=k} F(m, n) \Big).$$

(b) 垂直線に沿った方法：

$$S_N = \sum_{1 \le m \le N} \Big(\sum_{1 \le n \le N/m} F(m,n) \Big).$$

(c) 水平線に沿った方法：
$$S_N = \sum_{1 \le n \le N} \Big(\sum_{1 \le m \le N/n} F(m,n) \Big).$$

これら三つの方法で計算した和が同じになるというのは当たり前の事実だが，これから興味深い結果が得られるということは注目に値する．まずはこの和のとり方の変更というアイデアを約数の問題に応用してみよう．

間奏曲：約数問題

正の整数 k に対して，$d(k)$ を k の正の約数の個数とする．たとえば，

k	1	2	3	4	5	6	7	8	9	10	11	12	13	14	15	16	17
$d(k)$	1	2	2	3	2	4	2	4	3	4	2	6	2	4	4	5	2

$d(k)$ の k を無限大に近づけていくときの挙動はかなり不規則である．事実，$d(k)$ を k に関する単純な解析的な数式で近似することが可能であるようには見えない．そこで，その平均のサイズを調べることは自然なことである．言い換えれば，$N \to \infty$ のときに

$$\frac{1}{N} \sum_{k=1}^{N} d(k)$$

がどのように振舞うかは，問題にしうるものである．その答えはディリクレによって双曲和を使って与えられた．確かに

$$d(k) = \sum_{nm=k,\, 1 \le n,m} 1$$

となっていることはわかる．

定理 3.12 k が正の整数であるとき，
$$\frac{1}{N} \sum_{k=1}^{N} d(k) = \log N + O(1).$$

より詳細には
$$\frac{1}{N} \sum_{k=1}^{N} d(k) = \log N + (2\gamma - 1) + O(1/N^{1/2}),$$

ただし，γ はオイラー定数である．

証明 $S_N = \sum_{k=1}^{N} d(k)$ とする．$F=1$ の双曲線に沿った和が S_N になっていることはすでに示した．これを垂直線に沿った和で考えると，

$$S_N = \sum_{1 \leq m \leq N} \sum_{1 \leq n \leq N/m} 1$$

を得る．しかし $\sum_{1 \leq n \leq N/m} 1 = [N/m] = N/m + O(1)$ である．ただし $[x]$ は $\leq x$ なる最大の整数を表す．したがって

$$S_N = \sum_{1 \leq m \leq N} (N/m + O(1)) = N \Big(\sum_{1 \leq m \leq N} 1/m \Big) + O(N).$$

ゆえに命題 3.10 (i) より

$$\frac{S_N}{N} = \log N + O(1)$$

となり，最初の結論が得られる．

より精密な評価式は次のように示す．図3のような三つの領域 I, II, III を考える．これらは次のように定義される．

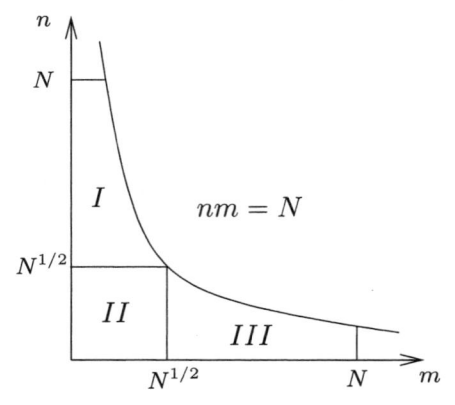

図3 三つの領域 I, II, III．

$$I = \{1 \leq m < N^{1/2},\ N^{1/2} < n \leq N/m\},$$
$$II = \{1 \leq m < N^{1/2},\ 1 \leq n \leq N^{1/2}\},$$
$$III = \{N^{1/2} < m \leq N/n,\ 1 \leq n < N^{1/2}\}.$$

S_I, S_{II}, S_{III} がそれぞれ領域 I, II, III にわたってとった和を表すならば，

$S_I = S_{III}$ より
$$S_N = S_I + S_{II} + S_{III}$$
$$= 2(S_I + S_{II}) - S_{II}$$
である．そこで垂直線に沿った和をとって，命題 3.10 の (ii) を用いれば次が得られる．
$$S_I + S_{II} = \sum_{1 \leq m \leq N^{1/2}} \Bigl(\sum_{1 \leq n \leq N/m} 1 \Bigr)$$
$$= \sum_{1 \leq m \leq N^{1/2}} [N/m]$$
$$= \sum_{1 \leq m \leq N^{1/2}} (N/m + O(1))$$
$$= N \Bigl(\sum_{1 \leq m \leq N^{1/2}} 1/m \Bigr) + O(N^{1/2})$$
$$= N \log N^{1/2} + N\gamma + O(N^{1/2}).$$
最後に S_{II} は四角形に対応しており，
$$S_{II} = \sum_{1 \leq m \leq N^{1/2}} \sum_{1 \leq n \leq N^{1/2}} 1 = [N^{1/2}]^2 = N + O(N^{1/2}).$$
これらの評価式を併せて，さらに N で割れば，定理における精密な方の主張が導かれる． ∎

L-関数の非零性

われわれにとって，双曲線に沿った総和法の本質的な応用は，非自明な実ディリクレ指標 χ に対して $L(1, \chi) \neq 0$ となることを証明することである．これはこの節の重要なポイントになっている．

与えられた非自明な実ディリクレ指標 χ に対して，
$$F(m, n) = \frac{\chi(n)}{(nm)^{1/2}}$$
とし，
$$S_N = \sum \sum F(m, n)$$
と定義する．ただし，ここで和は $nm \leq N$ をみたす整数 $m, n \geq 1$ 全体にわたってとるものとする．

命題 3.13 次のことが成り立つ．

(i) ある定数 $c > 0$ に対して $S_N \geq c \log N$ である．
(ii) $S_N = 2N^{1/2} L(1, \chi) + O(1)$.

この命題を証明すれば十分である．なぜなら，もし $L(1, \chi) = 0$ であると仮定するとただちに矛盾が生じるからである．

まず双曲線に沿った和をとる．そのため

$$\sum_{nm=k} \frac{\chi(n)}{(nm)^{1/2}} = \frac{1}{k^{1/2}} \sum_{n|k} \chi(n)$$

であることに注意してほしい．(i) を証明するには次の補題を示せば十分である．

補題 3.14

$$\sum_{n|k} \chi(n) \geq \begin{cases} 0, & \text{すべての } k, \\ 1, & k = \ell^2, \ell \in \mathbb{Z}. \end{cases}$$

この補題から，

$$S_N \geq \sum_{k=\ell^2, \ell \leq N^{1/2}} \frac{1}{k^{1/2}} \geq c \log N$$

が得られるが，ここで最後の不等式は命題 3.10 の (i) から導かれる．

この補題の証明は単純である．k が素数のベキであるとき，たとえば $k = p^a$ の場合，k の約数は $1, p, p^2, \cdots, p^a$ であり，

$$\sum_{n|k} \chi(n) = \chi(1) + \chi(p) + \chi(p^2) + \cdots + \chi(p^a)$$
$$= 1 + \chi(p) + \chi(p)^2 + \cdots + \chi(p)^a.$$

したがって，この和は

$$\begin{cases} a+1, & \chi(p) = 1, \\ 1, & \chi(p) = -1 \text{ かつ } a \text{ が偶数}, \\ 0, & \chi(p) = -1 \text{ かつ } a \text{ が奇数}, \\ 1, & \chi(p) = 0, \text{ すなわち } p|q \end{cases}$$

と等しい．一般に $k = p_1^{a_1} \cdots p_N^{a_N}$ の場合，k の約数は $p_1^{b_1} \cdots p_N^{b_N}, 0 \leq b_j \leq a_j$ の形をしている．したがって，χ の乗法性から

$$\sum_{n|k} \chi(n) = \prod_{j=1}^{N} \left(\chi(1) + \chi(p_j) + \chi(p_j^2) + \cdots + \chi(p_j^{a_j}) \right)$$

が与えられ，証明が完了する．

命題における2番目の主張を示すため，

$$S_N = S_I + (S_{II} + S_{III})$$

と書いておく．ここで S_I, S_{II}, S_{III} は先に定義したものである（図3も参照）． S_I の方は垂直線に沿った和をとることにより評価し，そして $S_{II} + S_{III}$ は水平線に沿った和をとることにより評価する．この評価を実行するのに，次の簡潔な結果が必要になる．

補題 3.15 すべての整数 $0 < a < b$ に対して

(i) $\displaystyle\sum_{n=a}^{b} \frac{\chi(n)}{n^{1/2}} = O(a^{-1/2})$,

(ii) $\displaystyle\sum_{n=a}^{b} \frac{\chi(n)}{n} = O(a^{-1})$.

証明 以下の議論は命題 3.4 の証明と同様のもので，部分和の公式を用いる．$s_n = \sum_{1 \leq k \leq n} \chi(k)$ とすると，すべての n に対して $|s_n| \leq q$ であることを思い出してほしい．このとき，

$$\sum_{n=a}^{b} \frac{\chi(n)}{n^{1/2}} = \sum_{n=a}^{b-1} s_n \left[n^{-1/2} - (n+1)^{-1/2} \right] + O(a^{-1/2})$$
$$= O\left(\sum_{n=a}^{\infty} n^{-3/2} \right) + O(a^{-1/2}).$$

和 $\sum_{n=a}^{\infty} n^{-3/2}$ と $f(x) = x^{-3/2}$ の積分を比較して，前の項も $O(a^{-1/2})$ であることがわかる．

同様の議論で (ii) も証明できる． ∎

これで命題の証明を完了させることができる．垂直線に沿った和をとって

$$S_I = \sum_{m < N^{1/2}} \frac{1}{m^{1/2}} \Big(\sum_{N^{1/2} < n \leq N/m} \chi(n)/n^{1/2} \Big).$$

補題と命題 3.11 から $S_I = O(1)$ が示される．最後に水平線に沿った和をとって

次を得る．
$$S_{II} + S_{III} = \sum_{1 \le n \le N^{1/2}} \frac{\chi(n)}{n^{1/2}} \Big(\sum_{m \le N/n} 1/m^{1/2} \Big)$$
$$= \sum_{1 \le n \le N^{1/2}} \frac{\chi(n)}{n^{1/2}} \Big\{ 2(N/n)^{1/2} + c + O((n/N)^{1/2}) \Big\}$$
$$= 2N^{1/2} \sum_{1 \le n \le N^{1/2}} \frac{\chi(n)}{n} + c \sum_{1 \le n \le N^{1/2}} \frac{\chi(n)}{n^{1/2}}$$
$$+ O\Big(\frac{1}{N^{1/2}} \sum_{1 \le n \le N^{1/2}} 1 \Big)$$
$$= A + B + C.$$

$L(s, \chi)$ の定義と補題から
$$A = 2N^{1/2} L(1, \chi) + O(N^{1/2} N^{-1/2}).$$

さらに補題の (i) から $B = O(1)$，また明らかに $C = O(1)$ である．ゆえに $S_N = 2N^{1/2} L(1, \chi) + O(1)$ であり，これは命題 3.13 の (ii) の部分である．

これで $L(1, \chi) \ne 0$ の証明が終わり，よってディリクレの定理の証明が完了した．

4. 練習

1. 素数が無限個存在することを，もしも有限個の素数 $p_1, \cdots, p_N$ のみ存在すると仮定すれば
$$\prod_{j=1}^{N} \frac{1}{1 - 1/p_j} \ge \sum_{n=1}^{\infty} \frac{1}{n}$$
が成り立つことを示して証明せよ．

2. 本文ではユークリッドの互除法を修正して $4k+3$ の形の素数が無限個存在することを示した．この手法を適用して，$3k+2$ の形の素数，それから $6k+5$ の形の素数について同様の結果を証明せよ．

3. p と q が互いに素であるとき，$\mathbb{Z}^*(p) \times \mathbb{Z}^*(q)$ は $\mathbb{Z}^*(pq)$ と同形であることを証明せよ．

4. $\varphi(n)$ を $\leq n$ なる正の整数のうち，n と互いに素であるものの個数を表すものとする．前出の練習を用いて，もし m と n が互いに素であるとき，
$$\varphi(nm) = \varphi(n)\,\varphi(m)$$
を示せ．オイラーのファイ関数に関する次の問いに答えよ．
  (a) p が素数であるとき，$\mathbb{Z}^*(p)$ の元の個数を数えることにより，$\varphi(p)$ を計算せよ．
  (b) p が素数で $k \geq 1$ のとき，$\mathbb{Z}^*(p^k)$ の元の個数を数えることにより，$\varphi(p^k)$ に対する公式を与えよ．
  (c) p_i が n を割り切る素数であるとき，
$$\varphi(n) = n \prod_i \left(1 - \frac{1}{p_i}\right)$$
を示せ．

5. n が正の整数であるとき
$$n = \sum_{d\mid n} \varphi(d)$$
を示せ．ここで φ はオイラーのファイ関数である．
[ヒント：$1 \leq m \leq n$, $\gcd(m,n) = d$ をみたす整数は $\varphi(n/d)$ 個存在する．]

6. 群 $\mathbb{Z}^*(3), \mathbb{Z}^*(4), \mathbb{Z}^*(5), \mathbb{Z}^*(6), \mathbb{Z}^*(8)$ の指標を書き下せ．
  (a) その指標のうちどれが実でどれが複素か？
  (b) また，どれが偶でどれが奇か？（指標が $\chi(-1) = 1$ のとき偶であり，そうでないときが奇である．）

7. $|z| < 1$ に対して
$$\log_1\left(\frac{1}{1-z}\right) = \sum_{k \geq 1} \frac{z^k}{k}$$
となることを想起せよ．
$$e^{\log_1\left(\frac{1}{1-z}\right)} = \frac{1}{1-z}$$
が成り立つことはすでに述べた．
  (a) $w = 1/(1-z)$ のとき，$|z| < 1$ であるのは $\mathrm{Re}(w) > 1/2$ のとき，かつそのときに限ることを示せ．
  (b) $\mathrm{Re}(w) > 1/2$ であり $w = \rho e^{i\varphi}$, $\rho > 0$, $|\varphi| < \pi$ のとき
$$\log_1 w = \log \rho + i\varphi$$

を示せ．

[ヒント：$e^\zeta = w$ に対し ζ の実部は一意的に決まり，虚部は 2π を法として一意的に決まる．]

8. ζ を $s > 1$ に対して定義されたゼータ関数とする．
(a) $\zeta(s)$ と $\displaystyle\int_1^\infty x^{-s} dx$ を比較して，
$$\zeta(s) = \frac{1}{s-1} + O(1), \quad s \to 1^+$$
を示せ．
(b) それを用いて
$$\sum_p \frac{1}{p^s} = \log\left(\frac{1}{s-1}\right) + O(1), \quad s \to 1^+$$
を示せ．

9. χ_0 を q を法とする自明なディリクレ指標とし，$p_1, \cdots, p_k$ を q の異なる素因数とする．$L(s, \chi_0) = (1 - p_1^{-s}) \cdots (1 - p_k^{-s}) \zeta(s)$ であることを証明した．これより
$$L(s, \chi_0) = \frac{\varphi(q)}{q} \frac{1}{s-1} + O(1), \quad s \to 1^+$$
を示せ．

[ヒント：練習 8 の ζ に関する漸近公式を用いよ．]

10. ℓ が q と互いに素であるとき
$$\sum_{p \equiv \ell} \frac{1}{p^s} = \frac{1}{\varphi(q)} \log\left(\frac{1}{s-1}\right) + O(1), \quad s \to 1^+$$
を示せ．これはディリクレの定理の定量的な変形である．

[ヒント：(4) を参照せよ．]

11. $\mathbb{Z}^*(3), \mathbb{Z}^*(4), \mathbb{Z}^*(5), \mathbb{Z}^*(6)$ の指標を用いて，$q = 3, 4, 5, 6$ の場合に，q を法とするすべての非自明なディリクレ指標に対して $L(1, \chi) \neq 0$ であることを直接証明せよ．

[ヒント：それぞれの場合について適切な交代級数を考えよ．]

12. χ を実でありかつ非自明であるとする．$L(1, \chi) \neq 0$ であるという定理は認めて，直接 $L(1, \chi) > 0$ となることを示せ．

[ヒント：$L(s, \chi)$ に対する積公式を用いよ．]

13. $\{a_n\}_{n=-\infty}^\infty$ を複素数列で $n = m \mod q$ に対して $a_n = a_m$ であるとする．このとき級数

$$\sum_{n=1}^{\infty} \frac{a_n}{n}$$

が収束するのは $\sum_{n=1}^{q} a_n = 0$ のとき，かつそのときに限ることを示せ．
[ヒント：部分和の公式．]

14. 級数
$$F(\theta) = \sum_{|n| \neq 0} \frac{e^{in\theta}}{n}, \qquad |\theta| < \pi$$

が各点収束することを示せ．また $\mathbb{R}$ 上の関数 F を，$F(0) = 0$,
$$F(\theta) = \begin{cases} i(-\pi - \theta), & -\pi \leq \theta < 0, \\ i(\pi - \theta), & 0 < \theta \leq \pi \end{cases}$$

により $[-\pi, \pi]$ 上で定義し，さらにこれを (周期 2π で) 周期的に $\mathbb{R}$ 上に拡張することにより定義する．上記の級数がこのように定義された関数 F のフーリエ級数であることを示せ (第 2 章の練習 8 を見よ)．

$\theta \neq 0 \mod 2\pi$ のとき級数
$$E(\theta) = \sum_{n=1}^{\infty} \frac{e^{in\theta}}{n}$$

は収束し，
$$E(\theta) = \frac{1}{2} \log\left(\frac{1}{2 - 2\cos\theta}\right) + \frac{i}{2} F(\theta)$$

となることを示せ．

15. $\{a_n\}_{n=-\infty}^{\infty}$ を，$n = m \mod q$ のとき $a_n = a_m$ であり，$\sum_{n=1}^{q} a_n = 0$ をみたすものとする．このとき級数 $\sum_{n=1}^{\infty} a_n/n$ の和を考えるため，次の問いに答えよ．

(a)
$$A(m) = \sum_{n=1}^{q} a_n \zeta^{-mn}, \qquad \zeta = e^{2\pi i/q}$$

と定義する．$A(q) = 0$ であることに注意する．前出の練習の記号を用いる．
$$\sum_{n=1}^{\infty} \frac{a_n}{n} = \frac{1}{q} \sum_{m=1}^{q-1} A(m) E(2\pi m/q)$$

を証明せよ．
[ヒント：$\mathbb{Z}(q)$ 上のフーリエ反転公式を用いよ．]

(b) $\{a_m\}$ が奇 (すなわち $a_{-m} = -a_m, m \in \mathbb{Z}$) であるとき，$a_0 = a_q = 0$ であることを示せ．さらに

$$A(m) = \sum_{1 \leq n < q/2} a_n(\zeta^{-mn} - \zeta^{mn})$$

を示せ.

(c) $\{a_m\}$ が奇であるとき,

$$\sum_{n=1}^{\infty} \frac{a_n}{n} = \frac{1}{2q} \sum_{m=1}^{q-1} A(m) F(2\pi m/q)$$

を示せ.

[ヒント: $\widetilde{A}(m) = \sum_{n=1}^{q} a_n \zeta^{mn}$ とし,フーリエ反転公式を適用せよ.]

16. 前出の練習を用いて

$$\frac{\pi}{3\sqrt{3}} = 1 - \frac{1}{2} + \frac{1}{4} - \frac{1}{5} + \frac{1}{7} - \frac{1}{8} + \cdots$$

を示せ.これは 3 を法とする非自明な (奇) ディリクレ指標に対する $L(1, \chi)$ である.

5. 問題

1.* ここに挙げるのは練習 15 における方法により和が計算できるそのほかの級数である.

(a) 6 を法とする非自明なディリクレ指標に対して $L(1, \chi)$ は次に等しい.

$$\frac{\pi}{2\sqrt{3}} = 1 - \frac{1}{5} + \frac{1}{7} - \frac{1}{11} + \frac{1}{13} - \cdots.$$

(b) 8 を法とするある奇ディリクレ指標 χ に対して,$L(1, \chi)$ は次に等しい.

$$\frac{\pi}{2\sqrt{2}} = 1 + \frac{1}{3} - \frac{1}{5} - \frac{1}{7} + \frac{1}{9} + \frac{1}{11} \cdots.$$

(c) 7 を法とするある奇ディリクレ指標 χ に対して,$L(1, \chi)$ は次に等しい.

$$\frac{\pi}{\sqrt{7}} = 1 + \frac{1}{2} - \frac{1}{3} + \frac{1}{4} - \frac{1}{5} - \frac{1}{6} \cdots.$$

(d) 8 を法とするある偶ディリクレ指標 χ に対して,$L(1, \chi)$ は次に等しい.

$$\frac{\log(1 + \sqrt{2})}{\sqrt{2}} = 1 - \frac{1}{3} - \frac{1}{5} + \frac{1}{7} + \frac{1}{9} - \frac{1}{11} \cdots.$$

(e) 5 を法とするある偶ディリクレ指標 χ に対して,$L(1, \chi)$ は次に等しい.

$$\frac{2}{\sqrt{5}} \log\left(\frac{1 + \sqrt{5}}{2}\right) = 1 - \frac{1}{2} - \frac{1}{3} + \frac{1}{4} + \frac{1}{6} - \frac{1}{7} - \frac{1}{8} + \frac{1}{9} + \frac{1}{11} \cdots.$$

2. $d(k)$ を k の正の因数の個数とする.

(a) $k = p_1^{a_1} \cdots p_n^{a_n}$ を k の素因数分解とするとき

$$d(k) = (a_1+1)\cdots(a_n+1)$$

を示せ. 定理 3.12 は $d(k)$ の「平均」のオーダーが $\log k$ であることを示しているが, (a) をもとにして次のことを証明せよ.

(b) 無限個の k に対して, $d(k) = 2$.

(c) 任意の正の整数 N に対して, ある定数 $c > 0$ が存在し, 無限個の k に対して $d(k) \geq c(\log k)^N$ をみたす. [ヒント: $p_1, \cdots, p_N$ を N 個の異なる素数とし, $(p_1 p_2 \cdots p_N)^m$, $m = 1, 2, \cdots$ の形の k を考えよ.]

3. p が q と互いに素であれば

$$\prod_\chi \left(1 - \frac{\chi(p)}{p^s}\right) = \left(\frac{1}{1-p^{fs}}\right)^g$$

となることを示せ. ここで, $g = \varphi(q)/f$ であり, f は $\mathbb{Z}^*(q)$ における p の位数 (すなわち, $p^n \equiv 1 \mod q$ をみたす最小の n) である. なお乗積は q を法とするすべてのディリクレ指標にわたってとるものとする.

4. 前出の問題を用いて次を証明せよ.

$$\prod_\chi L(s, \chi) = \sum_{n \geq 1} \frac{a_n}{n^s}.$$

ここで, $a_n \geq 0$ であり, 乗積は q を法とするすべてのディリクレ指標にわたってとる.

付録：積分

この付録では，1変数関数のリーマン積分の定義と主要な性質，そして，多変数のある種の連続関数の積分を，手短かにおさらいする．この本の読者は，こういった題材にいくぶん慣れ親しんでいると思うので，解説は簡潔にした．

第1節では，$\mathbb{R}$ の有界閉区間上のリーマン積分について論じる．積分についての標準的な結果を述べたあと，零集合という概念に立ち入り，関数が可積分であるための必要十分条件を，不連続点を用いて記述したい．

第2節では，重積分と累次積分について概観する．第3節では，無限遠点に向けて十分な速さで0に近づく関数をとりあげ，それの $\mathbb{R}^d$ 全体での広義積分を考える．

1. リーマン積分

f を $\mathbb{R}$ の閉区間 $[a, b]$ 上の実数値有界関数とする．$[a,b]$ の**分割** P とは，

$$a = x_0 < x_1 < \cdots < x_{N-1} < x_N = b$$

をみたす有限個の分点 $x_0, x_1, \cdots, x_N$ のことである．このような分割 P に対して，各部分区間 $[x_{j-1}, x_j]$ を I_j と表し，その長さを $|I_j|$ と書く．つまり，$|I_j| = x_j - x_{j-1}$ である．そして，分割 P に関する f の過剰和 $\mathcal{U}(P, f)$ と不足和 $\mathcal{L}(P, f)$ を，

$$\mathcal{U}(P, f) = \sum_{j=1}^N [\sup_{x \in I_j} f(x)] |I_j|, \qquad \mathcal{L}(P, f) = \sum_{j=1}^N [\inf_{x \in I_j} f(x)] |I_j|$$

と定める．ここで，f は有界と仮定していたから，$\sup_{x \in I_j} f(x)$, $\inf_{x \in I_j} f(x)$ の値は存在する．また明らかに $\mathcal{U}(P, f) \geq \mathcal{L}(P, f)$ である．いま，任意の $\varepsilon > 0$ に対して

$$\mathcal{U}(P, f) - \mathcal{L}(P, f) < \varepsilon$$

をみたす $[a, b]$ の分割 P が存在するとき，f は $[a, b]$ 上で**リーマン可積分**，あるいは簡単に**可積分**であるという．つぎに，f の積分値を定めるのだが，そのためにはもう少し考察が必要である．$[a, b]$ の分割 P' が分割 P の**細分**であるとは，P' が P にいくつかの点を加えたものになっていることである．一度に 1 点ずつ加えることを考えれば，

$$\mathcal{U}(P', f) \leq \mathcal{U}(P, f), \qquad \mathcal{L}(P', f) \geq \mathcal{L}(P, f)$$

となることが簡単にわかるだろう．これより，$[a, b]$ の任意の二つの分割 P_1, P_2 に対して，

$$\mathcal{U}(P_1, f) \geq \mathcal{L}(P_2, f)$$

となる．なぜなら，P_1 と P_2 の共通の細分 P' をつくると，

$$\mathcal{U}(P_1, f) \geq \mathcal{U}(P', f) \geq \mathcal{L}(P', f) \geq \mathcal{L}(P_2, f)$$

となるからである．さて，f は有界であったから，次の二つの値 U, L が定まる．

$$U = \inf_P \mathcal{U}(P, f), \qquad L = \sup_P \mathcal{L}(P, f).$$

ここで，$\inf_P$ と $\sup_P$ は，$[a, b]$ のすべての分割 P に関する下限と上限を意味する．この U, L については，上の考察から $U \geq L$ となる．とくに，f が可積分なときは，$U = L$ となるので，その共通の値を $\int_a^b f(x)\, dx$ と書く．

f が $[a, b]$ 上の複素数値有界関数の場合は，$f = u + iv$ の実部 u と虚部 v がともに可積分なとき，f は可積分であるといい，

$$\int_a^b f(x)\, dx = \int_a^b u(x)\, dx + i \int_a^b v(x)\, dx$$

と定める．

たとえば，定数関数は可積分で，$c \in \mathbb{C}$ のとき，明らかに $\int_a^b c\, dx = c(b-a)$ である．また，連続関数も可積分である．実際，有界閉区間 $[a, b]$ 上の連続関数 f は $[a, b]$ 上で一様連続，つまり，任意の $\varepsilon > 0$ に対して，$\delta > 0$ が存在して，$x, y \in [a, b], |x - y| < \delta$ のとき $|f(x) - f(y)| < \varepsilon$ となる．そこで，$(b-a)/n < \delta$ となるように自然数 n をとり，$[a, b]$ の分割 P を

$$a,\ a + \frac{b-a}{n},\ \cdots,\ a + k\frac{b-a}{n},\ \cdots,\ a + (n-1)\frac{b-a}{n},\ b$$

ときめると，$\mathcal{U}(P, f) - \mathcal{L}(P, f) < \varepsilon(b-a)$ がいえる．

1.1 積分の基本性質

命題 1.1 f, g を $[a, b]$ 上の可積分関数とする．すると，
(i) $f + g$ も可積分で，$\int_a^b (f(x) + g(x))\,dx = \int_a^b f(x)\,dx + \int_a^b g(x)\,dx$.
(ii) $c \in \mathbb{C}$ のとき，cf も可積分で，$\int_a^b cf(x)\,dx = c\int_a^b f(x)\,dx$.
(iii) f, g が実数値で，$f(x) \leq g(x)$ のとき，$\int_a^b f(x)\,dx \leq \int_a^b g(x)\,dx$.
(iv) $c \in [a, b]$ のとき，$\int_a^b f(x)\,dx = \int_a^c f(x)\,dx + \int_c^b f(x)\,dx$.

証明 (i) f と g が実数値の場合を証明すればよい．まず，$[a, b]$ の分割 P に対して，
$$\mathcal{U}(P, f+g) \leq \mathcal{U}(P, f) + \mathcal{U}(P, g), \quad \mathcal{L}(P, f+g) \geq \mathcal{L}(P, f) + \mathcal{L}(P, g)$$
である．そこで，任意の $\varepsilon > 0$ に対して，$\mathcal{U}(P_1, f) - \mathcal{L}(P_1, f) < \varepsilon$ と $\mathcal{U}(P_2, g) - \mathcal{L}(P_2, g) < \varepsilon$ をみたす $[a, b]$ の分割 P_1, P_2 を選び，P_1 と P_2 の共通の細分 P_0 をつくると，
$$\mathcal{U}(P_0, f+g) - \mathcal{L}(P_0, f+g) < 2\varepsilon$$
となる．ゆえに，$f+g$ は可積分である．そこで，$I = \inf_P \mathcal{U}(P, f+g) = \sup_P \mathcal{L}(P, f+g)$ とおく．すると，
$$I \leq \mathcal{U}(P_0, f+g) + 2\varepsilon \leq \mathcal{U}(P_0, f) + \mathcal{U}(P_0, g) + 2\varepsilon$$
$$\leq \int_a^b f(x)\,dx + \int_a^b g(x)\,dx + 4\varepsilon$$
となる．同様に，$I \geq \int_a^b f(x)\,dx + \int_a^b g(x)\,dx - 4\varepsilon$ がいえる．これらの式から，$\int_a^b (f(x) + g(x))\,dx = \int_a^b f(x)\,dx + \int_a^b g(x)\,dx$ を得る．

(ii), (iii) も同じく簡単に証明できる．(iv) を示すには，$[a, b]$ の分割に点 c を加えて細分をつくることを考えればよい． ∎

次に示したい大切なことは，f と g が可積分なら，積 fg も可積分になることである．

補題 1.2 f が $[a, b]$ 上の実数値可積分関数で，φ が $\mathbb{R}$ 上の実数値連続関数のとき，$\varphi \circ f$ も $[a, b]$ 上で可積分になる．

証明 $\varepsilon > 0$ を任意にとる．f は有界だから，$|f| \leq M$ となる定数 M がある．また，φ は閉区間 $[-M, M]$ 上で一様連続になるから，$\delta > 0$ をうまく選べば，$s, t \in [-M, M]$，$|s - t| < \delta$ のとき $|\varphi(s) - \varphi(t)| < \varepsilon$ となる．そこで，$\mathcal{U}(P, f) - \mathcal{L}(P, f) < \delta^2$ をみたす $[a, b]$ の分割 $P = \{x_0, x_1, \cdots, x_N\}$ を選ぶ．そして，$I_j = [x_{j-1}, x_j]$ $(j = 1, \cdots, N)$ とおき，添え字の集合 $\{1, \cdots, N\}$ を，次のようにして二つの集合 Λ と Λ' に分ける．$\sup_{x \in I_j} f(x) - \inf_{x \in I_j} f(x) < \delta$ のとき $j \in \Lambda$ とし，そうでないとき $j \in \Lambda'$ とする．$j \in \Lambda$ の場合，Λ の定義と δ の選び方から，

$$\sup_{x \in I_j} \varphi \circ f(x) - \inf_{x \in I_j} \varphi \circ f(x) < \varepsilon$$

となる．一方 $j \in \Lambda'$ の場合は，

$$\delta \sum_{j \in \Lambda'} |I_j| \leq \sum_{j \in \Lambda'} [\sup_{x \in I_j} f(x) - \inf_{x \in I_j} f(x)] |I_j| < \delta^2$$

となるから，$\sum_{j \in \Lambda'} |I_j| < \delta$ である．したがって，$|\varphi(t)| \leq \mathcal{B}$ $(t \in [-M, M])$ となる定数 $\mathcal{B}$ をとると，

$$\mathcal{U}(P, \varphi \circ f) - \mathcal{L}(P, \varphi \circ f) < \varepsilon(b - a) + 2\mathcal{B}\delta$$

となる．よって，δ をはじめから $\delta < \varepsilon$ となるように選んでおくと，上式から $\varphi \circ f$ が可積分であることがわかる． ∎

補題において $\varphi(t) = t^2$ とすると，f が可積分なとき，f^2 も可積分になる．このことと，等式 $fg = \frac{1}{4}([f+g]^2 - [f-g]^2)$ から，次のことがわかる．

- f と g が $[a, b]$ 上で可積分なら，積 fg も $[a, b]$ 上で可積分である．

今度は，補題において $\varphi(t) = |t|$ とすると，次の主張の前半がわかる．

- f が $[a, b]$ 上で可積分なら，$|f|$ も $[a, b]$ 上で可積分で，$\left| \int_a^b f(x)\, dx \right| \leq \int_a^b |f(x)|\, dx$ が成り立つ．

後半の不等式は命題 1.1 の (iii) からみちびける．

続いて，可積分性を導く命題を二つ記しておこう．

命題 1.3 有界閉区間 $[a, b]$ 上の有界単調関数 f は可積分である．

証明 $a = 0, b = 1$ とし，f は $[0, 1]$ 上で単調増加であると仮定しても，一般性を失わない．各自然数 N に対して，$[0, 1]$ の分割 $P_N = \{x_0, x_1, \cdots, x_N\}$ を，N 等分点として，$x_j = j/N$ $(j = 0, 1, \cdots, N)$ と定める．そして，$\alpha_j = f(x_j)$ とおくと，

$$\mathcal{U}(P_N, f) = \frac{1}{N} \sum_{j=1}^{N} \alpha_j, \qquad \mathcal{L}(P_N, f) = \frac{1}{N} \sum_{j=1}^{N} \alpha_{j-1}$$

である．そこで，$|f(x)| \leq B$ $(x \in [0, 1])$ となる定数 B をとると，

$$\mathcal{U}(P_N, f) - \mathcal{L}(P_N, f) = \frac{\alpha_N - \alpha_0}{N} \leq \frac{2B}{N}$$

となり，命題が示せた． ∎

命題 1.4 f を有界閉区間 $[a, b]$ 上の有界関数とする．また $c \in (a, b)$ とする．どんな $\delta > 0$ に対しても，二つの閉区間 $[a, c - \delta]$, $[c + \delta, b]$ 上で f が可積分ならば，f は $[a, b]$ 上で可積分である．

証明 $|f| \leq M$ とする．任意の $\varepsilon > 0$ に対して，$\delta > 0$ を，$4\delta M < \varepsilon/3$ となるように選ぶ．また，$\mathcal{U}(P_1, f) - \mathcal{L}(P_1, f) < \varepsilon/3$ をみたす $[a, c - \delta]$ の分割 P_1 と，$\mathcal{U}(P_2, f) - \mathcal{L}(P_2, f) < \varepsilon/3$ をみたす $[c + \delta, b]$ の分割 P_2 をとる．いま，$[a, b]$ の分割 P を $P = P_1 \cup \{c - \delta\} \cup \{c + \delta\} \cup P_2$ と定めると，$\mathcal{U}(P, f) - \mathcal{L}(P, f) < \varepsilon$ となることが簡単にわかる． ∎

1.1 節のしめくくりに，有用な近似定理を示しておこう．まず，単位円周上の関数が，$\mathbb{R}$ 上の周期 2π の関数と同一視できることを喚起しておく．

補題 1.5 f を単位円周上の可積分関数とし，$|f(x)| \leq B$ $(x \in [-\pi, \pi])$ とする．このとき，次の 2 条件をみたす単位円周上の連続関数の列 $\{f_k\}_{k=1}^{\infty}$ が存在する．

$$\sup_{x \in [-\pi, \pi]} |f_k(x)| \leq B, \qquad k = 1, 2, \cdots,$$

$$\int_{-\pi}^{\pi} |f(x) - f_k(x)| \, dx \to 0, \qquad k \to \infty.$$

証明 f が実数値の場合の証明をする (複素数値の場合は,実部と虚部に分けて以下の論法を使えばよい). 任意に $\varepsilon > 0$ をとり,f の過剰和と不足和の差が ε より小さくなるように,$[-\pi, \pi]$ の分割 $-\pi = x_0 < x_1 < \cdots < x_N = \pi$ を選ぶ. そして,$[-\pi, \pi]$ 上の階段関数 f^* を

$$f^*(x) = \sup_{x_{j-1} \leq y \leq x_j} f(y), \qquad x \in [x_{j-1}, x_j) \text{ のとき}$$

により定める. 定め方から明らかに,$|f^*| \leq B$ であり,

$$(1) \qquad \int_{-\pi}^{\pi} |f^*(x) - f(x)| \, dx = \int_{-\pi}^{\pi} (f^*(x) - f(x)) \, dx < \varepsilon$$

である.

つぎに,f^* を若干修正して,周期 2π の連続関数で,補題の意味で f を近似する関数 $\tilde{f}$ をこしらえよう. まず,$\delta > 0$ を十分小さくとる. $x \in [-\pi, \pi]$ がどの分点 $x_0, x_1, \cdots, x_N$ からも δ 以上離れているときは,$\tilde{f}(x) = f^*(x)$ とおく. そして,中間の分割点 x_j $(j = 1, \cdots, N-1)$ の δ 近傍 $[x_j - \delta, x_j + \delta]$ では,$\tilde{f}$ は $\tilde{f}(x_j \pm \delta) = f^*(x_j \pm \delta)$ をみたす 1 次関数とする. また,左の端点 $x_0 = -\pi$ の近傍 $[-\pi, -\pi + \delta]$ では,$\tilde{f}$ は $\tilde{f}(-\pi) = 0$ と $\tilde{f}(-\pi + \delta) = f^*(-\pi + \delta)$ をみたす 1 次関数,右の端点 $x_N = \pi$ の近傍 $[\pi - \delta, \pi]$ では,$\tilde{f}$ は $\tilde{f}(\pi) = 0$ と $\tilde{f}(\pi - \delta) = f^*(\pi - \delta)$ をみたす 1 次関数とする. 図 1 は,点 $x_0 = -\pi$ の近くでの関数 $f^*, \tilde{f}$ のグラフの様子を図示したものである. 右側の図では,f^* と $\tilde{f}$ を区別するために,グラフを少しずらしてある.

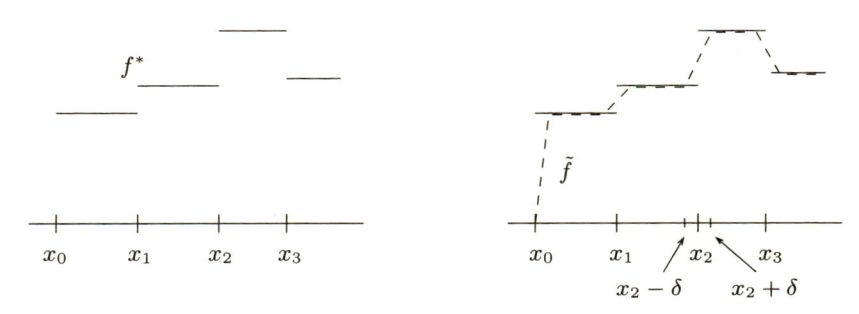

図 1 関数 $f^*, \tilde{f}$ のグラフ.

この $\tilde{f}$ は,$[-\pi, \pi]$ 上の連続関数で $\tilde{f}(-\pi) = \tilde{f}(\pi)$ をみたすから,$\mathbb{R}$ 上の周期 2π の連続関数に拡張できる (すなわち,単位円周上の連続関数である). また,$|\tilde{f}(x)| \leq B$ $(x \in \mathbb{R})$ もいえる. さらに,f^* と $\tilde{f}$ の値が異なるのは,分点を中心

にした長さ 2δ の N 個の開区間でだけだから，
$$\int_{-\pi}^{\pi} |f^*(x) - \tilde{f}(x)|\, dx \leq 2BN(2\delta)$$
となる．よって，δ を十分小さくえらんでおけば，
(2) $$\int_{-\pi}^{\pi} |f^*(x) - \tilde{f}(x)|\, dx < \varepsilon$$
とできる．

以上，(1), (2) と三角不等式より，
$$\int_{-\pi}^{\pi} |f(x) - \tilde{f}(x)|\, dx < 2\varepsilon$$
となる．そこで，各番号 k に対し，$2\varepsilon = 1/k$ として得られる $\tilde{f}$ を f_k と書くと，関数列 $\{f_k\}$ が求めるものになる． ∎

1.2 零集合と可積分関数の不連続点

連続関数はすべて可積分であった．その証明を少々修正すれば，区分的連続関数も可積分であることがわかる．このことは，命題 1.4 を有限回適用することでも証明できる．ここでは，可積分関数の不連続点について，もっと丹念に調べる．

まず，零集合(測度 0 の集合)の定義を述べよう[1]．$\mathbb{R}$ の部分集合 E が**零集合**であるとは，任意の $\varepsilon > 0$ に対して，次の 2 条件をみたす開区間の列 $\{I_k\}_{k=1}^{\infty}$ が存在することである．

(i) $E \subset \bigcup_{k=1}^{\infty} I_k$.
(ii) $\sum_{k=1}^{\infty} |I_k| < \varepsilon$. ただし，$|I_k|$ は開区間 I_k の長さ．

条件 (i) は，開区間 $I_1, I_2, \cdots$ 全部で E を覆ってしまうこと，(ii) は，これらの開区間をすべてあわせてもごく小さいことをいっている．たとえば，有限個の点からなる集合は零集合である．このことは容易にわかるだろう．もっと細やかな検討をすれば，可算個の点からなる集合も零集合になることが示せる．実は，このことは次の補題に含まれるのだが……．

---

[1] 測度についての体系的な理論は，ルベーグ積分論で出てくる．それは，この本の第 III 巻でとりあげる．

補題 1.6 可算個の零集合の和集合は，零集合である．

証明 $E_1, E_2, \cdots$ を零集合とし，$E = \bigcup_{i=1}^{\infty} E_i$ とおく．$\varepsilon > 0$ を任意にとり，各 i ごとに，
$$E_i \subset \bigcup_{k=1}^{\infty} I_{i,k} \quad \text{かつ} \quad \sum_{k=1}^{\infty} |I_{i,k}| < \frac{\varepsilon}{2^i}$$
をみたす開区間の列 $I_{i,1}, I_{i,2}, \cdots$ をとる．このとき，明らかに，$E \subset \bigcup_{i,k=1}^{\infty} I_{i,k}$ であり，
$$\sum_{i=1}^{\infty} \sum_{k=1}^{\infty} |I_{i,k}| < \sum_{i=1}^{\infty} \frac{\varepsilon}{2^i} = \varepsilon$$
となる．ゆえに，E は零集合である． ∎

零集合 E がコンパクトな場合，定義の 2 条件 (i), (ii) をみたす開区間 $\{I_j\}$ は，有限個 I_k ($k = 1, \cdots, N$) になるように選べることを，ここで注意しておこう．

リーマン可積分関数を，その不連続点を用いて特徴づけよう．

定理 1.7 f を $[a, b]$ 上の有界関数とする．f が可積分であるための必要十分条件は，f の不連続点全体の集合が零集合になることである．

$J = [a, b]$ とおく．また，中心が c で半径が $r > 0$ の開区間 $(c-r, c+r)$ を $I(c, r)$ と書く．$I(c, r)$ 上での f の**振動**は
$$\mathrm{osc}(f, c, r) = \sup \left\{ |f(x) - f(y)| : x, y \in J \cap I(c, r) \right\}$$
と定義される．f は有界であったから，$\mathrm{osc}(f, c, r)$ の値は必ず決まる．次に，点 c での f の**振動**を，
$$\mathrm{osc}(f, c) = \lim_{r \to 0} \mathrm{osc}(f, c, r)$$
と定義する．ここで，$\mathrm{osc}(f, c, r)$ は非負値で，r が小さくなるにつれ単調に減少するから，極限 $\lim_{r \to 0} \mathrm{osc}(f, c, r)$ はつねに存在する．ここでのポイントは，f が点 c で連続であることと，$\mathrm{osc}(f, c) = 0$ であることが同値なことである．このことは，連続関数の定義から明らかである．そこで，各 $\varepsilon > 0$ に対して，
$$A_\varepsilon = \{ c \in J : \mathrm{osc}(f, c) \geq \varepsilon \}$$
とおく．すると，f の不連続点全体の集合は $\bigcup_{\varepsilon > 0} A_\varepsilon$ と表せる．これらの事柄が，

定理 1.7 の証明の必須の道具になる.

補題 1.8 任意の $\varepsilon > 0$ に対して,A_ε は閉集合,それゆえコンパクト集合である.

証明 証明は簡単である.数列 $\{c_n\} \subset A_\varepsilon$ が c に収束するとして,$c \in A_\varepsilon$ を示せばよい.反対に $c \notin A_\varepsilon$ と仮定してみよう.すると,$\mathrm{osc}(f, c) = \varepsilon - \delta \, (\delta > 0)$ と書ける.そこで,$\mathrm{osc}(f, c, r) < \varepsilon - \delta/2$ となる $r > 0$ を選び,$|c_n - c| < r/2$ となる番号 n をとる.このとき,$\mathrm{osc}(f, c_n, r/2) < \varepsilon - \delta/2$ がいえるから,$\mathrm{osc}(f, c_n) < \varepsilon$ となり,$c_n \in A_\varepsilon$ に矛盾する結果が出た. ∎

定理 1.7 を証明する準備ができた.

定理 1.7 の証明 [十分性] f の不連続点全体の集合 $\mathcal{D}$ が零集合であるとする.また,$\varepsilon > 0$ を任意にとる.$A_\varepsilon \subset \mathcal{D}$ だから,A_ε を覆う有限個の開区間 $I_1, \cdots, I_N$ で,それらの長さの合計が ε より小さいものが存在する.これらの開区間の和集合 I の (J における) 補集合 I^c は,コンパクト集合である.また,その補集合の各点 z に対し,$z \notin A_\varepsilon$ だから,z を含む開区間 F_z で,$\sup_{x,y \in F_z} |f(x) - f(y)| \leq \varepsilon$ をみたすものを選ぶことができる.このとき,I^c の被覆 $\bigcup_{z \in I^c} F_z$ から有限部分被覆が選べるので,それらを $I_{N+1}, \cdots, I_{N'}$ と書く.いま,開区間 $I_1, I_2, \cdots, I_N$ の端点全部を合わせて,$[a, b]$ の分割 P をつくると,

$$\mathcal{U}(P, f) - \mathcal{L}(P, f) \leq 2M \sum_{k=1}^{N} |I_k| + \varepsilon(b - a) \leq C\varepsilon$$

となる.ゆえに,f は $[a, b]$ 上で可積分である.

[必要性] f は $[a, b]$ 上で可積分とする.f の不連続点全体の集合 $\mathcal{D}$ は $\bigcup_{n=1}^{\infty} A_{1/n}$ と表せるから,$\mathcal{D}$ が零集合であることを示すには,各 $A_{1/n}$ が零集合であることをいえばよい.任意に $\varepsilon > 0$ をとり,$\mathcal{U}(P, f) - \mathcal{L}(P, f) < \varepsilon/n$ となる分割 $P = \{x_0, x_1, \cdots, x_N\}$ を選ぶ.もし,$A_{1/n}$ が開区間 $I_j = (x_{j-1}, x_j)$ と交わっていたら,$\sup_{x \in I_j} f(x) - \inf_{x \in I_j} f(x) \geq 1/n$ となっているはずだから,

$$\frac{1}{n} \sum_{\{j : I_j \cap A_{1/n} \neq \emptyset\}} |I_j| \leq \mathcal{U}(P, f) - \mathcal{L}(P, f) < \frac{\varepsilon}{n}$$

となる.そこで,$A_{1/n}$ と交わる開区間 I_j をとりだして,それらを少し大きくし

たりして適宜つくりかえると，$A_{1/n}$ をいくつかの開区間で覆い，しかも，それらの開区間の合計の長さを 2ε 以下にすることができる．ゆえに，$A_{1/n}$ は零集合である． ∎

f, g が可積分なとき，積 fg が可積分になることは，定理 1.7 を用いても示せる．

2. 重積分

この本の読者は，$\mathbb{R}^d$ の有界集合上の重積分に関する標準的な理論に通じていることと思う．この節では，その理論における主要な定義と結果をすばやく復習する．そのあと，積分領域を $\mathbb{R}^d$ 全体に広げた「広義の」重積分を解説しよう．この話題は，第 5, 6 章のフーリエ変換の内容に関連している．その趣旨から，関数は，$\mathbb{R}^d$ 上で連続で，無限遠点に向かって適当な速さで 0 に近づくとし，そのような関数に対して積分を定義する．

はじめに，記号 $\mathbb{R}^d$ の意味を確認しておこう．$\mathbb{R}^d$ は，d 個の実数の順序組 $x = (x_1, \cdots, x_d)$ $(x_j \in \mathbb{R})$ 全体の集合で，成分ごとの加法とスカラー倍に関して線形空間になる．

2.1 $\mathbb{R}^d$ 上のリーマン積分

定義

$\mathbb{R}^d$ の閉矩形 R 上のリーマン積分は，$\mathbb{R}$ の閉区間 $[a, b]$ 上のリーマン積分を，単純に一般化したものである．われわれの興味は連続関数に限定されるが，それはつねに可積分である．

$\mathbb{R}^d$ の**閉矩形** R とは，$a_h, b_j \in \mathbb{R}$ $(1 \leq j \leq n)$ を用いて，
$$R = \{a_j \leq x_j \leq b_j : 1 \leq j \leq d\}$$
と表される集合のことである．いいかえると，R は，d 個の閉区間の直積
$$R = [a_1, b_1] \times \cdots \times [a_d, b_d]$$
である．各閉区間 $[a_j, b_j]$ の分割 P_j があるとき，$P = (P_1, \cdots, P_d)$ というものを，閉矩形 R の**分割**という．各閉区間 $[a_j, b_j]$ から，その分割 P_j に関する部分区間 S_j を一つずつ選んだとき，直積集合 $S = S_1 \times \cdots \times S_d$ を，分割 P の**部分矩形**という．部分矩形 S の体積 $|S|$ は，自然に，各辺 S_j の長さ $|S_j|$ の積とし

て，$|S| = |S_1| \times \cdots \times |S_d|$ と定める．

閉矩形上の積分を定義する準備が整った．f を閉矩形 R 上の実数値有界関数とする．R の分割 P に対して，P に関する f の過剰和 $\mathcal{U}(P, f)$ と不足和 $\mathcal{L}(P, f)$ を，

$$\mathcal{U}(P, f) = \sum_S [\sup_{x \in S} f(x)] |S|, \qquad \mathcal{L}(P, f) = \sum_S [\inf_{x \in S} f(x)] |S|$$

と定める．ただし，$\sum_S$ は，分割 P のすべての部分矩形 S に関してとった和である．これらの定義は，1 次元の同様の概念を直に一般化したものである．

次に，R の分割 $P' = (P_1', \cdots, P_d')$ が，$P = (P_1, \cdots, P_d)$ の**細分**であるとは，P_j' が P_j の細分になっていることである．この細分を用いて，閉区間 $[a, b]$ 上の積分を定義したときの議論を踏襲すると，

$$U = \inf_P \mathcal{U}(P, f), \qquad L = \sup_P \mathcal{L}(P, f)$$

の値が定まり，$U \geq L$ となることがわかる．もし，任意の $\varepsilon > 0$ に対して，

$$\mathcal{U}(P, f) - \mathcal{L}(P, f) < \varepsilon$$

となる R の分割 P が存在すれば，f は R 上で (リーマン) **可積分**であるという．また，f が可積分なときは，$U = L$ となるから，その共通の値を，

$$\int_R f(x_1, \cdots, x_d) \, dx_1 \cdots dx_d, \qquad \int_R f(x) \, dx, \qquad \int_R f$$

などと表す．f が複素数値の場合は，$f = u + iv$ の実部 u と虚部 v を用いて，ふつうに，

$$\int_R f(x) \, dx = \int_R u(x) \, dx + i \int_R v(x) \, dx$$

と定義する．

このあと，われわれの主たる興味は，連続関数に向けられる．実際，閉矩形 R 上の連続関数 f は可積分である．このことは，f が R 上で一様連続になることから導ける．次に，B を $\mathbb{R}^d$ の閉球 (または球殻領域) とし，B 上の連続関数 f について，B 上での f の積分を定義しよう．まず，$\mathbb{R}^d$ 上の関数 g を，$x \in B$ のときは $g(x) = f(x)$, $x \notin B$ のときは $g(x) = 0$ と定め，f の拡張関数 g をつくる．このとき，g は，B を含む任意の閉矩形 R 上で可積分になるので，

$$\int_B f(x) \, dx = \int_R g(x) \, dx$$

と定義する．

2.2 累次積分

1変数関数について，われわれは，多くの場合にその原始関数を求めることができた．だから，微分積分学の基本定理にしたがって，積分の値を計算することができた．d 変数関数の重積分については，ふつう，d 回の1変数関数の積分に帰着して，その値を計算する．この帰着法を正確に述べたのが，次の定理である．

定理 2.1 f を，$\mathbb{R}^d$ の閉矩形 R 上の連続関数とする．また，$d = d_1 + d_2$ とし，$R = R_1 \times R_2$ ($R_1 \subset \mathbb{R}^{d_1}$, $R_2 \subset \mathbb{R}^{d_2}$) と書く．$R$ の任意の点 x を，$x = (x_1, x_2)$ ($x_1 \in R_1$, $x_2 \in R_2$) と表し，$F(x_1) = \int_{R_2} f(x_1, x_2)\, dx_2$ とおくと，F は R_1 上で連続になる．さらに，公式

$$\int_R f(x)\, dx = \int_{R_1} \left(\int_{R_2} f(x_1, x_2)\, dx_2 \right) dx_1$$

が成り立つ．

証明 F について，

$$|F(x_1) - F(x_1')| \leq \int_{R_2} |f(x_1, x_2) - f(x_1', x_2)|\, dx_2$$

がいえる．このことと，f が R 上で一様連続になることとを考え合わせれば，F の連続性がわかる．

次に公式を示そう．P_1 を R_1 の分割，P_2 を R_2 の分割とする．このとき，P_1 の部分矩形 S と，P_2 の部分矩形 T に対して，

$$\sup_{(x_1, x_2) \in S \times T} f(x_1, x_2) \geq \sup_{x_1 \in S} \left(\sup_{x_2 \in T} f(x_1, x_2) \right),$$

$$\inf_{(x_1, x_2) \in S \times T} f(x_1, x_2) \leq \inf_{x_1 \in S} \left(\inf_{x_2 \in T} f(x_1, x_2) \right)$$

が成り立つ．この第1式から，

$$\mathcal{U}(P, f) = \sum_{S \times T} \left[\sup_{(x_1, x_2) \in S \times T} f(x_1, x_2) \right] |S \times T|$$

$$\geq \sum_S \sum_T \sup_{x_1 \in S} \left(\sup_{x_2 \in T} f(x_1, x_2) \right) |T| \times |S|$$

$$\geq \sum_S \sup_{x_1 \in S} \left(\int_{R_2} f(x_1, x_2)\, dx_2 \right) |S|$$

$$= \mathcal{U}\left(P_1, \int_{R_2} f(x_1, x_2)\, dx_2 \right)$$

となる．第2式からも同様に $\mathcal{L}(P, f)$ に関する不等式がいえ，

$$\mathcal{L}(P, f) \leq \mathcal{L}\left(P_1, \int_{R_2} f(x_1, x_2)\, dx_2\right) \leq \mathcal{U}\left(P_1, \int_{R_2} f(x_1, x_2)\, dx\right) \leq \mathcal{U}(P, f)$$

となる．これらの不等式から，定理の公式が得られる． ∎

定理 2.1 を d 回使うと，次のことがわかる．f を閉矩形 $R = [a_1, b_1] \times \cdots \times [a_d, b_d]$ 上の連続関数とすると，

$$\int_R f(x)\, dx = \int_{a_1}^{b_1} \left(\int_{a_2}^{b_2} \cdots \left(\int_{a_d}^{b_d} f(x_1, \cdots, x_d)\, dx_d \right) \cdots dx_2 \right) dx_1$$

が成り立つ．この右辺は，1変数関数の積分を d 回行う累次積分である．また，この累次積分は，d 回の積分の順序を入れ替えてもよい．このことも，定理 2.1 からわかる．

2.3 変数変換公式

C^1 同相写像 $g: A \to B$ とは，A から B への全単射 g で，g が A 上で連続微分可能であり，逆写像 g^{-1} が B 上で連続微分可能であるものをいう．g のヤコビアン行列 (変換行列) は Dg と書くことにしよう．このとき，変数変換公式は次のように述べられる．

定理 2.2 A と B を $\mathbb{R}^d$ のコンパクト集合とし，$g: A \to B$ を C^1 同相写像とする．f が B 上の連続関数のとき，

$$\int_{g(A)} f(x)\, dx = \int_A f(g(y))\, |\det(Dg)(y)|\, dy$$

が成り立つ．

この定理の証明は，g が線形変換 $L: \mathbb{R}^d \to \mathbb{R}^d$ の場合に，その特別な状況を解析することから始まる．その場合，$\mathbb{R}^d$ の任意の閉矩形 R に対して，

$$|g(R)| = |\det L|\, |R|$$

が成り立つ．このことは，公式の項 $|\det(Dg)|$ の意味を知らせてくれる．実際，$|\det(Dg)|$ は，変数変換による微小部分の体積変化率を表している．

2.4 球面座標

重要な変数変換のいくつかは，次の座標と関連している．

$\mathbb{R}^2$ における極座標.

$\mathbb{R}^3$ における球面座標.

これらを一般化した $\mathbb{R}^d$ における球面座標.

とくに，重積分の値を求める際，被積分関数や積分領域が回転に関する不変性をもっていたら，上記の座標への変数変換は，かなり有効である．$\mathbb{R}^2$ や $\mathbb{R}^3$ におけるこれらの変換は，第6章で扱った．一般に，$\mathbb{R}^d$ の通常の直交座標と球面座標との変換 $x = g(r, \theta_1, \cdots, \theta_{d-1})$ は，次の式で与えられる．

$$\begin{cases} x_1 &= r\cos\theta_1, \\ x_2 &= r\sin\theta_1\cos\theta_2, \\ x_3 &= r\sin\theta_1\sin\theta_2\cos\theta_3, \\ &\vdots \\ x_{d-1} &= r\sin\theta_1\sin\theta_2\cdots\sin\theta_{d-2}\cos\theta_{d-1}, \\ x_d &= r\sin\theta_1\sin\theta_2\cdots\sin\theta_{d-2}\sin\theta_{d-1}. \end{cases}$$

ここで，$r \geq 0$, $0 \leq \theta_i \leq \pi$ ($i = 1, \cdots, d-2$), $0 \leq \theta_{d-1} \leq 2\pi$ である．このとき，変換 g のヤコビアンは

$$r^{d-1}\sin^{d-2}\theta_1 \sin^{d-3}\theta_2 \cdots \sin\theta_{d-2}$$

となる．次に，$\mathbb{R}^d$ の単位球面を S^{d-1} で表す．任意の $x \in \mathbb{R}^n - \{0\}$ は，S^{d-1} の元 γ を用いて $x = r\gamma$ と一意的に表せる．いま，

$$\int_{S^{d-1}} f(\gamma)\, d\sigma(\gamma) \\ = \int_0^\pi \int_0^\pi \cdots \int_0^{2\pi} f(g(1, \theta_1, \cdots, \theta_{d-1})) \sin^{d-2}\theta_1 \sin^{d-3}\theta_2 \cdots \sin\theta_{d-2} \\ d\theta_{d-1} \cdots d\theta_2\, d\theta_1$$

と書くことにする．すると，中心が原点で半径が N の閉球 $B(0, N)$ に対し，

(3) $$\int_{B(0,N)} f(x)\, dx = \int_{S^{d-1}} \int_0^N f(r\gamma)\, r^{d-1}\, dr\, d\sigma(\gamma)$$

となる．また，単位球面 S^{d-1} の**表面積**は，

$$\omega_d = \int_{S^{d-1}} d\sigma(\gamma)$$

で与えられる．終わりに，変数変換公式 (3) の重要な応用例を一つあげておこう．球殻領域 $A(R_1, R_2) = \{R_1 \leq |x| \leq R_2\}$ と，$\lambda \in \mathbb{R}$ に対し，積分 $\int_{A(R_1, R_2)} |x|^\lambda\, dx$ の値を求めよう．公式 (3) を用いると，

$$\int_{A(R_1,R_2)} |x|^\lambda dx = \int_{S^{d-1}} \int_{R_1}^{R_2} r^{\lambda+d-1} dr\, d\sigma(\gamma)$$

だから,

$$\int_{A(R_1,R_2)} |x|^\lambda dx = \begin{cases} \dfrac{\omega_d}{\lambda+d}\left[R_2^{\lambda+d} - R_1^{\lambda+d}\right], & \lambda \neq -d \text{ のとき}, \\ \omega_d\left[\log R_2 - \log R_1\right], & \lambda = -d \text{ のとき} \end{cases}$$

となる.

3. $\mathbb{R}^d$ 上の広義積分

被積分関数は,無限遠点に向かって適当な速さで 0 に近づくことにしよう.このような関数を $\mathbb{R}^d$ 全体で積分した場合にも,これまで述べてきた多くの定理が依然として成り立つのである.

3.1 緩やかに減少する関数の積分

自然数 N に対して,中心が原点で,各辺が座標軸と平行な,一辺の長さが N の d 次元立方体 $Q_N = \{|x_j| \leq N/2 : 1 \leq j \leq d\}$ を考えよう. $\mathbb{R}^d$ 上の連続関数 f に対し,極限

$$\lim_{N \to \infty} \int_{Q_N} f(x)\, dx$$

が存在するとき,その極限を

$$\int_{\mathbb{R}^d} f(x)\, dx$$

と書く. この積分が存在するような関数を考えよう. $\mathbb{R}^d$ 上の連続関数 f が **緩やかに減少する**とは,

$$|f(x)| \leq \frac{A}{1+|x|^{d+1}}, \qquad x \in \mathbb{R}^d$$

となる定数 $A > 0$ が存在することである. $d = 1$ の場合,この定義は,第 5 章で述べた $\mathbb{R}$ 上の緩やかに減少する関数の定義と一致する. $\mathbb{R}$ 上の緩やかに減少する関数の大切な例は,ポアソン核 $\mathcal{P}_y(x) = \dfrac{1}{\pi} \dfrac{y}{x^2+y^2}$ であった.

f が $\mathbb{R}^d$ 上の緩やかに減少する関数のとき, $\mathbb{R}^d$ 上の f の積分は,値が定まる.このことを示そう. $I_N = \displaystyle\int_{Q_N} f(x)\, dx$ とおく. f は連続だから, Q_N 上で可積分であり, I_N の値は確かに定まる.いま, $M > N$ とすると,

である．ここで，$Q_M - Q_N$ がある球殻領域 $A(aN, bM) = \{aN \leq |x| \leq bM\}$ に含まれることを確かめよう．実際，立方体 Q_N の表面の任意の点 x は，$N/2 \leq |x| \leq N\sqrt{d}/2$ をみたすので，$a = 1/2, b = \sqrt{d}/2$ とおけばよい．a, b は，次元数 d だけに依存する定数である．さて，f は緩やかに減少するから，

$$|I_M - I_N| \leq A \int_{aN \leq |x| \leq bM} |x|^{-d-1} dx$$

となる．そこで，2.4 節の最後の計算において $\lambda = -d - 1$ の場合を考えると，

$$|I_M - I_N| \leq C \left(\frac{1}{aN} - \frac{1}{bM} \right)$$

となる．よって，$\{I_N\}$ はコーシー列であり，それゆえ，積分 $\int_{\mathbb{R}^d} f(x) \, dx$ の値が定まる．

上の議論においては，立方体 Q_N を，中心が原点で半径が N の閉球 B_N におきかえてもかまわない．実際，f が $\mathbb{R}^d$ 上の緩やかに減少する関数なら，極限 $\lim_{N \to \infty} \int_{B_N} f(x) \, dx$ が存在し，極限 $\lim_{N \to \infty} \int_{Q_N} f(x) \, dx$ と一致することが，容易に証明できる．

緩やかに減少する関数の積分の基本性質は，第 5 章の 1.1 節にまとめてある．

3.2 累次積分

第 5, 6 章では乗法公式を学んだ．その証明では，緩やかに減少する関数の累次積分において，積分順序を交換する必要があった．また，(ポアソン積分のような) 畳み込みを用いた作用素を扱うときにも，同様な積分順序の交換が必要であった．

これらの積分順序の交換を正当化するのが，累次積分の公式である．ここでは $d = 2$ の場合だけを考えるが，その考え方は，任意の次元 d の場合に，難なく一般化できる．

定理 3.1 f を $\mathbb{R}^2$ 上の緩やかに減少する関数とする．各 $x_1 \in \mathbb{R}$ に対して，

$$F(x_1) = \int_{\mathbb{R}} f(x_1, x_2) \, dx_2$$

とおくと，F は $\mathbb{R}$ 上の緩やかに減少する関数になる．さらに，公式

$$\int_{\mathbb{R}^2} f(x) \, dx = \int_{\mathbb{R}} \left(\int_{\mathbb{R}} f(x_1, x_2) \, dx_2 \right) dx_1$$

が成り立つ．

証明 はじめに，F が緩やかに減少する関数であることを確かめよう．まず，
$$|F(x_1)| \leq \int_{\mathbb{R}} \frac{A\,dx_2}{1+(x_1^2+x_2^2)^{3/2}} \leq \int_{|x_2|\leq |x_1|} + \int_{|x_2|\geq |x_1|}$$
と変形する．最終辺の第 1 積分は，被積分関数が $A/(1+|x_1|^3)$ 以下であることから，
$$\int_{|x_2|\leq |x_1|} \frac{A\,dx_2}{1+(x_1^2+x_2^2)^{3/2}} \leq \frac{A}{1+|x_1|^3}\int_{|x_2|\leq |x_1|} dx_2 \leq \frac{A'}{1+|x_1|^2}$$
となる．また，第 2 積分は，
$$\int_{|x_2|\geq |x_1|} \frac{A\,dx_2}{1+(x_1^2+x_2^2)^{3/2}} \leq A''\int_{|x_2|\geq |x_1|} \frac{dx_2}{1+|x_2|^3} \leq \frac{A'''}{|x_1|^2}$$
となる．よって，F は緩やかに減少する．また，このような評価と定理 2.1 を組み合わせれば，F が連続関数の列の一様極限になっていることが示せるので，F は連続である．

公式を示そう．証明は，左辺を正方形上の積分によって近似し，定理 2.1 を利用するという方針をとる．任意に $\varepsilon>0$ をとる．積分の定義から，大きな自然数 N について，
$$\left| \int_{\mathbb{R}^2} f(x_1,x_2)\,dx_1 dx_2 - \int_{I_N\times I_N} f(x_1,x_2)\,dx_1 dx_2 \right| < \varepsilon$$
が成り立つ．ただし，$I_N=[-N,N]$ である．この第 2 積分は，定理 2.1 より，
$$\int_{I_N\times I_N} f(x_1,x_2)\,dx_1 dx_2 = \int_{I_N}\left(\int_{I_N} f(x_1,x_2)\,dx_2\right) dx_1$$
となる．いま，$\mathbb{R}$ における I_N の補集合を I_N^c と書くと，右辺の累次積分は，
$$\int_{\mathbb{R}}\left(\int_{\mathbb{R}} f(x_1,x_2)\,dx_2\right) dx_1 - \int_{I_N^c}\left(\int_{\mathbb{R}} f(x_1,x_2)\,dx_2\right) dx_1$$
$$- \int_{I_N}\left(\int_{I_N^c} f(x_1,x_2)\,dx_2\right) dx_1$$
と書ける．この第 3 項は，
$$\left| \int_{I_N}\left(\int_{I_N^c} f(x_1,x_2)\,dx_2\right) dx_1 \right|$$
$$\leq O\left(\frac{1}{N^2}\right) + C\int_{1\leq |x_1|\leq N}\left(\int_{|x_2|\geq N} \frac{dx_2}{(|x_1|+|x_2|)^3}\right) dx_1$$
$$\leq O\left(\frac{1}{N}\right)$$

と評価でき，第 2 項も同様に評価して，
$$\left|\int_{I_N^c}\left(\int_{\mathbb{R}} f(x_1, x_2)\, dx_2\right) dx_1\right| \leq \frac{C'}{N}$$
となる．よって，十分大きく N をとれば，
$$\left|\int_{I_N \times I_N} f(x_1, x_2)\, dx_1 dx_2 - \int_{\mathbb{R}}\left(\int_{\mathbb{R}} f(x_1, x_2)\, dx_2\right) dx_1\right| < \varepsilon$$
となり，公式が示せた． ■

3.3 球面座標

$\mathbb{R}^d$ の球面座標を用いると，任意の $x \in \mathbb{R}^d$ は，$r \geq 0$ と単位球面 S^{d-1} の点 γ を用いて，$x = r\gamma$ と表せる．f が $\mathbb{R}^d$ 上の緩やかに減少する関数のとき，$\gamma \in S^{d-1}$ を固定すると，r の関数 $f(r\gamma)\,r^{d-1}$ は，区間 $[0, +\infty)$ 上の緩やかに減少する関数になる．なぜなら，
$$|f(r\gamma)r^{d-1}| \leq A\frac{r^{d-1}}{1+|r\gamma|^{d+1}} \leq \frac{B}{1+r^2}$$
と評価できるからである．そこで，2.4 節の (3) において $N \to \infty$ とすると，公式

(4) $$\int_{\mathbb{R}^d} f(x)\, dx = \int_{S^{d-1}} \int_0^\infty f(r\gamma)\, r^{d-1}\, dr\, d\sigma(\gamma)$$

が得られる．

次に，R を $\mathbb{R}^d$ における回転変換とすると，
$$\int_{\mathbb{R}^d} f(R(x))\, dx = \int_{\mathbb{R}^d} f(x)\, dx$$
が成り立つ．このことと公式 (4) を合わせると，等式
$$\int_{S^{d-1}} f(R(\gamma))\, d\sigma(\gamma) = \int_{S^{d-1}} f(\gamma)\, d\sigma(\gamma)$$
が得られる．

注と文献

Seeley[29] はフーリエ級数とフーリエ変換へのエレガントで簡潔な入門書である．フーリエ級数の最も権威ある教科書は Zygmund[36] である．フーリエ解析のさまざまなテーマへのより進んだ応用については，Dym-McKean[8] と Körner[21] を見よ．読者は Kahane と Lemarié-Rieusset による本 [20] も参照するとよいだろう．この本には多くの歴史的事実とフーリエ級数に関する他の結果が記されている．

第 1 章

章の始めに引用したものはフーリエの手紙からのものである．この手紙の相手は不明である (おそらくはラグランジュであろう)．Herivel[15] を参照．

フーリエ級数の初期の歴史に関するより詳しいことは，リーマンの論文 [27] の第 I 節から第 III 節にある．

第 2 章

引用文はリーマンの論文 [27] の抜粋の翻訳である．

リトルウッドの定理 (問題 3) の証明については，別の関連する「タウバー型定理」も含めて，Titchmarsh [32] の第 7 章を見よ．

第 3 章

引用した文はディリクレの学術論文の一部分の翻訳である．

第 4 章

引用文は Hurwitz[17] からの翻訳である．

正方形の中を反射する光線の問題は Hardy-Wright[13] の第 23 章で論じられている．

曲線の直径とフーリエ級数との関連 (問題 1) は Pfluger[26] で調べられている．

問題 2 と 3 に関する結果も含めて，数列の一様分布に関する多くの話題が Kuipers-Niederreiter[22] で取り上げられている．

第 5 章

引用した文は Schwartz[28] の一部分の自由訳である．

ファイナンスの話題については，Duffie[7] を参照せよ．特にブラック - ショールズ理論 (問題 1 と 2) については [7] の第 5 章を見よ．

問題 4, 5, 6 にある結果は John[19] と Widder[34] にある．

問題 7 については Wiener[35] の第 2 章を見よ．

f_1(問題 8) がいたるところ微分不可能であることのもともとの証明は Hardy[12] にある．

第 6 章

引用文はコールマックのノーベル賞講演 [5] からの抜粋である．

波動方程式に関するより詳しいことは，問題 3, 4, 5 にある結果も含めて，Folland[9] の第 5 章で学べる．

回転対称性，フーリエ変換，そしてベッセル関数の関係についての議論は Stein-Weiss[31] にある．

ラドン変換に関するより詳しいことは，John[18] の第 1 章，Helgason[14]，Ludwig[25] を参照．

第 7 章

引用した文は Bingham-Tukey[2] からもってきたものである．

有限アーベル群の構造定理の証明 (問題 2) は Herstein[16] の第 2 章，Lang [23] の第 2 章あるいは Körner[21] の 104 章で学べる．

問題 4 については Andrews[1] を見よ．非常に短い証明がある．

第 8 章

引用した文は Bochner[3] からのものである．

約数関数に関するより詳しいことは Hardy-Wright[13] の第 18 章を見よ．

$L(1, \chi) \neq 0$ であることの「初等的な」別証明が Gelfond-Linnik[11] にある．

$L(1,\chi) \neq 0$ の代数的数論に基づいた別証明は Weyl[33] にある.また $L(1,\chi) \neq 0$ であることの解析的な二つの異なる証明が Körner[21] の第 109 章と Seere[30] の第 6 章で見ることができる.後者の方には問題 3 と 4 に関することもあるので参照せよ.

付録

付録で紹介した積分に関する結果についてより詳しいことは Folland[10](第 4 章),Buck[4](第 4 章),あるいは Lang[24](第 20 章) に記されている.

参考文献

[1] G.E.Andrews. *Number theory.* Dover Publications, New York, 1994. Corrected reprint of the 1971 originally published by W.B.Saunders Company.

[2] C.Bingham and J.W.Tukey. Fourier methods in the frequency analysis of data. *The Collected Works of John W Tukey,* Volume II Times Series: 1965-1984 (Wadsworth Advanced Books & Software), 1984.

[3] S.Bochner. *The role of Mathematics in the Rise of Science.* Princeton University Press, Princeton, NJ, 1966.
(訳：S. ボホナー，科学史における数学，村田全訳，みすず書房，1970)

[4] R.C.Buck. *Advanced Calculus.* McGraw-Hill, New York, third edition, 1978.

[5] A.M.Cormack. *Nobel Prize in Physiology and Medicine Lecture,* volume Volume 209. Science, 1980.

[6] G.L.Dirichlet. Sur la convergence des séries trigonometriques qui servent à representer une fonction arbitraire entre des limites données. *Crelle, Journal für die reine angewandte Mathematik,* 4:157-169, 1829.

[7] D.Duffie. *Dynamic Asset Pricing Theory.* Princeton University Press, Princeton, NJ, 2001.

[8] H.Dym and H.P.McKean. *Fourier Series and Integrals.* Academic Press, New York, 1972.

[9] G.B.Folland. *Introduction to Partial Differential Equations.* Princeton University Press, Princeton, NJ, 1995.

[10] G.B.Folland. *Advanced Calculus.* Prentice Hall, Englewood Cliffs, NJ, 2002.

[11] A.O.Gelfond and Yu.V.Linnik, *Elementary Methods in Analytic Number Theory.* Rand McNally & Compagny, Chicago, 1965.

[12] G.H.Hardy. Weierstrass's non-differentiable function. *Transactions, American Mathematical Society,* 17:301-325, 1916.

[13] G.H.Hardy and E.M.Wright. *An Introduction to the Theory of Numbers.* Oxford University Press, London, fifth edition, 1979.
(訳：G.H. ハーディ, E.M. ライト, 数論入門 I, II, 示野信一・矢神毅訳, シュプリンガー・フェアラーク東京, 2001)

[14] S.Helgason. The Radon transform on Euclidean spaces, compact two-point homo-

geneous spaces and Grassman manifolds. *Acta. Math.*, 113:153-180, 1965.

[15] J.Herivel. *Joseph Fourier The Man and the Physicist*. Clarendon Press, Oxford, 1975.

[16] I.N.Herstein. *Abstract Algebra*. Macmillan, New York, second edition, 1990.

[17] A.Hurwitz. Sur quelques applications géometriques des séries de Fourier. *Annales de l'Ecole Normale Supérieure*, 19(3):357-408, 1902.

[18] F.John. *Plane Waves and Spherical Mean Applied to Partial Differential Equations*. Interscience Publishers, New York, 1955.

[19] F.John. *Partial Differential Equations*. Springer-Verlag, New York, fourth edition, 1982.
(訳：F. ジョン，偏微分方程式，佐々木徹・示野信一・橋本義武訳，シュプリンガー・フェアラーク東京，2003)

[20] J.P.Kahane and P.G.Lemarié-Rieusset. *Séries de Fourier et ondelettes*. Cassini, Paris, 1998. English version: Gordon & Breach, 1995.

[21] T.W.Körner. *Fourier Analysis*. Cambridge University Press, Cambridge, UK, 1988.
(訳：T.W. ケルナー，フーリエ解析大全，上，下，高橋陽一郎監訳，朝倉書店，1996)

[22] L.Kuipers and H.Niederreiter. *Uniform Distribution of Sequences*. Wiley, New York, 1974.

[23] S.Lang. *Undergraduate Algebra*. Springer-Verlag, New York, second edition, 1990.

[24] S.Lang. *Undergraduate Analysis*. Springer-Verlag, Ner York, second edition, 1997.

[25] D.Ludwig. The Radon transform on Euclidean space. *Comm. Pure Appl. Math.*, 19:49-81, 1966.

[26] A.Pfluger. On the diameter of planar curves and Fourier coefficients. *Colloquia Mathematica Societatis János Bolyai, Functions, series, operators*, 35:957-965, 1983.

[27] B.Riemann. Ueber die Darstellbarkeit einer Function durch eine trigonometrische Reihe. *Habilitation an der Universität zu Göttingen*, 1854. Collected Works, Springer Verlag, New York, 1990.
(訳:リーマン論文集，足立恒雄・杉浦光夫・長岡亮介編訳，朝倉書店)

[28] L.Schwartz. *Théorie des distributions*, volume Volume I. Hermann, Paris, 1950.
(訳:L. シュワルツ，超関数の理論，原書第3版，岩村聯・石垣春夫・鈴木文夫訳，岩波書店，1971)

[29] R.T.Seeley. *An Introduction to Fourier Series and Integrals*. W.A.Benjamin, New York, 1966.

[30] J.P.Serre. *A course in Arithmetic*. GTM 7. Springer Verlag, New York, 1973.

[31] E.M.Stein and G.Weiss. *Introduction to Fourier Analysis on Euclidean Spaces*. Princeton University Press, Princeton, NJ, 1971.

[32] E.C.Titchmarsh. *The Theory of Functions*. Oxford University Press, London, sec-

ond edition, 1939.
[33] H.Weyl. *Algebraic Theory of Numbers,* volume Volume 1 of *Annals of Mathematics Studies.* Princeton University Press, Princeton, NJ, 1940.
[34] D.V.Widder. *The Heat Equation.* Academic Press, New York, 1975.
[35] N.Wiener. *The Fourier Integral and Certain of its Applications.* Cambridge University Press, Cambridge, UK, 1933.
[36] A.Zygmund. *Trigonometric Series,* volume Volumes I and II. Cambridge University Press, Cambridge, UK, second edition, 1959. Reprinted 1993.

記号の説明

右側のページ番号は，記号や記法が最初に定義あるいは使用されたページを示す．慣例に従い，$\mathbb{Z}$, $\mathbb{Q}$, $\mathbb{R}$ および $\mathbb{C}$ はそれぞれ整数，有理数，実数および複素数のなす集合を表す．

$\triangle$	ラプラシアン	20, 186
$\|z\|, \bar{z}$	絶対値，複素共役	22, 23
e^z	複素指数（関数）	24
$\sinh x, \cosh x$	双曲正弦関数，双曲余弦関数	28
$\hat{f}(n), a_n$	フーリエ係数	34, 34
$f(\theta) \sim \sum a_n e^{in\theta}$	フーリエ級数	34
$S_N(f)$	フーリエ部分和	35
$D_N, \mathcal{D}_R, \widetilde{D}_N, D_N^*$	ディリクレ核，共役ディリクレ核，修正ディリクレ核	29, 94, 166
$P_r, \mathcal{P}_y, \mathcal{P}_y^{(d)}$	ポアソン核	37, 150, 210
O, o	O, o による記法	42
C^k	k 回微分可能な関数	44
$f * g$	畳み込み	44, 140, 185, 239
$\sigma_N, \sigma_N(f)$	チェザロ平均	52, 53
$F_N, \mathcal{F}_R$	フェイェール核	53, 164
$A(r), A_r(f)$	アーベル平均	54, 55
$\chi_{[a,b]}$	特性関数	61
$f(\theta^+), f(\theta^-)$	跳躍不連続点における片側極限	64
$\mathbb{R}^d, \mathbb{C}^d$	ユークリッド空間	69, 69
$X \perp Y$	直交ベクトル	71
$\ell^2(\mathbb{Z})$	二乗総和可能	73
$\mathcal{R}$	リーマン可積分関数	74
$\zeta(s)$	ゼータ関数	96

$[x]$, $\langle x \rangle$	整数部分，小数部分	105
$\triangle_N$, $\sigma_{N,K}$, $\widetilde{\triangle}_N$	遅延平均	114, 127, 175
H_t, $\mathcal{H}_t$, $\mathcal{H}_t^{(d)}$	熱核	119, 146, 210
$\mathcal{M}(\mathbb{R})$	緩やかに減少する関数からなる空間	132
$\hat{f}(\xi)$	フーリエ変換	134
$\mathcal{S}$, $\mathcal{S}(\mathbb{R})$, $\mathcal{S}(\mathbb{R}^d)$	シュヴァルツ空間	135, 182
$\mathbb{R}_+^2$, $\overline{\mathbb{R}_+^2}$	上半平面，上半平面の閉包	150, 152
$\vartheta(s)$, $\Theta(z\|\tau)$	テータ関数	156, 157
$\Gamma(s)$	ガンマ関数	166
$\|x\|$, $\|x\|$; (x, y), $x \cdot y$	$\mathbb{R}^d$ におけるノルム，内積	70, 177
x^α, $\|\alpha\|$, $\left(\dfrac{\partial}{\partial x}\right)^\alpha$	単項式，その次数，微分作用素	177
S^1, S^2, S^{d-1}	$\mathbb{R}^2$ における単位円周，$\mathbb{R}^3$, $\mathbb{R}^d$ における単位球面	181, 181, 181
M_t, $\widetilde{M_t}$	球面平均	190, 195, 216
J_n	ベッセル関数	199
$\mathcal{P}$, $\mathcal{P}_{t,\gamma}$	平面	179, 203
$\mathcal{R}$, $\mathcal{R}^*$	ラドン変換，双対ラドン変換	204, 206
A_d, V_d	$\mathbb{R}^d$ における単位球面の面積と体積	209, 209
$\mathbb{Z}(N)$	単位元の n 乗根のなす群	219
$\mathbb{Z}/N\mathbb{Z}$	N を法とする整数のなす群	221
G, $\|G\|$	アーベル群とその位数	226, 228
$G \approx H$	同形群	228
$G_1 \times G_2$	群の直積	228
$\mathbb{Z}^*(q)$	q を法とする単位元のなす群	227, 229, 245
$\hat{G}$	G の双対群	231
$a\|b$	a 割る b	243
$\gcd(a, b)$	a と b の最大公約数	244
$\varphi(q)$	q と互いに素な整数の数	255
χ, χ_0	ディリクレ指標，自明なディリクレ指標	253, 256
$L(s, \chi)$	ディリクレ L-関数	257
$\log_1\left(\dfrac{1}{1-z}\right)$, $\log_2 L(s, \chi)$	対数	260, 265
$d(k)$	k の正の約数の数	271

索引

アーベル
　　総和法　54
　　平均　54
アーベル群　226

位相　3
いたるところ微分不可能な関数　112, 126
1の乗根　219
一様分布された数列　106
因数　243
　　最大公約数　244

ヴィルティンガーの不等式　90, 122
運動の速度　7

X線変換　201
エネルギー　149, 188
　　弦の　89
L-関数　257
エルゴード性　111
エルミート
　　関数　174
　　作用素　169
エルミート内積　71

オイラー
　　積公式　250
　　定数 γ　269
　　等式　24
　　ファイ関数　255, 277
音
　　基本音　13
　　純音　11

回転　178
　　固有　178
　　非固有　178
ガウス関数 (ガウシアン)　135, 182
確率密度　161

重ね合わせ　6, 14
可積分 (リーマン)　32, 283
関数
　　ガンマ　166
　　急減少　135, 179
　　球対称　183
　　ゼータ　96
　　テータ　156
　　のこぎり歯　61, 83
　　ベッセル　199
　　緩やかに減少　132, 180, 296
完備ベクトル空間　74
ガンマ関数　166

奇関数　10
期待値　161
ギブス現象　93
急減少　135
吸収係数　201
球面
　　$\mathbb{R}^d$ における座標　295
　　波　211
　　平均　190
共役ディレクレ核　94
極座標　180
曲線　101
　　囲まれる領域　102
　　単純　101
　　直径　125
　　長さ　101
　　閉　101
キルヒホフの公式　212
近似単位元　49

偶関数　10
空間変数　187
群
　　位数　228

N を法とする整数　221
　　　巡回　239
　　　準同形　227
　　　双対　231
　　　単元 (単位元)　227, 229
　　　同形　228
群 (アーベル)　226
群の位数　228
群の直積　228

形状　5
減衰係数　201

光円錐
　　　後向き　194, 214
　　　前向き　194
高速フーリエ変換　224
コーシー-シュヴァルツの不等式　72
コーシー問題 (波動方程式)　186
コーシー列　23
固有振動数　3
固有値と固有ベクトル　234

最大公約数　244
細分　283, 292
最良近似　77
座標
　　　$\mathbb{R}^d$ における球面座標　295
三角
　　　級数　35
　　　次数　35
　　　多項式　35

C^k 級　44
次元の低下　195
指数和　111
指標　230
　　　自明 (単位)　230
周期　3
周期化　154
周期関数　10
従属操作原理　210
シュワルツ空間　135, 182
純音　6, 11
準同形　227
乗法公式　140, 185
消滅演算子　170
進行波　4

伸張　133, 178
振動 (関数の)　289
振動弦　89
振幅　3

スケーリング　7
スペクトル定理　234
　　　可換な族　234

正規直交系　76
整除性　242
整数部分　105
生成演算子　170
ゼータ関数　96, 156, 167, 249
絶対値　22
$\mathbb{Z}(N)$ 上　224
零集合　288
線形　22
線形性　6
線形変換の逆　178
線形変換の転置 (随伴)　178
前ヒルベルト空間　74

双曲余弦関数と双曲正弦関数　28
双曲和　270
双対
　　　X 線変換　212
　　　群　231
　　　ラドン変換　206
総和法
　　　アーベル　54
　　　チェザロ　52
素数　243

対称性の破れ　82
対数関数
　　　$\log_1$　260
　　　$\log_2$　265
互いに素　244
多項式
　　　ベルヌーイ　97
　　　ルジャンドル　94
多重指数　177
畳み込み　44, 140, 239
ダランベールの公式　11
単元　229
単項式　177
単振動　2

チェザロ
    総和法 52
    平均 52
    和 52
遅延平均 114
    一般化 127
チコノフの一意性定理 173
跳躍不連続性 64
調和関数 20
    平均値の性質 152
直交関係 232
直交する元 71

摘み上げられた弦 17

定常波 4
ディリクレ核
    共役 (円周上) 94
    修正 (実軸上) 166
ディリクレ指標 255, 256
    実 267
    複素 267
ディリクレ積公式 261
ディリクレの定理 128
ディリクレの判定法 61
ディリクレ問題
    円環領域 65
    帯状領域 171
    単位円板 20
    長方形 27
テータ関数 156
    関数方程式 156
等差数列内の素数 247, 252, 253, 276
等周不等式 102, 121

内積 70
    エルミート 71
    正定値 70
波
    進行 4
    速度 5
    定常 4, 12
波の速度 5
ニュートンの法則 3
    冷却 19

熱核
    円周上 119, 124, 157
    実軸上 146, 157
    d 次元 210
熱方程式 19
    時間に依存した 19
    実軸上 146
    d 次元 210
    定常状態の 20

のこぎり歯関数 61, 83, 93, 98

パーセヴァルの公式
    有限アーベル群 236
パーセヴァルの等式 79
ハーモニクス 13
倍音 6, 13
ハイゼンベルグの不確定性原理 159, 169, 210
波動方程式 185
    1 次元 7
    時間反転 11
    線形 9
    ダランベールの公式 11
    d 次元 186
バネ定数 3
パラメータ付け
    逆向きの 120
    弧長 102
バンプ関数 163

非整数部分 105
ピタゴラスの定理 71
ヒルベルト空間 74

フィボナッチ数 122
フーリエ
    級数 34
    係数 15, 34
    係数 (離散) 237
    サイン係数 15
    $\mathbb{Z}(N)$ 上 223
    有限アーベル群上 235
フーリエ級数 34, 235
    アーベル平均 55
    一意性 39
    一般化遅延平均 127
    間隙 113

チェザロ平均　53
　　遅延平均　114
　　部分和　35
フーリエ級数の収束
　　各点　81
　　二乗平均　69
フーリエ級数の発散　82
フーリエ反転公式 (フーリエ逆変換の公式)
　　$\mathbb{R}$ 上　141
　　$\mathbb{R}^d$ 上　184
　　$\mathbb{Z}(N)$ 上　223
　　有限アーベル群　235
フーリエ変換　134, 136, 182
フェイェール核
　　円周上　54
　　実軸上　164
不確定性　161
複素 (数)
　　共役　23
　　指数　24
フックの法則　2
部分
　　整数　105
　　非整数　105
部分求和　60
部分矩形　291
ブラック-ショールズ方程式　171
プランク定数　162
プランシュレルの公式
　　$\mathbb{R}$ 上　144
　　$\mathbb{R}^d$ 上　184
　　$\mathbb{Z}(N)$ 上　223
不連続
　　跳躍不連続点　64
　　リーマン可積分関数の　288
分割
　　区間　282
　　矩形　291
分散　161

平均値の性質　152
閉矩形　291
平行移動　133, 178
ベクトル空間　69
ベッセル関数　199
ベッセルの不等式　79
ヘルダー条件　44

ベルヌーイ
　　数　96, 168
　　多項式　97
ベルンシュタインの定理　92
変数分離　4, 11

ポアソン核
　　上半平面　150
　　単位円板　37, 55
　　単位円板と上半平面の比較　158
　　d 次元　210
ポアソン積分公式　57
ポアソンの和公式　155, 157, 166, 175
ポアンカレの不等式　90
ホイヘンスの原理　194
法として合同な整数　221

約数関数　269

ユークリッドの互除法　243
有限伝播速度　194
ユニタリー変換　144, 234
緩やかに減少　132

良い核　48

ラドン変換　201, 204
ラプラシアン (ラプラス作用素)　20, 150, 186
　　極座標　26
ランダウ核　165

リーマン可積分　31, 283, 292
リーマンの局所化原理　82
リーマン-ルベーグの補題　80
リプシッツ条件　82

累次積分　297
ルーローの三角形　125
ルジャンドル
　　多項式　94
　　展開　95

ワイエルシュトラスの近似定理　54, 63, 145, 165
ワイル
　　定理　107
　　の規準　111, 123
　　評価　125

●訳者紹介

新井仁之（あらい・ひとし）
　1959年神奈川県横浜市に生まれる．1982年早稲田大学教育学部理学科数学専修卒業．1984年早稲田大学大学院理工学研究科修士課程修了．現在は早稲田大学教育・総合科学学術院教授．理学博士．専攻は実解析学，調和解析学，ウェーブレット解析．

杉本　充（すぎもと・みつる）
　1961年富山県南砺市に生まれる．1984年東京大学理学部数学科卒業．1987年筑波大学大学院数学研究科中退．現在は名古屋大学大学院多元数理科学研究科教授．理学博士．専攻は偏微分方程式論．

髙木啓行（たかぎ・ひろゆき）
　1963年和歌山県海南市に生まれる．1985年早稲田大学教育学部理学科数学専修卒業．1991年早稲田大学大学院理工学研究科修了．信州大学理学部教授．理学博士．専攻は関数解析学．2017年11月逝去．

千原浩之（ちはら・ひろゆき）
　1964年山口県下関市に生まれる．1990年京都大学工学部航空工学科卒業．1995年京都大学大学院工学研究科博士後期課程研究指導認定退学．現在は琉球大学教育学部教授．工学博士．専攻は積分幾何学の超局所解析．

フーリエ解析入門　　　　　　　　　　　　　　　プリンストン解析学講義 I

2007年3月5日　第1版第1刷発行
2025年5月25日　第1版第8刷発行

著　者　　　　　　エリアス・M. スタイン，ラミ・シャカルチ
訳　者　　　　　　新井仁之・杉本　充・髙木啓行・千原浩之 ©
発行所　　　　　　株式会社　日本評論社
　　　　　　　　　〒170-8474　東京都豊島区南大塚 3-12-4
　　　　　　　　　電話：03-3987-8621 [営業部]　　https://www.nippyo.co.jp
企画・製作　　　　亀書房　[代表：亀井哲治郎]
　　　　　　　　　〒264-0032　千葉市若葉区みつわ台 5-3-13-2
　　　　　　　　　電話＆FAX：043-255-5676　　E-mail：kame-shobo@nifty.com
印刷所　　　　　　三美印刷株式会社
製本所　　　　　　牧製本印刷株式会社
装　幀　　　　　　駒井佑二

ISBN 978-4-535-60891-7　　Printed in Japan

プリンストン解析学講義II
複素解析
エリアス・M.スタイン＋ラミ・シャカルチ[著]
新井仁之・杉本　充・髙木啓行・千原浩之[訳]

数学の展望台ともいうべき複素解析の世界を、基本とともに、より豊かな広がりと奥行きのなかで学ぶ。画期的入門書シリーズの第2巻。◆A5判／定価5,170円（税込）

プリンストン解析学講義III
実解析　測度論，積分，およびヒルベルト空間
エリアス・M.スタイン＋ラミ・シャカルチ[著]
新井仁之・杉本　充・髙木啓行・千原浩之[訳]

プリンストン大学の講義から生まれた画期的な教科書・入門書シリーズの第3巻。実解析に関する広範な題材を有機的に、濃密に学ぶ。◆A5判／定価5,500円（税込）

プリンストン解析学講義IV
関数解析　より進んだ話題への入門
エリアス・M.スタイン＋ラミ・シャカルチ[著]
新井仁之・杉本　充・髙木啓行・千原浩之[訳]

定評あるシリーズの最後を飾る、壮麗なる大団円！関数解析と調和解析の関連に重点を置いて、解析学の発展的な話題を詳しく紹介。◆A5判／定価6,050円（税込）

ルベーグ積分講義［改訂版］
新井仁之[著]　ルベーグ積分と面積0の不思議な図形たち

面積とはなんだろうかという基本的な問いかけからはじめ、ルベーグ測度、ハウスドルフ次元を懇切丁寧に記述し、さらに掛谷問題を通して現代解析学の最先端の話題までをやさしく解説した。　　　　　　　◆A5判／定価3,190円（税込）

常微分方程式入門
大信田丈志[著]　　　　　　　物理を使うすべての人へ

常微分方程式は応用数学の出発点だ。何が本質で重要かを考えながら行ってきた、物理工学系1年生の授業から生まれた画期的入門書。　◆菊判／定価3,520円（税込）

日本評論社
https://www.nippyo.co.jp/